KB091550

육아가 처음인 엄마 아빠를 위한 부모교육의 시작

나도 부모는 처음이야

시대인

머리말

문제아는 없고, 해결사 부모는 있습니다.

"아이를 키우고 있는 부모입니다.
우리 부부는 정말 아이를 사랑합니다.
그런데 키우는 게 너무 힘듭니다.
아이와 어디를 가면 늘 우리 부부는 주변의 눈치가 보입니다.
정말 우리 부부는 문제부모인가요?"

하루하루 정말 최선을 다해 아이를 키우고 있는데 아이에게 문제가 생길 때마다 부모에게 문제가 있다고 하면 너무 억울하지 않나요? 왜 이런 말이 나오는지부터 알아봐야겠습니다. 아이는 태어날 때 생존을 위한 본능만을 가지고 태어납니다. 아무것도 모르는 상태로 태어나는데, 이를 인정해 주기 때문에 '문제아'라는 원죄를 주지 않습니다. 반면 부모에게는 '잘 돌보지 않았다.'라는 원죄를 주기 때문에 '문제부모'라는 말이 생긴 것입니다. 아이는 어떻게 돌보느냐에 따라 정서나 행동이 달라지기 때문입니다. 그러나 세상 모든 인간관계에서 100% 일방적인 관계는 없습니다. 따라서 '문제부모'라는 누명을 좀 벗겨드리겠습니다.

사람에게는 타고난 기질이라는 것이 있습니다. 그리고 자라는 환경 속에서 경험한 모든 것들이 모여 성격이라는 것이 만들어집니다. 그래서 사람은 누구나 가지고 있는 기질과 성격이 있습니다. 부모와 아이는 혈연관계라는 특수한 관계에 있을 뿐 사람과 사람입니다. 사람과 사람이 만났으니 자기만의 기질과 성격으로 서로를 대하게 되고 끊임없이 상호작용을 하게 됩니다. 당연히 어른 부모와 어린아이의 상호작용이라도 절대로 일방적일 수는 없는 것입니다. 단지 서로의 기질이 맞느냐 맞지 않느냐, 성격이 맞느냐 맞지 않느냐의 문제일 뿐입니다. 따라서 아이의 문제 앞에서 자신을 문제 부모라고 너무 자책할 필요는 없습니다.

그리고 또 하나 아이에게 문제가 있다고 생각할 때 부모가 손 놓고 가만히 있지는 않지요? 책을 읽으며 공부를 하고, 부모교육 강의를 들으러 다니고, 담임교사와 상담도 하고 그래도 해결이 안 되면 상담실을 찾아가기도 합니다. 하다못해 집에서 야단이라도 치지요. 부모는 아이의 문제를 해결하고 잘 키우기 위해 언제나 최선의 노력을 다하고 있습니다.

그럼에도 불구하고 모든 책과 강의에서는 부모에게 '이렇게 해라, 저렇게 해라.'라고 주문을 하지요. 그 많은 전문가들이 설마 부모의 이런 노력을 몰라서 하는 말일까요? 그렇지 않습니다. 아이를 온전히 사랑하고 가장 가까이 있으며 아이에게 가장 많은 영향을 미치는 사람이 '부모'라는 걸 알기 때문입니다. 즉, 해결을 위해 도움을 줄 수 있는 가장 적합한 사람이 부모이기 때문입니다. 그래서 아이 스스로가 변하는 것보다 부모가 변할 때 아이의 변화가 빨리 나타나고, 아이에게 나타난 변화가 더 오래 유지되기 때문에 자꾸만 부모에게 해결책을 주고 해 보라고 하는 것입니다.

따라서 '문제아'도 없고 '문제부모'도 없습니다. 다만 아이의 문제를 해결하기 위해 노력하는 해결사 부모는 있습니다. 해결사 부모답게 아이의 발달 과정을 잘 알고 아이의 마음을 잘 읽으며 아이의 속도에 맞추어 성장할 수 있도록 노력하면 좋겠습니다. 이런 노력조차 하지 않는다면 그건 부모로서의 '직무유기'입니다. 사랑하는 만큼 공부하고, 공부한 만큼 표현하고 가르치는 부모가 되길 바랍니다.

2023년 3월

세상 모든 부모들을 응원합니다.

양경아 드림

목차

부모의 마음 준비

부모의 지혜 준비

목차

육아가 처음인 엄마 아빠를 위한 부모교육의 시작

나도 부모는 처음이야

나도 부모는 처음이야 - 24개월~7세

부모의 마음 준비

아이가
왜 이럴까요?

"자기 마음에 안 들면 바닥에 뒹굴고 울어요."

"무슨 말만 해도 '싫어.'라고 해요."

"뭐든 자기 거라고 고집을 부려요."

"동생을 그렇게 낳아달라고 하더니, 이제는 동생을 버리라고 해요."

"뭘 하라고 하면 절대로 안 해요."

"친구 놀잇감을 몰래 들고 와요."

"머리카락에 물 한 방울 안 묻었는데 세수했다고 우겨요."

"젤리 한 봉지를 다 먹어 놓고는 아기가 먹었다고 해요."

"고추를 자꾸 만져요."

"이상한 욕을 해요."

아이의 발달 과정 중에 충분히 있을 수 있는 일입니다.

아이가 울고 보채고 떼를 좀 쓰기는 해도 이 정도는 아니었는데, 두 돌이 지나고 나이가 많아질수록 점점 아이가 이상해집니다. 이때부터 좋았던 부모와 아이의 관계가 점점 어긋나기 시작하고, 설상가상 이 시기쯤 되면 동생이 태어나기도 하니, 아이는 더할 나위 없이 '삐뚤어질 테야'를 몸소 실천하게 됩니다. 아이는 왜 이럴까요?

태어나서 두 돌까지를 영아기라고 하고, 두 돌부터 초등학교 입학 전 7살까지를 유아기라고 합니다. 영아기의 아이는 부모가 제공하는 돌봄을 무조건적으로 수용하지만, 유아기의 아이는 부모가 제공하는 돌봄에 대해 '싫어. 안 해. 안 돼.'와 같은 의사표현을 하기 시작합니다. 왜냐하면 아이는 자기에 대한 개념이 생기기 시작하고, 움직임이 자유로워지며, 무언가 하고 싶은 욕구가 점점 커지기 때문입니다. 이로 인해 행동반경이 넓어지고 의사표현이 많아지며 스스로 하려고 하는 시도도 많아집니다. 그러나 자신의 의사를 언어적으로 표현하는 방법이 서툴고, 하고 싶은 것을 제대로 하는 방법을 모르고, 부모의 입장을 전혀 고려할 수 있는 상태가 아니기 때문에 이런 이상한 행동을 하게 되는 것입니다. 부모가 보기에는 아이가 점점 이상해지고 있고, 문제라고 생각되지만, 아이의 발달 과정 중에 충분히 있을 수 있는 일입니다.

그리고 아이도 몰라서 이러는 것이지 절대로 부모를 힘들게 하려는 의도는 없습니다. 그런 의도를 가지고 행동을 할 만큼 인지 능력이 발달하지 못했거든요. 그러니 잘 가르쳐야 합니다. 화가 나서 야단을 먼저 치면 괜히 부모 마음만 아프지, 아이는 절대로 달라지지 않으니까요. 마음의 여유를 가지고 사랑 가득 담아 가르쳐 보겠습니다. 우리는 부모이고, 아이는 유아기에 접어들었으니까요.

좋은 부모는 어떤 부모인가요?

좋은 부모란 아이에게 잘 가르쳐 주고, 아이가 스스로 하도록 지켜봐 주는 부모입니다.

아이가 예전과 다르게 고집을 부리고, 심통을 부리니 아이를 대하는 게 점점 어려워집니다. 귀엽다고 봐주는 것도, 부모가 이해하고 양보하는 것도 한계가 있으니까요. 유아기의 아이와 잘 지내기 위해서는 부모의 내려놓기가 필요합니다.

유아기 아이의 가장 큰 특징은 고집입니다. 아이가 고집을 부린다는 건 자신의 생각이 생겼다는 뜻이고, 이는 인지 능력이 발달했다는 증거입니다. 따라서 아이가 고집을 부리기 시작하면 야단을 치는 것이 아니라 "이만큼 잘 자랐구나."라고 축하해야 하고, 부모 스스로에게는 "잘 키웠어. 고생했어."라고 칭찬해야 합니다. 그리고 어떻게 해결해야 할지를 생각해야 합니다.

보통 아이가 고집을 부릴 때 부모는 '해 줄까?' 또는 '안 된다고 할까?'를 고민하게 됩니다. 이렇기 때문에 해결이 안 되는 것입니다. 이는 일방적인 수용 혹은 거절이니까요. 아이는 하고 싶은 것이 있는데 언제 해야 하는지, 어떻게 해야 하는지를 몰라서 문제가 생긴 것입니다. 그래서 아이가 고집을 부릴 때 부모가 해야 하는 생각은 '언제 하는 게 좋을까?'와 '어떻게 하는 게 좋을까?'입니다. 부모가 제대로 하는 방법을 가르쳐 주면 아이는 자연스럽게 올바른 방법을 알게 되니 앞으로 고집을 부릴 일이 없어집니다.

따라서 유아기는 못 하게 하는 것이 아니라 제대로 할 수 있도록 가르쳐야 하는 시기이므로 좋은 부모란 아이에게 잘 가르쳐 주고, 아이가 스스로 하도록 지켜봐 주는 부모입니다.

우리 아이만 못 하는 건가요?

비교는 절대 금지입니다. 내 아이의 속도에 맞추어 양육하면 되는 것입니다.

아이를 키우다 보면 의도하지 않게 옆집 아이와 비교를 하게 됩니다. 아이가 말이 조금 빠를 수 있고, 느릴 수도 있는데 괜히 신경이 쓰이고, 옆집 아이는 스스로 잘하는 것 같은데, 내 아이만 못 하는 것 같아 내가 부모로서 잘못 가르쳤나 싶기도 합니다. 아이를 키우는 건 경쟁자 없는 출발선에 아이와 부모가 함께 서 있는 것과 같습니다. 아이와 부모가 서로 속도를 맞춰서 넘어지지 않고 가는 것, 더 빨리 갈 필요는 없지만 반드시 완주는 해야 하는 것, 그것이 양육입니다.

양육은 아이가 사회의 구성원으로서 잘 성장하고, 잘 살 수 있도록 돕고 가르치는 것입니다. 유아기에 양육을 통해 익혀야 하는 것은 밥 먹기, 씻기, 옷 입기, 자기, 놀기, 대화하기, 감정조절, 지시 따르기, 규칙 지키기 등입니다. 양육을 통해 생활에 필요한 기본적인 습관을 만드는 것인데 유아기에는 이것이 제일 중요합니다. 습관이란 정교한 기술을 요하는 것이 아니라, 반복을 통해 자연스럽게 하게 되는 것을 말합니다. 따라서 유아기 아이는 특별히 똑똑하고 잘하는 아이와 그렇지 못한 아이로 나뉘는 것이 아니라 습관이 된 아이와 그렇지 않은 아이로 나뉠 뿐입니다.

따라서 내 아이가 무언가를 잘하지 못한다면, 그건 아이의 발달이 느리거나 아이가 나쁜 것이 아니라 단순히 습관이 안 되었을 뿐입니다. 그러니 차근히 가르치고, 가르친 것이 습관이 되도록 일관되게 반복해 주어야 합니다. 특히 아이들의 경우 발달의 속도가 매우 다릅니다.

그리고 기질도 다르고, 양육환경도 다르고, 좋아하는 것도 다르고, 싫어하는 것도 모두 다릅니다. 그런데 이렇게 서로 다른 아이들을 비교한다면 비교를 당하는 아이는 기분이 나쁘고 의기소침해질 수 있고, 부모 또한 불안과 걱정으로 인해 애가 타게 됩니다. 그래서 비교는 절대 금지입니다.

육아 독립을 진심으로 축하해요.

육아 독립은 7살 후반에 맞게 됩니다.

아이의 속도에 맞추고 가르쳐 기본적인 습관을 다 만들었다면 이제는 육아 독립을 해도 좋습니다. '벌써 육아 독립? 기쁘지만 정말 그래도 되나?'하는 생각이 들 것입니다.

아이를 키우는 '양육' 안에 '육아'라는 것이 있습니다. 육아는 어린아이를 먹이고 입히고 키우는 것으로, 기본적인 생존을 위한 돌봄을 제공하는 것입니다. 이런 육아에 사회구성원으로서의 역할을 할 수 있도록 생각하는 방법, 행동하는 방법, 규범과 예절을 지키는 방법 등을 가르친다는 개념이 더해진 것이 양육입니다. 따라서 양육은 육아를 포함해 아이를 가르치고 키운다는 뜻입니다. 유아기에는 육아와 양육을 같이 하지만 육아의 비중이 훨씬 더 큽니다. 그러나 아동기와 청소년기가 되면 이제 아이가 먹고 자고 씻는 기본적인 생활습관이 잘 형성되었기 때문에 부모는 육아가 아닌 양육만 하면 되는 것입니다. 물론 유아기에 습관 형성을 잘 하지 못해 부모가 육아 독립에 성공하지 못하면 아동기에도 육아로 인해 아이와 갈등을 겪는 일이 많은데 이러지 않았으면 좋겠습니다.

육아 독립은 7살 후반에 맞게 됩니다. 아이가 7살은 되어야 자기와 관련된 기본적인 행동을 할 수 있고 일상적인 생활습관이 형성되기 때문입니다. 이제부터 아이는 부모가 돌보는 존재가 아니라 함께 사는 존재가 되었습니다. 육아 독립을 진심으로 축하합니다.

나도 부모는 처음이야 - 24개월~7세

부모의 지혜 준비

하나 소통

둘 관계

셋 사회성

넷 생활습관

다섯 인지

여섯 성

일곱 초등학교 입학준비

하나 **소통**

언어발달

- 대화가 가능해요.
- 읽기와 쓰기를 배워요.
- 이중언어를 사용해요.

대화가 가능해요.

유아기 언어발달의 특징은 말이 정말 많아진다는 것입니다.

아이가 태어났을 때 '언제쯤이면 대화를 할 수 있을까?'를 생각하며, '빨리 그날이 왔으면 좋겠다.'라고 설레었는데, 그날이 이제 왔습니다. 옹알이만 하던 아이가 "엄마 아빠"를 불러주더니 드디어 두 돌이 지나면서 언어의 폭발 시기를 맞이했습니다. 유아기 언어발달의 특징은 말이 정말 많아진다는 것입니다. 부모는 생각지도 못한 아이의 표현에 깜짝 놀라기도 하고, 아직 발음이 서툴러 어눌하게 말하는 것에 귀여움을 느끼기도 합니다. 그런데 말만 많아지는 것이 아니라 질문과 함께 고집도 강해져 어느 순간 같이 말하는 것이 즐거운 일이 아닌 괴로운 실랑이가 되어 버리기도 합니다. 말이 늦으면 늦다고 고민하고, 말이 많아지면 피곤해하는 것이 부모의 아이러니입니다. 아이가 엄마 아빠를 처음 불러주었던 날의 감동을 기억하며, 아이와 즐거운 대화를 이어 나갔으면 좋겠습니다.

폭발적인 질문과 언어표현

아이는 두 돌이 되면 "이게 뭐야?"라는 말을 정말 많이 합니다. 세상이 온통 궁금하기 때문입니다. 그리고 세 돌이 되면 이제 단순히 무엇인지가 궁금한 것이 아니라 이유가 궁금하기 때문에 "왜?"라는 질문을 가장 많이 합니다. 절대로 아이가 부모의 말꼬리를 잡고 늘어지는 것이 아닙니다. 당연히 가장 좋은 부모 역할은 아이의 질문에 대해 알고 있는 것을 쉽고 간단히 말해 주는 것입니다. 그런데 아이의 질문은 모든 영역에 걸쳐 있기 때문에 부모라도 세상의 모든 영역의 지식을 다 알 수는 없으므로 가끔은 말문이 막히는 경우가 있습니다. 이럴 때 괜히 다른 사람에게 물어보라고 하거나, 몰라도 된다고 하거나, 아니면 귀찮다고 그만 질문하라고 하면 안 되겠지요? 솔직하게 "이건 엄마 아빠도 잘 모르겠네. 우리 같이 책 찾아보자."라고 말하고, 함께 답을 찾아보는 것이 좋습니다. 모른다는 것에 대해 아이가 놀리거나 무시할까 봐 걱정하는 부모가 많은데 절대 그렇지 않습니다. 오히려 '모르는 건 책을 찾아보는 것'이라는 좋은 학습태도를 익히게 됩니다.

이 시기의 아이는 질문이 많아짐과 동시에 자신의 의견을 표현하는 것도 굉장히 열심히 합니다. 이제는 자신의 의견을 몸이 아닌 말로 표현할 수 있어 아이의 마음이 한결 편하고 즐거움을 느끼게 됩니다. 또한 부모도 아이가 원하는 것이 무엇인지 더 빠르고 정확하게 알 수 있어 양육을 할 때 긴가민가 헷갈려 고민하는 일이 줄어듭니다. 아이가 점점 더 정확하게 자신의 마음과 생각을 표현할 수 있도록 대화를 많이 해 주세요.

부정확한 발음

유아기의 아이가 말을 할 때 발음이 부정확한 것은 당연한 일입니다. 왜냐하면 발음이 완성되는 시기가 있기 때문입니다. 보통 24개월 이상이 되면 'ㅍ, ㅁ, ㅇ', 36개월 이상이 되면 'ㅂ, ㅃ, ㄸ, ㅌ', 48개월 이상이 되면 'ㄴ, ㄲ, ㄷ', 60개월 이상이 되면 'ㄱ, ㅋ, ㅈ, ㅉ'을 발음할 수 있습니다. 그리고 72개월 이상이 되면 가장 늦게 'ㅅ' 발음이 완성됩니다. 아이의 발음이 정확해지는 것은 자연스러운 발달의 과정이라 아이의 의지에 따라 되는 것이 아닙니다. 그렇기 때문에 억지로 발음을 하게 한다고 해서 발음이 정확해지는 것이 아닙니다.

사람의 몸에는 발음에 직접적으로 영향을 미치는 조음기관이 있는데, 입술, 혀, 치아, 잇몸, 턱, 경구개, 연구개입니다. 입술은 모음 발음에 중요한 역할을 하고, 조음기관 중 가장 잘 보이는 부분으로 말을 배우는 아이가 입술 모양을 보고 발음을 익히게 됩니다. 코로나 시기에 마스크 착용으로 인해 아이의 언어발달이 지연된 경우가 많다는 보고가 있는데, 이는 아이가 입술 모양을 보지 못했기 때문입니다. 혀는 자음과 모음의 발음에 중요한 역할을 하고, 치아와 잇몸, 입천장부터 목구멍 앞쪽까지의 경구개와 그 뒤쪽에 위치한 연구개는 말을 할 때 입술과 혀의 접촉점 역할을 통해 발음을 조절하게 됩니다. 치아가 빠졌을 때 발음이 부정확한 것이 접촉점으로의 역할을 하지 못하기 때문입니다. 그리고 입을 움직여 말을 하므로 턱 또한 중요한 역할을 담당합니다. 조음기관은 나이가 들면서 서서히 발달하는 것이므로 당연히 발음도 나이에 맞추어 단계적으로 발달하게 되는데, 언어 사용 환경이나 습관에 따라 발음이 정확해지는 시기는 아이마다 조금씩 다릅니다.

아이의 발음이 부정확해 가정에서 정확한 발음에 대해 알려주고 싶다면 부모가 한 번 들려주는 정도로만 해 주면 좋겠습니다. 예를 들어 아이가 누나를 부르는데 발음이 안 되어 "누아"라고 말한다면 "아! 누나."라고 들려주기만 하고, "누나. 누나 해 봐."라고 시키지는 않아야 합니다. 아이가 말을 할 때마다 지적을 하고, 억지로 말을 시키면 아이는 말을 하는 것이 재미가 없고, 스트레스로 작용해 더욱 말을 하지 않으려 하기 때문입니다. 그래서 아이의 발음이 조금은 부정확해도 대화로 소통하는 것에 무리가 없다면, 발음을 많이 들려주며 발음을 잘 할 수 있을 때까지 기다려 주는 것이 좋습니다. 그러나 아이가 또래와 대화를 할 때 소통이 안 될 정도로 발음이 부정확하거나, 아이가 자신의 발음이 부정확한 것으로 인해 스트레스를 받거나 말을 안 하려고 한다면 전문적인 언어치료 기관을 찾아 도움을 받는 것이 필요합니다.

언어이해발달

24~36개월

- 간단한 질문에 '예. 아니오.'로 대답을 할 수 있습니다.
- 이름을 물으면 말할 수 있습니다.
- '크다, 작다, 똑같다, 다르다, 위, 아래'와 같은 반대의 의미를 이해합니다.
- 목이 마를 때 물을 마시는 것과 같이 일상적인 상황에 대한 적절한 행동을 할 수 있습니다.

36~48개월

- 남자와 여자를 구분할 수 있습니다.
- 신체 부위의 기능을 알고 있습니다.
- 사물의 용도를 알고 있습니다.
- '먼저, 나중'의 개념을 알고 있습니다.

48~60개월

- 왼손과 오른손을 구분할 수 있습니다.
- 아파트 이름이나 동네 이름과 같은 간단한 주소를 알고 있습니다.
- '어제, 오늘, 내일'을 알고 있습니다.
- 사물을 무엇으로 만들었는지 알고 있습니다.

60~72개월

- 3가지 지시를 올바른 순서대로 수행할 수 있습니다.

언어표현발달

24~36개월

- 2~3개의 단어를 연결해 문장으로 말할 수 있습니다.
- 친숙한 사물의 이름을 5개 이상 말할 수 있습니다.
- 자기 물건에 대해 '내 것'이라고 말할 수 있습니다.
- '싫어. 안 해.'와 같은 부정문을 사용할 수 있습니다.
- '이거 뭐야?'와 같이 사물에 대한 질문을 할 수 있습니다.

36~48개월

- '왜?'라고 질문을 할 수 있습니다.
- '나, 너'와 같은 대명사를 사용할 수 있습니다.

48~60개월

- 일어났던 일을 순서대로 말할 수 있습니다.
- '~했어.'와 같은 과거 시제를 사용할 수 있습니다.
- '그래서, 그런데'와 같은 접속사를 사용할 수 있습니다.

60~72개월

- 요일을 순서대로 말할 수 있습니다.
- '~들'과 같은 복수의 개념을 알고 사용할 수 있습니다.

쌤에게 물어봐요!

아이가 "이거 뭐야?"라는 질문을 많이 합니다. 대답을 해 주면 듣지 않고 다른 곳으로 가버립니다. 대답을 해줘야 할지, 말아야 할지 모르겠어요.

아이가 호기심이 많아 짧은 시간에 많은 것들을 보고 궁금해하는 것 같습니다. 그러나 이러면 대답해 주는 사람이 기분이 나빠 말하기 싫지요. 이제부터 제대로 대화를 하는 방법을 알려주면 됩니다.

아이의 질문에 대해 대답은 열심히 해야 합니다.

아이가 궁금해서 질문을 할 때에는 지금처럼 열심히 대답을 해 주어야 합니다. 호기심이 풀릴 때까지요. 대답을 해 주는 것은 단순한 호기심을 해결하는 것 이상으로 엄마 아빠가 자기에게 관심을 가지고 있다는 것을 느끼게 해주기도 합니다.

아이가 듣지 않는다면 멈춥니다.

질문에 대한 대답을 하는 중에 아이가 다른 곳으로 가버리거나, 다른 것에 관심을 보일 때에는 바로 대답을 멈춥니다. 만약 아이가 왜 말을 멈추냐고 하면, "안 들어서 멈췄어. 들을 준비가 되면 말할게."라고 말해 대화하는 방법을 알려주세요.

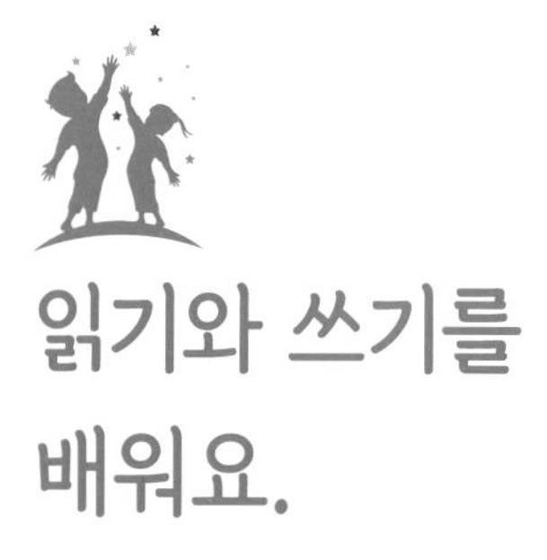

읽기와 쓰기를 배워요.

세종대왕님의 뜻을 받들어 쉽게 그리고 글자를 알아가는 것이 재밌게 느껴지도록 한글을 가르쳐 주면 좋겠습니다.

말소리를 이용해 소통하는 듣고 말하기가 가능해졌다면, 이제는 문자로 소통하는 읽기와 쓰기를 익힐 수 있는 시기가 되었습니다. 읽기 쓰기는 소통뿐만 아니라 학습과 직결된 것으로 부모가 듣고 말하기보다 더 관심을 가지고 신경을 쓰며 가르치려 하는 것이기도 합니다. 그래서 조금 이른 나이에 읽기와 쓰기를 가르치며 시간과 돈을 투자하는데 조금, 아니 많이 아깝다는 생각이 듭니다.

우리는 '한글'이라는 문자를 가지고 있습니다. 세종대왕님께서 한글을 창제한 이유는 사용하는 말과 말을 기록하는 글자가 달라 사람들이 소통에 어려움이 있어 보다 쉽게 사용할 수 있도록 하기 위함이었습니다. '쉽게 사용'이 중요했던 것입니다. 한글은 과학적이고 체계적인 문자입니다. 이는 원리가 있다는 것을 의미하고, 원리가 있다는 것은 기본 원리만 익히면 응용이 가능해 쉽게 사용할 수 있다는 것입니다. 원리가 없다면 몽땅 외워야 하니까요. 세종대왕님의 뜻을 받들어 쉽게 그리고 글자를 알아가는 것이 재밌게 느껴지도록 한글을 가르쳐 주면 좋겠습니다.

읽기 다음에 쓰기

읽기와 쓰기의 발달에는 순서가 있습니다. 순서를 잘 맞춰준다면 아이가 조금 더 쉽게 글자를 익힐 수 있습니다.

엄마가 아이에게 "사과 먹어."라고 말하며 사과를 주었습니다. 며칠 후 아이는 책에서 사과 그림을 보고는 사과를 먹은 기억을 떠올리며 "사과다."라고 말했습니다. 사과를 좋아하는 아이는 늘 사과를 그렸습니다. 그러던 어느 날 사과 그림 아래에 있는 '사과'라는 글자를 보게 되었고, 이제는 사과 그림이 없어도 '사과' 글자를 읽을 수 있게 되었습니다. 그리고 마침내 사과를 그리기만 하던 아이가 사과 그림 아래에 '사과' 글자를 쓸 수 있게 되었습니다. 이게 바로 읽기와 쓰기를 배우는 과정입니다.

우리가 그림을 그릴 때 그리고 싶은 대상이 어떻게 생겼는지 알고 있어야 그림을 그릴 수 있듯이, 글자가 어떤 모양인지를 알고 있어야 쓸 수 있습니다. 그런데 빨리 한글을 익히게 하려고 읽기와 쓰기를 동시에 하는 경우가 있습니다. 읽기와 쓰기를 동시에 한다고 해서 문제가 되는 것은 아니지만 그만큼 배우는 과정이 아이에게는 힘들 수 있습니다. 글자의 모양을 읽고 기억할 수 있을 때 글자를 쓰도록 하면 한 번에 하나씩 가르치는 것이므로 아이가 조금 더 쉽게 배울 수 있습니다.

그림으로 읽은 후 글자로 읽기

읽기는 아이가 5살 전후에 글자에 관심을 보이기 시작하면서 하게 된다고 생각하는 사람이 많습니다. 그러나 아이는 이미 그 이전부터 그림으로 먼저 읽기를 시작했습니다.

아이가 부모와 공놀이를 했습니다. 그리고 집에 돌아가 저녁에 책을 보는데, 공이 그려져 있다면 아이는 "공"이라고 말을 합니다. 자신의 경험을 통해 글자가 없어도, 글자를 몰라도, 공이라는 것을 읽어낸 것입니다. 그러던 어느 날 책에 공을 던지는 아이가 그려진 것을 보고 "아이가 공을 던졌어."를 읽어냅니다. 그림을 통해 상황적인 내용을 읽고 있는 것입니다.

이렇게 그림을 통해 내용을 읽을 경우에는 주인공이 어떤 상황인지, 기분은 어떤지, 던진 공은 어디로 가는지에 대해 말로 다 표현하지는 못하지만, 무궁한 상상의 나래를 펼치며 생각을 하게 되고 재미를 느끼게 됩니다. 그래서 아이가 보는 책 중에는 글자는 전혀 없이 그림으로만 상황 표현이 되어 있어 아이가 스스로 이야기를 만들어 가며 읽는 책도 있습니다.

그림으로 읽는 것은 아이의 사고력과 창의력을 풍부하게 합니다. 그래서 너무 일찍 글자를 익힐 경우 이런 사고력과 창의력이 향상되는데 방해가 되는 경우가 있으니 너무 서둘러 글자를 가르칠 필요는 없습니다.

그림을 보며 내용을 읽다가 어느 날 부모가 읽어주는 내용을 들으니 자기가 생각한 것보다 더 많은 혹은 다른 이야기를 듣게 될 때 흥미를 보이게 되고, 자신도 엄마 아빠처럼 책을 읽어 보고 싶다는 생각을 하게 됩니다. 이쯤 되면 책 외에 길거리에서나 집 안에 있는 물건들에도 글자가 있다는 것을 인식하고, 무슨 글자인지 질문을 많이 하게 됩니다. 이때가 바로 글자를 통해 읽기를 시작할 시기입니다.

그림 그리듯이 쓰기

쓰기를 시작하는 시기는 아이마다 다르기 때문에 정확한 연령으로 말하기는 어렵습니다. 그러나 아이의 행동을 살펴보면 쓰기를 할 시기가 되었는지를 알 수 있습니다. 쓰기를 하기 위해서는 우선 손으로 연필을 잡을 수 있어야 합니다. 그리고 자음과 모음의 획을 그으려면 글자를 써야 하는 곳을 눈으로 응시할 수 있어야 하고, 팔과 손을 움직이고 멈추기를 반복하는 조절력이 필요합니다. 글자 쓰기 책 앞쪽에 선 따라 그리기와 도형 따라 그리기가 있는 이유가 바로 이런 눈과 손의 협응력과 대소근육의 조절능력을 미리 길러주기 위함입니다. 단순히 아이의 흥미를 유발하기 위함이 아닙니다.

쓰기를 위한 쥐기나 조절능력이 발달되었는지 확인할 수 있는 아이의 행동으로는 집이나 사람의 형태를 알아볼 수 있는 정도로 그리는지, 젓가락을 사용해 음식을 집을 수 있는지, 가위질을 할 수 있는지, 색종이를 접을 수 있는지 등이 있습니다. 물론 이런 행동을 100% 완벽하게 할 수 있을 때까지 기다리는 것은 아니고, 50% 정도 획득했고 이런 활동을 즐겨한다면 쓰기를 위한 몸의 준비가 되었다고 할 수 있습니다. 그리고 부모에게 글자를 써 달라고 하거나, 부모를 따라 자기도 쓰려고 하면 마음의 준비가 되었으므로 쓰기를 해도 좋겠습니다.

아이가 쓰기를 하는 것을 보면 참 재미있습니다. 글자가 글자처럼 생긴 것이 아니라 그림 같이 생겼거든요. '강'이라는 글자를 쓰려면 'ㄱ→ㅏ→ㅇ' 순서로 써야 하는데, 아이가 쓰는 걸 보면 거의 획순이 안 맞습니다. 자음과 모음의 조합 원리와 글자의 획을 쓰는 순서를 모르기 때문입니다. 그리고 조절이 안 되어 자음과 모음의 크기가 제각각입니다.

만약 부모가 욕심을 내어 아이에게 쓰기를 제대로 가르치려고 한다면, 아이는 어렵고 틀린 것에 대해 계속 지적을 받게 되어 흥미를 잃게 됩니다. 유아기의 쓰기는 정확하게 쓰기보다는 쓰기에 호기심을 가지고 쓰기 흉내를 내보는 것이 더 중요합니다. 그리고 초등학생이 되면 교과서를 통해 정식으로 글자를 쓰는 방법을 배우기 때문에 미리부터 어렵게 배울 필요가 없습니다.

쓰기를 할 때 초등학생처럼 칸이 그어져 있는 공책에 연필로 단어를 쓰기 시작한다면 너무 재미가 없고, 어렵습니다. 그리고 공책의 칸을 벗어나지 않고 쓰기가 거의 불가능합니다. 스케치북이나 달력, 기타 종이에 그림을 그리듯이 글자를 쓰고 놀도록 해주세요. 그리고 편지와 같이 생활 속에 쓰임이 있는 방법으로 쓰기를 한다면 더욱 재미있게 쓰기를 할 수 있습니다.

읽기와 쓰기

36~48개월

- 글자에 관심을 보이며 질문을 할 수 있습니다.

48~60개월

- 간단한 단어 몇 개를 읽을 수 있습니다.
- 자신의 이름 중 한 글자를 쓸 수 있습니다.
- 쉬운 단어를 보고 따라 쓸 수 있습니다.

60~72개월

- 책을 띄엄띄엄 읽을 수 있습니다.
- 쉬운 단어 몇 개를 외워서 쓸 수 있습니다.
- 끝말잇기 놀이를 할 수 있습니다.

72개월 이상

- 책을 읽을 수 있습니다.
- 쌍자음이 있는 글자를 읽을 수 있습니다.
- 글자를 쓸 수 있습니다.
- 맞춤법을 익힙니다.

통단어와 자음, 모음

글자를 배울 때 접근하는 방법으로 대표적인 2가지가 있습니다. 글자의 모양 자체를 통으로 익히는 방법과 자음과 모음을 조합하며 원리를 익히는 방법입니다. 어느 방법이 더 좋을지 고민을 하게 되지만, 의외로 간단히 해결할 수 있습니다. 아이가 어떤 방법을 더 쉽고 재미있어할지를 생각하면 됩니다.

통단어로 글자를 익히는 것은 글자를 사진처럼 이미지화해서 기억하는 것입니다. 복잡한 원리를 설명하지 않기 때문에 아이가 조금 더 쉽게 글자를 익힐 수 있습니다. 통단어를 알게 되면 그 안에 자음과 모음이 있다는 것을, 자음과 모음 중 하나가 바뀌면 다른 글자가 된다는 것을 스스로 알아내기도 합니다. 물론 시간이 좀 걸립니다.

모음과 자음을 조합하며 글자를 가르치는 것은 처음부터 글자의 원리를 알려주는 것입니다. 체계적으로 가르칠 수는 있지만, 처음 글자를 배우는 아이에게 흥미를 유발하기는 좀 어려울 수 있습니다. 그리고 엄마 아빠처럼 빨리 글자를 읽고 싶어 하는 아이에게는 답답할 수 있습니다.

그래서 처음 글자에 흥미를 보이고 읽고 싶어 하는 아이에게는 호기심을 충족해 줄 수 있도록 통단어로 먼저 읽게 해주고, 통단어를 어느 정도 읽을 수 있다면 재미있는 게임처럼 자음과 모음을 바꾸어가며 조합해 글자의 원리를 익히는 것이 좋습니다.

학습 놀이

놀이는 즐거움을 목적으로 하는 것이라 아는 것이 목적인 학습처럼 하면 안 되지만, 학습은 놀이처럼 재밌게 하는 것을 추천합니다. 특히 유아기 아이는 학습이 무엇인지, 왜 해야 하는지도 모르는데 초등학생처럼 책상에 앉아서 공부하는 것은 너무 비효율적인 일이니까요.

학습 놀이를 할 때 꼭 기억해야 하는 4가지의 원칙이 있습니다.

첫 번째, 가르친다는 목적보다 재밌게 논다고 생각해야 합니다. 학습을 놀이처럼 했을 때의 가장 좋은 점은 아이가 재미를 느껴 스스로 하게 되고, 스스로 하면 더 재미가 생긴다는 것입니다. 그리고 자주 하게 되니 더 많은 것을 느끼고, 배우게 됩니다. 또한 덤으로 '재미'와 '스스로'가 만나 아이의 태도가 된다면, 학교를 다니는 학령기가 되었을 때 좋은 학습태도를 보이게 됩니다.

두 번째, 아주 일상적으로 해야 합니다. 부모가 아이를 가르치기 위해 시간을 내어 준비하려고 하면, 놀이가 아니라 일이 되어 매일 하기가 어려울 수 있습니다. 그리고 부모가 신경을 써서 준비한 만큼 은근히 아이가 열심히 해주길 바라게 되어 갈등의 원인이 될 수 있습니다.

세 번째, 적절한 칭찬과 격려를 합니다. 학습 놀이를 하며 새롭게 알게 되는 것들에 대해서 반드시 칭찬을 해 주어 자신감을 가지게 해야 합니다. 그리고 실수나 실패를 할 때에는 격려해 주어 위축되거나 좌절하지 않도록 배려해야 합니다. 이런 과정을 통해 아이는 모르는 것에 대해 창피해하거나 위축되지 않고, 알기 위한 도전을 계속하게 됩니다.

네 번째, 생활에 쓰임이 있어야 합니다. 어른은 학습이 왜 필요한지 알고 있습니다. 그런데 아이는 학습이 왜 필요한지 모르지요. 그러니 하고 싶은 생각이 들지 않습니다. 그래서 학습을 하라고 강요하기보다는 학습이 나의 생활에 도움이 되고, 학습을 하면 좋은 일이 생긴다는 것을 알게 될 때 스스로 잘하게 됩니다. 그렇다고 해서 학습을 할 때마다 놀잇감을 사 주는 것과 같은 보상을 주라는 것은 절대 아닙니다. 글자를 읽을 수 있게 되니 좋아하는 동화책을 누구의 도움도 없이 혼자서 읽고 싶을 때 읽을 수 있고, 글자를 쓸 수 있게 되니 친구에게 생일카드를 보낼 수 있어 좋았던 기억을 가지고 있는 아이는 스스로 학습의 필요성을 알게 되어 학습을 위한 노력을 하게 됩니다.

무엇이든 때가 있습니다. 학습도 놀이도 아이가 호기심을 보일 때 해야 재밌고 효과적입니다. 아이가 언제 호기심을 보이는지 때를 잘 기다렸다가 함께 즐기길 기대합니다.

생활 속 읽기 놀이

간판 읽기

① 아이가 간판에 있는 글자가 무엇인지 물어볼 때마다 부모는 언제나 처음인 듯이 반갑게 읽어줍니다.
② 다음에 그곳을 지날 때 아이에게 절대로 간판에 있는 글자를 기억하는지 물어보지 않습니다.
③ 아이가 간판을 스스로 읽으면 칭찬해 줍니다.

과자 이름 뽑기

① 아이가 좋아하는 과자를 사 먹습니다.
② 과자 봉지에 적혀 있는 과자 이름을 오려서 상자에 모아 둡니다.
③ 아이와 과자를 사러 가기 전에 상자에서 과자 이름을 뽑고 읽습니다.
④ 아이와 뽑힌 과자를 사러 갑니다.
⑤ 아이가 다른 과자가 먹고 싶다면 원하는 과자 이름이 나올 때까지 뽑기를 계속합니다.
⑥ 아이가 원하는 과자 봉지 이름을 뽑았다면, "당첨!"이라고 외치고 즐겁게 과자를 사와서 먹습니다.

세종대왕 놀이

① 상자 2개를 준비해 한 상자에는 자음만 넣고, 다른 한 상자에는 모음만 넣습니다.
② 아이가 상자 안에서 자음과 모음을 하나씩 꺼냅니다.
③ 부모는 아이에게 자음을 먼저 놓고, 자음의 오른쪽이나 아래쪽에 모음을 놓으라고 합니다.
④ 아이가 자음과 모음으로 아무렇게나 글자를 만들고, "읽어보시오."라고 말합니다.
⑤ 부모가 글자를 소리 나는 대로 읽습니다.
⑥ 아이는 세종대왕처럼 글자를 만들며 자음과 모음의 조합에 따라 소리가 달라지는 것에 재미를 느낍니다.
⑦ 자음과 모음의 개수를 늘리며 놀이를 합니다.
⑧ 아이와 부모가 역할을 바꾸어 놀이를 합니다.

책으로 하는 읽기 놀이

부모의 읽기

① 부모가 책을 읽는 모습을 보여주며 아이가 책과 글자에 관심을 가지게 해 줍니다.
② 부모가 아이에게 동화책을 읽어주며 아이가 글자에 관심을 가지게 해 줍니다.

책 제목 읽기

① 아이가 읽고 싶은 책을 고릅니다.
② 부모는 책 제목을 손가락으로 짚으며 무심히 읽어줍니다.
③ 절대로 아이에게 글자를 기억하고 있는지 질문하지 않습니다.
④ 재밌게 동화책을 읽습니다.
⑤ 어느 날 아이가 동화책 제목을 스스로 읽으면 칭찬해 줍니다.

쌍둥이 단어 찾기

① 동화책에 나오는 단어 중 하나를 선택합니다.
② 아이와 함께 그 선택한 단어와 똑같은 단어를 찾아 동그라미를 그립니다.
③ 아이가 글자를 잘 찾게 되면 누가 빨리 찾는지 게임을 합니다.
④ 아이가 먼저 글자를 찾아 동그라미를 그리면 "우와~ 최고!"라고 말해 줍니다.

역할 정하고 함께 읽기

① 아이가 읽기를 제법 잘하게 될 때 합니다.
② 아이가 동화 속에서 하고 싶은 인물을 선택합니다.
③ 부모는 아이가 선택한 인물 외에 모든 역할을 합니다.
④ 부모와 아이가 자신이 맡은 인물의 대사를 재미나게 읽습니다.
⑤ 부모는 역할마다 목소리를 바꾸며 즐거움을 더합니다.

생활 속 쓰기 놀이

간식 메모하기

① 아이가 먹고 싶은 것을 간식 메모장에 씁니다.
② 아이가 쓰지 못하는 단어는 부모가 연습장에 써 주고, 아이가 메모장에 옮겨 씁니다.
③ 메모장을 들고 마트에 가서 원하는 간식을 사서 집에서 맛있게 먹습니다.
④ 아이는 쓰기가 맛있는 간식 먹기로 연결되는 것에 흥미를 보이며 쓰기를 좋아하게 됩니다.

편지 쓰기

① 부모가 아이에게 편지를 써 줍니다.
② 부모는 아이가 편지를 써 보고 싶다고 할 때 까지 기다립니다.
③ 아이가 편지를 써 주면 부모는 기쁘게 받고 반드시 답장을 써 줍니다.
④ 부모는 아이가 편지를 통해 기쁨을 느끼도록 사랑하는 마음을 가득 써 줍니다.
⑤ 편지에는 아이의 잘못을 지적하는 내용은 절대로 쓰지 않습니다.

쌤에게 물어봐요!

첫째는 초등학교 1학년, 둘째는 7살입니다. 첫째와 받아쓰기를 하면 둘째가 꼭 같이 하려고 하는데, 문제는 둘째가 더 잘한다는 것입니다. 그래서 첫째가 둘째를 너무 싫어하게 되었습니다. 어떻게 해야 할까요?

둘째가 어깨너머로 배웠을 텐데 더 잘하게 되었군요. 둘째만 생각하면 좋은 일인데, 첫째의 마음이 신경이 쓰입니다.

✓ 학습 시간과 장소를 분리합니다.

첫째와 둘째가 함께 앉아서 학습을 하면 부모가 말하지 않아도 서로가 경쟁하고 비교하게 됩니다. 학습 시간과 장소를 분리해 1:1로 학습해야 합니다.

✓ 첫째에게 칭찬과 격려를 합니다.

그동안 동생으로 인해 첫째가 자존심이 많이 상했을 것 같습니다. 학습할 때 칭찬과 격려를 많이 해 주어 자존심을 높여주고, 더불어 자신감도 회복할 수 있도록 도와주세요.

이중언어를 사용해요.

가정 내에서 배우고 사용할 수 있는 언어가 많아졌습니다.

다문화가족이 늘어나고 있습니다. 그만큼 가정 내에서 배우고 사용할 수 있는 언어가 많아졌는데, 이중언어는 고사하고 한국어의 발달조차 지연되는 상황이 많아지고 있습니다. 다양한 이유로 다문화가족이 늘고 있지만, 가장 많이 증가한 이유는 결혼이민입니다. 아빠가 외국인인 경우보다는 엄마가 외국인인 경우가 많아 한국 아빠와 외국 엄마를 예로 들어 이야기하겠습니다.

엄마는 모국어가 유창한 사람

언어발달에 가장 많은 영향을 미치는 것은 듣기와 말하기입니다. 그런데 한국어가 서툰 엄마일 경우에는 아이에게 말을 많이 해 줄 수가 없습니다. 대부분 간단한 단어나 짧은 문장으로 말을 하다 보니 아이의 행동에 대해 이야기만 할 뿐, 감정이나 이유 등을 말하기 어려워 깊이 있는 정서적인 소통에 제약이 따릅니다. 정서적인 소통이 어려우니 애착 형성부터 시작해 아이를 돌보고 가르치는 모든 활동이 어려워집니다. 자연스럽게 아이의 언어발달이 지연되고, 이는 또래관계마저 어렵게 만듭니다. 이를 지켜보는 부모의 마음이 아플텐데, 특히 더 엄마를 힘들게 하는 말은 “엄마가 한국어를 못해 아이도 말이 늦어.”라고 엄마에게 모든 책임을 전가하는 것입니다. 결혼을 하고 한국에 온 엄마는 낯선 환경에 적응하는 것도 어려운데, 아이를 잘 양육하지 못한다는 주변의 따가운 시선으로 인해 더욱 외로움과 소외감을 느끼게 되어 우울감을 경험하기도 합니다.

그런데 엄마는 한국어를 잘 못 할 뿐이지 모국어는 매우 유창하게 할 수 있습니다. 만약 한국어를 억지로 사용하려 하기보다 자신의 모국어로 아이와 소통을 했다면 상황은 완전히 달라질 수 있습니다. 엄마의 모국어로 소통을 했으니 애정표현, 칭찬, 격려와 같은 정서적인 표현을 자연스럽게 할 수 있었을 것이고, 양육을 하는 과정에서 대화가 가능하니 오해가 많지 않고, 서로에 대한 신뢰감을 쌓을 수 있었을 것입니다. 그리고 아이가 질문이 많아지는 시기에 엄마가 대답을 해 줄 수 있고, 한국과 다른 엄마의 모국에 대해서도 알려줄 수 있으니 분명 새로운 지식도 잘 전달할 수 있었을 것입니다. 따라서 최소한 말이 안 통해서 문제가 되는 일은 없었을 것입니다.

한국어가 서툰 엄마의 경우에는 위축되고 말을 하려 하지 않는데, 이보다는 "나는 한국어는 서툴지만, 모국어는 잘해."라고 스스로 당당해질 필요가 있고, 이런 당당한 태도를 가질 때 번역기를 돌리고 주변 사람들에게 물어보며 더 적극적으로 상호작용을 할 수 있게 됩니다. 그뿐만 아니라 엄마의 이런 적극적이고 당당한 태도는 아이가 엄마를 긍정적으로 인식하도록 하여 다문화가족이라는 것에 대한 편견에서도 벗어나게 됩니다. 엄마는 한국어를 잘 못할 뿐이지 모국어는 유창한 사람이라는 것을 아이에게 꼭 알려주면 좋겠습니다.

이중언어를 사용하지 않는 이유

엄마가 한국어뿐만 아니라 자신의 모국어도 사용하면 좋으련만, 몇 가지 잘못된 생각으로 엄마의 모국어를 가정 내에서 사용하지 않는 경우가 있습니다.

첫 번째, 한국어만 잘하면 된다는 생각입니다. 과거에는 외국에 나가서 사는 경우가 많지 않았기 때문에 이렇게 생각할 수도 있었습니다. 그러나 지금은 외국에 가서 여행을 하고, 일을 하고, 생활을 하는 것이 자연스러운 일이 되었지요. 이제 막 자라기 시작한 아이의 꿈과 미래는 어떻게 될지 아무도 모릅니다. 그러나 확실한 건 아이의 꿈과 미래를 한국에만 국한시켜 생각하는 건 너무 안타까운 일이라는 것입니다. 세계화에 발맞추어 세계 어디서든 꿈을 펼칠 수 있도록 가장 기본적인 언어장벽부터 없애주는 것이 좋을 것 같습니다. 가정에서 이중언어를 사용한다면 최소한 2개의 언어를 할 수 있는 상태에서 사회생활을 시작할 수 있으니 퍽 멋진 일입니다.

두 번째, 이중언어를 쓰면 혼동이 생겨 언어발달이 지연된다는 생각입니다. 처음에는 그렇게 보이기도 합니다. 한국어와 외국어를 당연히 섞어서 사용하게 되니까요. 그런데 세 돌이 지나면 두 가지 언어의 문법 체계를 이해하고, 자연스럽게 구분해서 사용할 수 있게 됩니다. 이때부터는 오히려 어휘력이 더 풍부해집니다. 혹 구분이 잘 안 되어 말을 할 때 단어를 좀 섞어 쓴다고 해도 소통에는 크게 문제가 되지 않습니다.

외국에 오래 살다 와서 한국어가 서툴고, 오히려 영어를 더 잘하는 한국 사람이 있습니다. 이 사람이 한국어로 말을 하려다 그만 영어 단어를 섞어서 썼습니다. 이때 서로 이해가 안 되니 다시 물어보기도 하고, 적절한 한국어로 바꾸어 다시 말하는 과정을 거치게 됩니다. 이 과정이 좀 불편할 수는 있지만, 우리가 이것을 문제라고 생각하지 않습니다. 대화가 되니까요. 그런데 만약 이 사람이 억지로 한국어로 말을 하려고 하다가 자신이 없고, 생각이 안 나서 말을 하지 않고 가만히 있으면, 그때는 정말 구성원들 사이에 끼지도 못하고 일 처리도 힘들어집니다. 그래서 언어를 혼동하는 것이 걱정되어 사용하지 않는다는 것은 득보다 실이 많은 것 같습니다.

세 번째, 다문화가족인 것을 숨기고 싶다는 생각입니다. 다문화가족 자체가 이상하거나 문제가 있는 것이 결코 아니지요. 부모의 국적이 다르고 피부색이 다르다는 이유로 차별을 한다면, 분명 그것이 잘못이고 문제입니다. 그런데 아직 한국 사회의 대다수가 한국인으로 구성되어 있다 보니 사회의 변화에 인식이 따라가지 못하는 것이 사실입니다. 다문화가족인 걸 숨겨야 할 이유는 없지만, 스스로 위축감을 느끼고 숨기려고 하면 오히려 단점만 부각되고, 사회 적응이 어려워집니다. 이보다는 부모부터 조금 더 당당히 다문화가족임을 인정하고 말할 수 있어야 합니다. 이를 통해 아이가 가정에서 엄마 나라에 대해 존중을 할 수 있고, 친구들 앞에서 다문화가족임을 숨기지 않아도 되는 당당한 태도를 익히게 됩니다.

여러 나라의 말을 하는 사람이 텔레비전에 나오면 다들 대단하다고 입을 모아 말을 합니다. 세계 어디를 가나 대화가 가능하니 자유롭고 자신 있는 모습이 부럽기도 합니다. 이중언어를 사용한다는 것은 앞으로 어디서나 최소 2가지의 언어로 소통의 자유를 얻는 것이 되므로 가정에서부터 잘 사용하도록 환경을 만들어 주면 좋겠습니다.

이중언어를 가르치는 방법

이중언어를 가르치는 방법은 한국어를 가르치는 것과 별반 다르지 않습니다. 언어발달의 정석은 많이 듣고, 많이 말하는 것이니까요.

첫 번째, 엄마 모국어를 자연스럽게 사용합니다. 엄마가 자신의 모국어를 집에서 자연스럽게 사용하는 것이 제일 좋습니다. 만약 아이가 이해하지 못한다면, 다시 한국어로 말해 주면 됩니다. 처음에는 좀 불편할 수 있으나 일상적인 일이 되면 익숙해지고, 점점 언어가 유창해지면 더 이상 불편하지 않게 됩니다.

두 번째, 엄마 모국어로 된 책을 읽어줍니다. 대화를 통해 모든 언어표현을 배우지는 못합니다. 일상생활에서 사용하는 언어표현은 한계가 있으니까요. 책을 통해 더욱 다양한 표현을 배울 수 있고, 언어표현 외에 문화에 대해서도 배울 수 있습니다.

세 번째, 엄마 모국어로 놀이를 합니다. 놀이를 할 때 사용하는 말은 쉬운 표현이 많습니다. 그리고 놀다 보면 꼭 그 단어를 모른다고 해도 상황적으로 의미를 파악할 수 있어 언어를 쉽게 배울 수 있습니다. 또한 엄마와 아이가 함께 하는 즐거운 놀이는 통해 정서적인 유대감이 강화되는 결과가 덤으로 따라옵니다.

네 번째, 외가 가족들과 대화를 합니다. 외국에 있는 가족이라 자주 만나지는 못하겠지만, 화상 통화가 잘 발달해 있어 언제든지 대화를 할 수 있습니다. 대화를 하면서 언어표현이 늘고, 가족 간의 따뜻한 마음을 느낄 수 있어 일석이조의 효과를 누릴 수 있습니다. 특히, 엄마의 경우 외가 가족과 아이가 친해지는 것을 보기만 해도 흐뭇하고 외로움을 잊게 되어 정서적으로 안정됩니다.

쌤에게 물어봐요!

저는 다문화 엄마입니다. 제가 한국어가 서툴러 아이와 대화가 어렵습니다. 그래서 대화를 더 많이 하고 싶어 집에서 이중언어를 사용하려고 합니다. 그런데 아이는 제가 하는 말이 이상하고 어렵다며 배우려 하지 않습니다. 어떻게 해야 할까요?

아이의 태도에 많이 속상하겠군요. 아이에게 엄마의 진심을 전달해 보겠습니다.

이중언어를 사용하는 이유를 알려줍니다.

엄마가 엄마의 모국어를 알려주려 하는 이유를 설명해 주세요. "엄마는 너랑 이야기를 많이 하고 싶은데, 한국말이 서툴러 힘들어. 엄마 나라말도 같이 쓰면 좋겠어."라고 진심을 담아 말해 주세요. 절대로 어렵게 공부를 시키려고 하는 것이 아님을 알려주세요.

이중언어로 듣기만 가능해도 좋습니다.

아이가 이중언어를 힘들어한다면, 말은 하지는 못해도 엄마가 하는 말을 알아들을 정도만 되어도 소통에는 분명 도움이 될 것입니다. 듣기만이라도 가능하도록 많이 들려주세요.

엄마와 아이의 정서적 관계를 살펴봅니다.

아이가 엄마 모국어를 배우기 싫어하는 것이 단순히 어렵고 이상하다는 것 외에 엄마와의 정서적인 유대관계의 문제로 인한 것일 수 있습니다. 엄마와 아이가 보다 친밀감을 느낄 수 있도록 함께 하는 시간을 가지길 바랍니다.

하나 **소통**

대화

- 행동보다 감정에 집중해요.
- 평가하지 않고 끝까지 들어요.
- 대안을 함께 마련하고 실천해요.
- 준비된 부모의 자세가 필요해요.

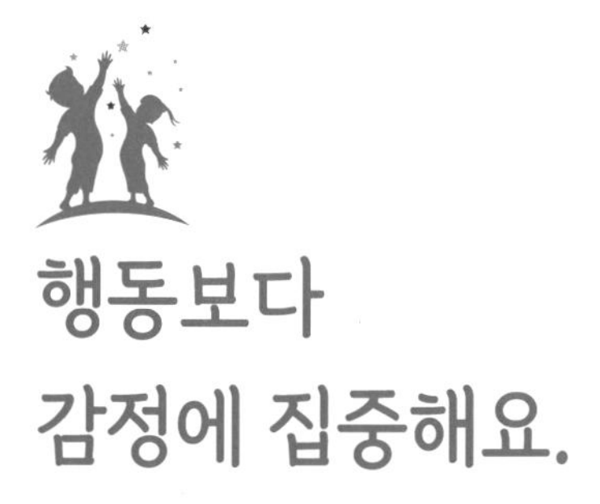

행동보다
감정에 집중해요.

대화를 할 때에는 감정을 읽어주며 감정에 집중해야 합니다.

아이와 대화를 하다 보면 부모 자신도 모르게 어느새 사건에 대한 추궁을 하고, 막무가내로 떼를 쓰는 아이와 갑론을박을 하고 있을 때가 있습니다. 분명 그럴 의도가 아니었는데, 자꾸만 이렇게 되는 건 왜일까요? 부모가 아이보다 아이 문제에 대해 더 많이 걱정하고, 더 빨리 해결해 주려 노력하고, 아이가 불편한 마음으로부터 빨리 회복되길 바라고, 언제나 바르게 행동하길 바라기 때문입니다. 분명 부모는 나쁜 의도가 아니었고, 아이를 도와주고 잘하도록 가르치려는 것뿐이었는데, 대화 진행 과정과 결과는 이와 반대로 아이와 싸우고 있을 때가 많습니다. 부모 마음 다 똑같을 텐데 참으로 안타깝습니다.

의도와 다르게 이런 결과가 나타나는 이유는 행동에 집중하기 때문입니다. 그런데 행동은 단독으로 나타나는 것이 아니라 감정에 대한 반응으로 나타나게 됩니다. 따라서 원인이 되는 감정을 다루지 않고 결과만 다루며 해결책을 찾으려 하면 더 이상 대화가 아닌 지적하는 것이 되고, 부모의 기준에 아이를 맞추려는 듯이 보여 대화가 어려워지는 것입니다. 그래서 대화를 할 때에는 감정을 읽어주며 감정에 집중해야 합니다.

감정의 발달

감정은 어떤 대상이나 상황에 대해 느껴지는 기분입니다. 사람은 누구나 감정을 가지고 있지만, 처음부터 느끼고 표현할 수 있는 것이 아닙니다. 감정이란 사람과의 정서 교류를 통해 분화되면서 발달하는 것입니다. 그래서 자신의 감정을 얼마나 인지할 수 있는지, 표현하였는지, 사람들에게 얼마나 공감받았는지에 따라 그 발달의 정도가 달라집니다. 주변에서 보면 어른이라 해도 어린아이와 같이 감정 표현이 서툴고 조절을 못 해 문제를 일으키는 사람이 있고, 실제 나이는 어리다고 해도 의젓하게 자신의 감정을 조절하고 표현할 수 있는 사람도 있는 이유가 이 때문입니다.

갓 태어난 아이는 모두 동일하게 울음을 터뜨립니다. 아이는 태어날 때 '흥분'이라는 감정 상태만을 가지고 태어나기 때문입니다. 아이의 감정은 언제까지나 태어났을 때처럼 흥분 상태로만 있는 것이 아니라, 부모와 감정을 주고받는 상호작용을 통해 서서히 긍정적인 감정과 부정적인 감정으로 분화됩니다. 또다시 긍정적인 감정은 기쁨, 즐거움, 사랑 등으로, 부정적인 감정은 분노, 슬픔, 짜증 등으로 분화되어 발달하게 됩니다.

유아기 아이도 사람의 감정을 느낄 수 있습니다. 부모가 웃으면 따라 웃고, 역할놀이를 하며 다양한 감정을 표현할 수 있습니다. 그뿐만 아니라 자신이 잘못을 했을 때에는 눈치를 보기도 하고, 야단을 맞을까 두려워하기도 하고, 누가 자기를 덜 야단을 치고 편들어 주는지도 알고 있어 그 사람에게로 달려가는 행동을 보이기도 합니다. 그리고 7살까지 아이가 느낀 모든 감정들은 단순 감정으로만 있는 것이 아니라 쌓이고 쌓여 아이의 성격을 만듭니다. 흔히들 성격은 타고나는 것이라고 말을 하지만, 이와는 반대로 태어난 후 경험한 감정에 따라 만들어지는 것이 바로 '성격'입니다. 이 때문에 유아기의 모든 아이는 행복해야 한다고 말합니다. 그렇다고 해서 한 번 만들어진 성격이 절대로 바뀌지 않는다는 것은 아닙니다. 성장 과정에서 만나는 사람들과의 관계와 다양한 경험들의 영향을 지속적으로 받으며 조금씩 변해갑니다. 그래서 사람들과 감정에 대한 소통이 중요한 것입니다.

감정의 이름

걱정된다, 편안하다, 안정되다, 찜찜하다, 신경이 쓰인다, 기대된다, 희망을 느낀다, 비참하다, 차분하다, 무섭다, 겁난다, 외롭다, 경이롭다, 안심된다, 마음이 놓인다, 긴장된다, 떨린다, 답답하다, 좌절된다, 심심하다, 지루하다, 기쁘다, 즐겁다, 섭섭하다, 서운하다, 당당하다, 의기양양하다, 마음이 아프다, 난처하다, 난감하다, 궁금하다, 관심이 간다, 막막하다, 위축된다, 귀찮다, 부담스럽다, 멋쩍다, 곤혹스럽다, 당황스럽다, 허전하다, 놀란다, 맥빠진다, 허탈하다, 불편하다, 거북하다, 혼란스럽다, 마음이 두 갈래다, 따뜻하다, 생기가 난다, 기운이 난다, 뿌듯하다, 자랑스럽다, 힘들다, 황홀하다, 환희에 차다, 분하다, 평화롭다, 평온하다, 흐뭇하다, 만족스럽다, 격분하다, 고통스럽다, 행복하다, 쑥스럽다, 고무된다, 후회스럽다, 아쉽다, 안타깝다, 슬프다, 서글프다, 신난다, 푸근하다, 친근하다, 다정하다, 가슴벅차다, 지친다, 피곤하다, 실망하다, 야속하다, 짜증난다, 약오른다, 두렵다, 불안하다, 속상하다, 억울하다

출처 – 비폭력대화감정카드

화에 대한 오해와 진실

감정은 긍정적인 감정과 부정적인 감정 그리고 중립적인 감정으로 나눌 수 있습니다. 긍정적인 감정이라고 하면 '사랑, 행복, 기쁨'과 같은 것이고, 부정적인 감정이라고 하면 '짜증, 화'와 같은 감정입니다. 그리고 긍정도 부정도 아닌 '궁금하다, 담담하다'와 같은 중립적인 감정도 있습니다. 아이가 긍정적인 감정을 느끼고 표현한다면 좋겠지만 늘 그럴 수는 없으니 '화'로 대표되는 부정적인 감정을 많이 표현하게 됩니다. 아이가 화를 낼 때 부모는 "화내지 마."라고 말하는 경우가 많습니다. 정말로 화를 내면 안 될까요? 부모는 왜 화를 내지 말라고 할까요? 이는 화에 대해 오해를 하고 있기 때문입니다.

'화'라는 단어는 감정의 이름일 뿐입니다. 부정적인 감정 상태를 나타내는 단어지만 절대로 나쁜 단어는 아닙니다. 오히려 상대로부터 자신이 부당한 일을 당했을 때 화를 내며 싫음과 거절의 의사를 표현한다면, 상대가 잘못된 행동을 멈추게 될 가능성이 많아지니 화는 자신을 보호하기 위한 방어기제라고 할 수 있습니다. 이런 긍정적인 효과를 가지고 있는 화가 나쁘게 비치는 건 주변에서 흔히 보게 되는 화의 표현방식이 때리고, 부수고, 던지는 등의 공격적이고 폭력적인 경우가 많기 때문입니다. 따라서 화가 공격적이고 폭력적인 방법이 아닌 다른 방법으로 표현된다면 자신을 지키는 긍정적인 기능을 하게 됩니다.

화를 제대로 표현하는 방법은 "나 화났어. 하지 말아줘."라고 말하는 것입니다. 사람과의 상호작용은 언제나 대화를 통해 하는 것이 가장 안전하고 좋은 방법이니까요. 물론 화가 난

정도에 따라 완곡하게 혹은 격앙되게 말을 할 수는 있습니다. 화로 대표되는 부정적인 감정은 절대로 나쁜 감정이 아니라 사람의 상태를 나타내는 말일 뿐입니다. 아이에게 화를 내는 건 나쁘다고 말하며, 화를 내지도 못하는 아이로 키우면 안 된답니다.

진짜 감정 찾기

화를 내면 그 순간은 '속이 시원하다.'라고 생각되지만, 시간이 조금 지나고 다시 생각해 보면 창피하기도 하고, 별일도 아닌데 문제 삼았다는 생각이 들기도 합니다. 특히나 양육을 할 때 아이에게 화를 내면 괜히 자는 아이를 바라보며 미안해지고 마음이 아파옵니다. 모두 화에 휘둘려 진짜 감정을 찾지 못했기 때문에 벌어진 일입니다.

아이가 울퉁불퉁한 길을 뛰어가고 있습니다. 뒤에서 지켜보던 부모는 아이가 넘어져 다치기라도 할까 봐 "걸어가. 위험해."라고 걱정의 말을 하고 있습니다. 그 순간 아이가 넘어져 무릎에서 피가 나기 시작합니다. 이때 부모는 가장 먼저 어떤 반응을 보일까요? 다친 아이를 일으켜 세워 주고, 안심을 시키며, 상처를 보살펴 주는 이상적인 장면이 펼쳐지면 좋겠지만, 안타깝게도 아이 등을 후려치며 "내가 조심하라고 했지! 다쳤잖아."라는 말을 가장 먼저 합니다. 말과 행동은 이런데 얼굴은 마음이 아파 죽을 것 같은 표정입니다.

부모의 마음이 느껴지지요? 아픈 것이 안타깝고, 흉터가 생길까 봐 걱정되는 마음일 것입니다. 우리는 모두 부모의 입장이니 글로만 읽어도 부모의 마음을 알 수 있지만, 아이는 그렇지 않습니다. 아이는 '내가 넘어져 다쳤는데, 엄마 아빠는 화만 내.'라고 생각하며 서운해하거나, 왜 때리냐고 화를 내거나, 부모가 무서워 아픈 것을 숨겨버릴지 모릅니다. 이는 모두 자신의 진짜 감정을 찾지 못했기 때문입니다.

사람의 감정은 한 번에 한 가지만 느껴지는 것은 아닙니다. 순식간에 여러 가지의 크고 작은 감정들이 지나가는데, 이런 세세한 감정들을 느끼지 못하면 화와 같은 강렬한 하나의 감정으로 뭉뚱그려져 나타나게 됩니다. 점묘법으로 그린 그림을 가까이서 보면 하나하나의 색이 다 보이지만, 조금 멀리서 보면 색이 섞여 한 가지 색으로 보이는 것과 마찬가지입니다. 그래서 평소 자주 표현하는 감정이 있다면 자신이 느끼는 감정이 진짜 감정인지 살펴보아야 합니다.

위의 상황에서 겉으로 표현된 부모의 감정은 '화'입니다. 그러나 진짜 감정은 '걱정, 안타까움, 속상함' 등입니다. 그래서 제대로 감정을 표현한다면 "아프겠다. 엄마 아빠 너무 속상해."입니다. 이 말을 들은 아이는 아픈 것을 솔직하게 표현하게 되고, 부모에게 미안한 마음이 들며, 다음에는 더욱 조심하게 됩니다. 순간의 강렬한 감정에 사로잡히기보다는 잠시 멈춰 자신의 진짜 감정을 찾아 표현한다면 아이와 보다 안정적인 정서 교류를 할 수 있습니다.

감정 읽기의 효과

대화를 시작할 때 가장 먼저 해야 하는 것은 서로의 감정을 읽는 것입니다. 감정읽기의 효과로는 첫 번째, 아이는 흥분된 감정을 추스르고 대화를 할 준비를 하게 됩니다. 아이가 화가 잔뜩 나서 화를 내고 있는데, 부모가 다가와 "화가 많이 났구나."라고 감정을 읽어주면 아이는 자신의 마음을 알아주는 부모에게 안겨 서럽게 우는 경우가 있습니다. 자신의 마음을 알아주자 화 뒤에 감추어져 있던 진짜 감정인 서러움이 북받쳐 올라오는 것입니다. 한참을 부모에게 안겨 울고 나면 화가 사라지고 마음이 차분해집니다. 이때 대화를 시작할 수 있습니다.

물론 모든 아이가 감정을 읽어준다고 해서 마음이 차분해지는 것은 아닙니다. 오히려 더 화를 내는 아이도 있습니다. 이럴 때에는 "화 풀고 이야기하자."라고 말하고, 아이가 거칠게 행동하다가 다치지 않도록 주변을 정리한 후 함께 기다려 줍니다. 아이마다 화를 가라앉히고 대화를 시작할 때까지 걸리는 시간이 다를 뿐 분명 감정을 추스르고 대화를 할 준비를 하게 됩니다.

두 번째, 아이는 자신의 감정을 인지하고, 타인의 감정도 인지하게 됩니다. 아이는 감정을 표정과 행동으로 표현하지만, 그 감정이 어떤 감정인지 알지 못할 때가 있습니다. 그런데 감정을 계속 읽어줄 경우에는 자신의 감정이 무엇인지 알게 되어 자신의 상태에 대한 이해도가 높아집니다. 더불어 상대의 감정을 읽을 수 있어 사회성도 함께 발달합니다.

세 번째, 부모는 아이를 이해하는 시간을 가질 수 있어 아이에 대한 감정을 조절할 수 있습니다. 부모가 감정이 아닌 사건에 중점을 두게 되면 아이에게 "왜 그랬어? 누가 먼저 그랬어? 하지 말라고 했는데, 왜 했어?"와 같은 말을 하게 됩니다. 이런 말은 아이의 잘잘못을 따지는 말로 아이를 더욱 긴장시키고 방어적으로 만들어 대화가 어려워집니다. 반대로 아이의 감정에 집중하게 되면 훈육하기 전에 아이의 입장을 한 번 더 생각하게 되어 아이에 대한 이해의 폭이 넓어지면서 부모가 화를 급격하게 표현하는 것을 막을 수 있습니다.

감정 읽기의 주의사항

감정을 읽어줄 때 부모가 가장 힘들어하는 것이 자신의 감정조절입니다. 아이의 잘못을 빨리 고쳐주고 싶은데 아이는 따라주지 않으니 자신도 모르게 버럭 화를 내기 때문입니다.

감정 읽기 주의사항은 첫 번째, 부모는 평정심을 유지해야 합니다. 부모가 아이의 감정을 읽고 대화를 하려고 하는데 부모가 화가 난 상태라면 대화 자체가 불가능합니다. 이럴 경우라면 부모는 아이에게 "엄마 아빠 지금 화났어. 화 풀고 다시 만나 이야기하자."라고 말하고, 잠시 마음을 가라앉히는 시간을 가져야 합니다.

두 번째, 부모는 아이의 감정이 안정될 때까지 기다려 줍니다. 아이와 대화를 하다 보면 괜찮다고 울음을 뚝 그치라고 말하며 설득하는 경우가 많습니다. 이런 경험이 있는 아이라면 중요하지도 않은 것에 대해 자신만 예민하게 반응한다고, 자신에게 문제가 있다고 생각하게 됩니다. 그리고 부정적인 감정은 표현하지 말고 빨리 없애야 한다고 생각할 수 있습니다. 아이의 감정이 안정될 때까지 "화 풀고 이야기하자."라고 말하고 기다리는 것이 좋습니다. 아이의 감정은 아이의 것이기 때문에 아이가 조절하도록 부모는 안전한 공간에서 함께 기다려 주는 것입니다.

세 번째, 감정을 있는 그대로 수용합니다. 아이가 잘못을 하고 울고 있을 때 부모가 "뭘 잘했다고 우는 거야?", 혹은 "이게 울 일이야?"라고 말할 때가 있습니다. 부모가 이렇게 아이의 감정에 대해 틀렸다고 말을 하게 되면 아이는 억울함, 속상함, 답답함을 느끼며 더이상 부모와 대화를 하고 싶어 하지 않게 됩니다. 반대로 "화났구나."라고 감정을 수용해 주면 아이는 마음의 문을 열고 부모와 대화를 시작하게 됩니다. 이런 과정을 통해 아이는 자신이 존중받는다고 느끼며 자존감이 높아지고 마음의 여유가 생겨 반성도 하게 됩니다. 감정은 맞고 틀림이 없으므로 있는 그대로 수용해 주는 것이 좋습니다. 단, 아이가 관심을 끌기 위해서나 상황을 모면하기 위해 거짓 감정을 보일 때에는 감정을 수용하지 않아야 합니다.

네 번째, 위급한 상황에서는 감정 읽기를 하지 않습니다. 아이가 다쳐서 병원에 가야 하는 상황에서 감정을 읽고 수용하기에는 너무나 조급하고 급박한 상황입니다. 이러한 위급한 상황이라면 감정 읽기를 건너뛰고, 지금의 상황과 해야 하는 일에 대해 간단히 말해 주는 것이 좋습니다.

다섯 번째, 감정 읽기는 꾸준히 합니다. 감정 읽기는 짧게는 1~2주, 길게는 2~3개월 동안 꾸준히 반복할 때 비로소 아이가 감정을 가라앉히고 대화를 할 준비를 하게 됩니다. 시간이 오래 걸리는 일이므로 조급함을 버리고 매일 매일 실천한다는 마음으로 임해야 합니다.

쌤에게 물어봐요!

아이의 말을 듣고 감정을 읽어주려고 하니 더 크게 웁니다. 결국은 뚝 그치라고 야단을 치게 됩니다. 뭔가 잘못되고 있는 것 같아요. 어쩌죠?

당연한 과정이니 걱정하지 않아도 됩니다.

조절하는 과정을 배우고 있습니다.

감정을 읽어주면 처음에는 더 많이 울고, 더 크게 웁니다. 자신의 편이 생겼으니까요. 그렇지만 계속 감정을 읽어주면 어느 순간 아이의 마음이 후련해지면서 울음이 점점 줄어듭니다. 이는 감정을 조절하는 방법을 배우는 과정입니다. 천천히 꾸준히 감정 읽기를 해주세요.

부모가 화가 난다면 잠시 멈춥니다.

아이가 울 때 부모가 화를 내어 상황이 더 힘들어지는 경우가 있습니다. 부모가 점점 화가 나기 시작하면 "엄마 아빠도 화가 나. 울음 그치고 이야기하자."라고 말하고, 잠시 아이와 떨어져 있는 것이 좋습니다. 반드시 부모와 아이 모두 감정을 조절한 후 다시 만나야 합니다. 부모와 아이가 잠시 떨어져 있을 때에는 몸만 떨어져 있을 뿐 집 안에 같이 있으면서 서로 볼 수 있어야 아이가 불안해하지 않습니다.

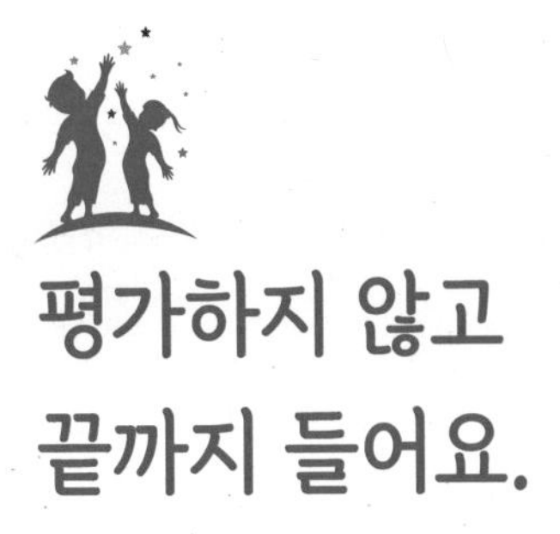

평가하지 않고 끝까지 들어요.

부모가 아이의 말을 경청한다는 뜻은 있는 그대로 듣고, 수용한다는 뜻입니다.

감정을 읽어주는 '공감'의 짝꿍은 언제나 '경청'입니다. 경청은 타인의 말에 귀를 기울여 주의 깊게 듣는 것을 말합니다. 아이가 말할 때 부모는 경청을 해야 하는데, 끝까지 경청하는 것이 안 될 때가 있습니다. 아이의 말을 듣다 보면 앞뒤가 안 맞아 되묻기도 하고, 듣다 보면 아이의 잘못이 바로 느껴져 그 순간 고쳐주려 하기도 하고, 시간이 없어 끝까지 듣기가 어려울 때도 있습니다. 이럴 경우 아이는 자신의 말을 들어주지 않는 부모에게 실망하고, 더 이상 말을 하지 않으려 하니 잘 듣는 것이 정말 중요합니다.

부모가 아이의 말을 경청한다는 뜻은 있는 그대로 듣고, 수용한다는 뜻입니다. 있는 그대로의 수용만 해주어도 아이의 답답했던 마음이 가라앉고, 자신의 행동에 대해 다시 생각해 볼 수 있는 기회가 됩니다. 엄청 스트레스를 받았을 때 친구에게 막 쏟아 놓으면 속이 후련해지고, 자신이 원하는 것을 알게 되며, 친구가 조언을 해주지 않아도 어떻게 해야겠다는 생각이 들 때가 있지요? 아이도 이와 같습니다.

경청 방법

경청을 할 때는 첫 번째, 눈과 귀로 들어야 합니다. 아이가 자신에 대해 이야기를 하지만 자신의 마음을 잘 몰라 겉과 속이 다른 말을 할 때가 있습니다. 경청하는 부모는 아이의 진짜 마음을 찾을 수 있도록 눈으로 보고 귀로 들어야 합니다.

두 번째, 이야기를 듣는 중에 잘 듣고 있다는 신호를 보내야 합니다. 아이가 이야기를 열심히 하고 있는데 부모가 무표정한 얼굴로 가만히 있는다면 아이는 '엄마 아빠가 듣고 있는 거야?'라는 의심을 하게 됩니다. 따라서 아이가 이야기를 할 때 부모는 고개를 끄덕이고 "그랬구나."라며 공감의 반응을 해주고, "잘했네."와 같은 칭찬도 해 주어야 합니다.

세 번째, 아이가 자신의 감정을 말하도록 합니다. 가정에서 문제가 생길 때에는 부모가 경청과 공감을 통해 아이의 감정조절과 문제해결을 도와줄 수 있지만, 부모가 함께 하지 못하는 가정 밖에서 문제가 생길 경우에는 아이가 스스로 감정을 추스르고, 문제를 해결하는 행동을 할 수 있어야 합니다. 그러기 위해서는 아이가 자신의 감정을 인지할 수 있어야 합니다. 아이는 자신의 이야기를 하면서 자연스럽게 감정을 말하게 되는데, 만약 감정을 말하지 않는다면 부모가 감정이 어떤지 꼭 물어봐 주어 아이가 자신의 감정을 말할 수 있도록 도와주어야 합니다. 아이가 감정에 대해 어른처럼 구체적으로 표현하기는 어렵겠지만 "화났어. 싫어." 정도로만 말할 수 있어도 좋습니다. 이런 표현을 많이 할수록 감정이 더 세분화되어 앞으로 표현을 더 잘 하게 됩니다.

네 번째, 이야기를 들을 시간을 마련합니다. 아이가 이야기를 할 때마다 다 들어주고 싶지만 현실적으로 들을 수 없는 상황도 있습니다. 이럴 때 부모는 그래도 들어주려 다른 일을 하면서 대강 들을 때가 있습니다. 이보다는 "지금 엄마 아빠가 일을 하고 있어. 이거 끝나고 들어도 될까?"라고 배려를 구하고, 아이와 이야기할 시간을 약속한 후 약속을 지키면 됩니다.

아이가 자신의 생각을 잘 말하길 바라지요? 그렇다면 부모가 잘 들어주어야 합니다. 자신이 하는 이야기를 누군가가 잘 들어줄 때 아이는 자신이 하는 말이 가치롭다고 생각하고, 존중받는 느낌을 받게 되어 말하는 것에 자신감이 생깁니다.

관찰의 말

아이의 말을 경청할 때 평가를 하지 말라고 합니다. 평가란 정해진 기준에 맞는지 안 맞는지를 따져 매기는 것인데, 말을 할 때마다 맞다 혹은 틀렸다를 가린다면 대화 자체가 마음을 갑갑하게 하고 힘들게 만듭니다. 그렇다고 해서 아무 말도 하지 말라는 뜻은 아닙니다. 평가의 말 대신에 관찰의 말을 하는 것입니다.

첫째 아이가 자신의 색종이를 가져간 동생이 너무 미워 밀었는데, 동생이 그만 넘어져 울어버렸습니다. 이를 본 부모가 첫째 아이로부터 상황에 대해 듣고 "그래서 밀었구나."라고 말했습니다. 이것이 '관찰의 말'입니다. 관찰의 말은 있는 그대로를 표현해 주는 것으로 아이가 자신의 행동을 정확히 인지할 수 있도록 돕습니다.

그런데 만약 부모가 "그래서 나쁜 행동을 했구나."라는 평가의 말을 했다면 아이는 억울하고, 자신이 정말로 나쁜 아이가 된 듯이 느껴집니다. 괜히 자신에게 나쁘다고 말하는 부모가 밉고, 부모가 동생만 예뻐하는 것 같아 동생도 싫어집니다. 또한 자신이 나쁘지 않다는 것을 증명하기 위해 엉뚱한 이야기를 하기도 하고, 반대로 진짜로 나쁜 행동을 골라서 하기도 합니다. 결국 자신의 잘못된 행동보다 그 말을 하는 부모와의 관계가 불편해지고, 다른 상황이나 문제로 대화가 이어져 정작 해결해야 할 문제가 뭔지 모르는 상황이 생기게 됩니다. 따라서 옳고 그름을 따져 말하는 평가의 말이 아니라, 있는 그대로의 모습을 말로 표현해 아이가 자신에 대해 인지할 수 있도록 돕는 관찰의 말을 해야 합니다.

쌤에게 물어봐요!

아이 말을 듣다 보면 이해가 안 될 때가 있습니다. 그래서 "뭐라고?"라고 다시 물으면 아이가 자기 말을 안 들었다고 화를 내다가 토라져서 말을 하지 않습니다. 어떻게 해야 할까요?

아이가 말을 할 때 기승전결이 있는 것이 아니라 자칫 맥락을 놓칠 때가 있지요. 다시 물어볼 때 어떻게 물어보느냐에 따라 아이의 기분이 달라질 수 있으니 조금만 표현을 바꿔 보면 좋겠습니다.

"뭐라고?"라는 말을 하지 않습니다.

"뭐라고?"라고 말하는 것은 다시 말해 달라는 의미이지요. 그런데 듣기에 따라 잘못을 지적하는 말처럼 들려 부담스럽게 됩니다. 또한 어디서부터 말을 다시 해야 할지 몰라 아이가 당황스럽기도 하고, 화가 나기도 합니다.

"~했다는 거지."라고 말합니다.

아이의 말에 대해 이해한 만큼만 "~했다는 거지."라고 말을 해 줍니다. 부모가 이해한 것이 틀렸다면 아이가 다시 이야기를 해 줄 것이고, 맞다면 그다음 이야기를 이어 나가게 됩니다.

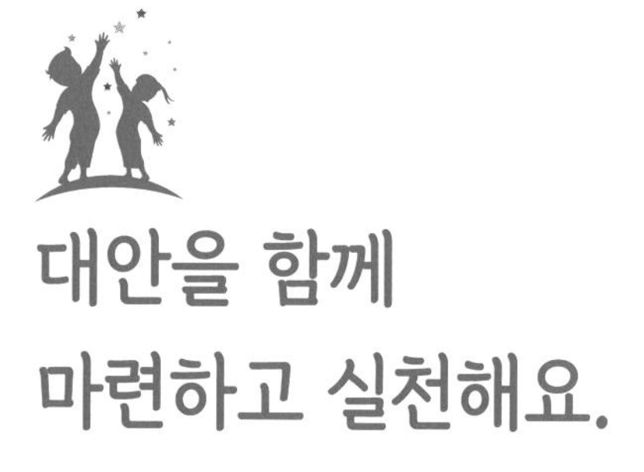

대안을 함께 마련하고 실천해요.

대안마련과 실천을 위해 부모와 아이가 함께 지켜야 하는 것이 있습니다.

서로의 감정을 정리하고 이야기를 충분히 들었다면, 이제는 해결을 위한 대안을 마련하고 실천해야 합니다. 아이가 어릴 때는 부모가 어떻게 해야 하는 것인지 알려주면 되지만, 5살만 되어도 부모의 말을 그대로 따르지 않으려고 합니다. 5살 정도면 충분히 자신만의 생각이 있거든요. 그래서 대안마련과 실천을 위해 부모와 아이가 함께 지켜야 하는 것이 있습니다.

첫 번째, 한계설정을 합니다. 한계설정은 해도 되는 것과 안 되는 것을 아이가 스스로 판단할 수 있도록 생각과 행동의 범위를 정하는 것입니다. 예를 들어 밤이 늦었는데 아이가 계속 뽕뽕이를 보겠다고 합니다. 이럴 때 부모는 "9시는 자는 시간이야."라고 한계설정을 해 주어야 합니다. 이런 한계설정이 없다면 기준점이 없는 것과 같아서 아이는 자기 마음대로 하려고 하고 대안을 마련하기 어렵습니다.

두 번째, 아이의 의견을 물어봅니다. 9시에 자는 거라고 한계설정만 하면 아이 입장에서는 부모가 뽕뽕이를 못 보게 하는 것이니 절대로 해결이 안 됩니다. 그래서 아이에게 한계설정 범위 내에서 자신의 행동을 결정할 수 있도록 의견을 물어보아야 합니다. "지금은 9시라서 자야 해. 우리 내일 언제 뽕뽕이 볼까? 몇 개 볼까?"라고 물어보고, 부모와 같이 의논을 합니다. 부모와 아이는 진통 끝에 어린이집에 다녀와서 뽕뽕이를 3개 보기로 약속을 하게 됩니다.

세 번째, 약속을 지키지 못했을 때의 책임을 정합니다. 아이는 어린이집에 다녀온 후에 뽕뽕이를 재밌게 보겠지요. 다행히 약속을 잘 지키면 좋은데, 그렇지 않을 때도 있습니다. 이럴 때를 대비해 보험을 하나 미리 들어야 합니다. "뽕뽕이 3개만 보면 좋은데 더 보면 어떻게 해야 할까?"라고 아이에게 물어봅니다. 아이는 분명히 약속대로 3개만 본다고 할 것입니다. 이때 부모는 "약속한 대로 3개만 보자. 그런데 더 보면 그다음 날은 하루 안 보는 거야."라고 약속을 지키지 못했을 때의 책임을 정하는 것입니다. 이런 책임을 정하지 않으면 아이가 약속을 지키지 않았을 때 또 실랑이를 해야 하니 꼭 정해주세요.

네 번째, 대안을 반드시 실천 합니다. 아이는 대안을 잊어버리기도 하고 잊어버린 척하며 뽕뽕이를 늦은 시간까지 더 많이 보려 고집을 부릴 수 있습니다. 이때 부모가 아이의 고집에 지거나 혹은 울고 보채는 아이가 안쓰러워 "오늘만 좀 더 보는 거야."라고 한다면 아이는 앞으로 부모와의 약속은 지키지 않아도 된다고 생각하게 되어 올바른 행동을 형성하기 어려워집니다. 약속한 대안은 반드시 지킬 수 있도록 부모가 일관되게 행동해야 합니다.

다섯 번째, 오늘 문제는 오늘 해결합니다. 오늘 아이와 갈등한 문제를 해결하지 못하면 내일 같은 일이 또 반복됩니다. 같은 문제로 계속 갈등을 반복하면 부모는 당연히 화가 나고 지치게 되겠지요. 귀찮다고 말하기 싫다고 그냥 넘어가지 말고, 오늘 문제는 오늘 꼭 해결해 주세요.

쌤에게 물어봐요!

아이와 대화를 하며 문제를 해결하고 싶은데 너무 울기만 해서 대화가 어렵습니다. 어떻게 해야 할까요?

너무 울어서 대화가 어렵군요. 흔히 있는 일이랍니다.

울음을 그칠 때까지 기다려주세요.

울 때에는 부모가 어떤 말을 해도 아이의 귀에 들리지 않습니다. 오히려 대화를 하려 애를 쓰던 부모가 더 화가 나기도 합니다. "울음 그치고 이야기하자."라고 말하고 기다려주세요. 울음을 그치고 다시 이야기를 하면 됩니다.

자신의 생각을 말로 표현하게 도와주세요.

울음으로 자신의 의견을 표현하는 아이도 있습니다. 울음이 아니라 말로 자신의 의견을 말할 수 있도록 기회를 주고 기다려주세요.

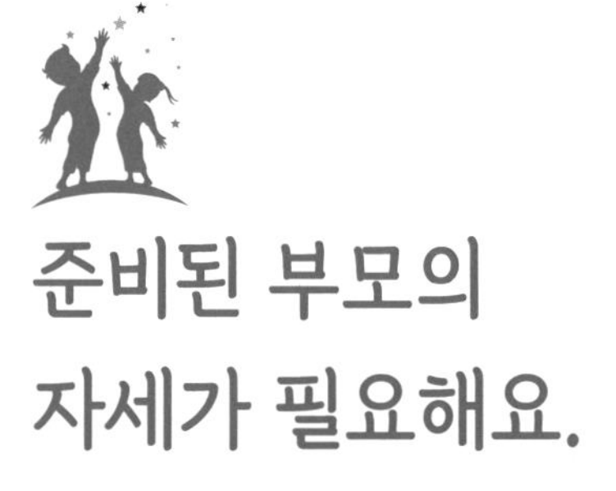

준비된 부모의 자세가 필요해요.

올바른 대안 실천을 위해서는 부모의 권위와 사회적 보상이 필요합니다.

부모가 대안을 실천하겠다는 마음을 먹어도 아이가 실천하지 않는 경우도 있고, 한두 번 실천을 하다가 흐지부지 되는 경우도 있습니다. 대안을 만들고 실천하지 않는다면, 대안을 만드는 과정 자체가 아이에게는 의미 없는 잔소리의 시간 혹은 빨리 상황을 모면하기 위해 부모가 듣고 싶은 말을 해주는 시간으로 전락하게 됩니다. 그래서 올바른 대안 실천을 위해서는 부모의 권위와 사회적 보상이 필요합니다.

부모의 권위

부모와 아이가 대화를 통해 대안을 만들었는데 아이가 안 지키고, 자기 마음대로 한다는 것은 부모의 권위가 낮다 혹은 없다는 의미입니다.

부모는 권위의 정도에 따라 권위 있는 부모, 권위적인 부모, 권위 없는 부모로 나뉩니다. 권위 있는 부모는 아이를 사랑과 존중으로 대하고, 많은 관심을 보이며, 감정에 집중합니다. 아이는 부모를 존경하고, 의지하며, 어려움이 생기면 가장 먼저 의논의 상대로 삼습니다. 권위적인 부모는 아이에 대한 반응이 적고, 높은 수준의 통제를 하려 합니다. 그리고 아이에게 순종을 기대하며, 자신의 기대에 어긋날 때 체벌을 할 가능성이 있습니다. 이는 독재자와 비슷한 모습입니다. 당연히 아이는 부모를 두려운 존재로 느끼게 되어 어릴 때에는 말을 잘 듣지만, 사춘기 정도가 되면 반항을 하게 되어 부모와 갈등을 심하게 하게 됩니다. 권위 없는 부모는 아이를 비일관적으로 대하거나, 무조건적 수용을 통해 과잉적이고 허용적인 양육을 합니다. 이럴 경우 아이는 부모보다 자신의 지위가 더 높다고 생각하고, 부모에 대해 신뢰하지 않아 부모의 말을 거부하거나, 오히려 부모를 통제하고 조정하려 합니다. 이럴 경우 양육을 하기 어려운 상태가 됩니다.

부모의 권위는 부모 스스로가 세워야 합니다. 그러기 위해서는 첫 번째, 부모는 아이를 사랑과 존중으로 대해야 합니다. 아이는 부모의 거울이라고 하지요. 본 대로 하고, 받은 대로 돌려주기 때문입니다. 부모가 먼저 아이에게 사랑과 존중으로 대할 때, 아이도 부모를 사랑하고 존중하게 되어 절대로 함부로 대하지 않습니다.

두 번째, 부모는 일관되게 아이를 대해야 합니다. 부모의 기분이 좋을 때나 나쁠 때나 동일하게 아이를 대해야 아이가 '엄마 아빠는 믿을 수 있어.'라고 생각하게 되고, 부모의 권위가 세워집니다. 그런데 이와 반대라면 아이는 '엄마 아빠는 이랬다저랬다 해. 자기 마음대로 야. 약속도 안 지키네.'라고 생각하게 되어 더 이상 부모를 믿지 않게 됩니다. 이럴 경우 아이는 부모의 권위를 인정하지 않게 되고, 더 나아가 부모를 무시하게 되어 함께 지키기로 약속한 모든 것은 의미가 없어집니다.

부모의 권위는 양육의 기본이자 완성입니다. 권위적인 부모가 아니라, 권위 있는 부모가 되어 아이가 약속한 것을 잘 실천할 수 있도록 도와주세요.

보상의 효과

아이가 대안을 잘 실천할 수 있도록 '보상'을 하는 경우가 있습니다. 약속된 행동을 했을 때 선물을 주는 것인데, 이 선물을 '강화물'이라고 합니다.

예를 들어, 한 아이가 병원에서 주사를 맞을 때마다 병원이 들썩거릴 정도로 울고 소리를 질러 난감한 상황이 자주 발생했습니다. 부모는 아이에게 울지 않고 주사를 잘 맞으면 사탕을 사 주기로 약속을 했습니다. 아이는 무섭지만 사탕을 받기 위해 꾹 참고 주사를 맞았고, 사탕을 받았습니다. 아이에게 제공되는 사탕은 1차 강화물입니다. 1차 강화물은 그 자체로 동기를 향상시켜 약속된 행동을 잘하도록 합니다. 1차 강화물은 정말 효과가 빠르게 나타나기 때문에 부모가 가장 쉽게 쓰는 방법이기도 합니다.

여러 달 동안 사탕으로 아이가 주사를 잘 맞도록 했는데, 어느 날부터인가 이제 사탕은 아이에게 시시한 것이 되어 아이가 주사를 맞으려 하지 않게 되었습니다. 그래서 부모는 사탕보다 더 좋은 로봇으로 강화물을 주게 되었습니다. 이처럼 1차 강화물은 시간이 좀 지나면 행동을 하게 하는 동기가 사라지기 때문에 강화물은 점점 더 좋은 것으로 바뀌어야 하고, 부모는 점점 감당하기 힘들어집니다. 또한 1차 강화물로 보상을 받은 아이는 강화물이 없을 경우 전혀 행동을 하지 않으려 하기도 하고, 반대로 강화물이 필요할 때마다 행동을 해 부모를 화나게 만들기도 합니다.

그래서 처음에는 사탕과 같은 선물로 1차 강화물을 주더라도 서서히 2차 강화물로 바꾸어야 합니다. 예를 들어 아이가 주사를 잘 맞을 때마다 부모가 칭찬을 해 주었습니다. 아이가 칭찬을 받을 때 기분이 좋았고, 다음번 주사를 맞을 때에도 예전 좋았던 기분을 떠올리며 주사를 잘 맞았습니다. '칭찬'이 바로 2차 강화물입니다. 2차 강화물은 무형의 것으로 과거의 좋았던 기억을 떠올리게 해 행동을 잘하게 하는 것입니다.

1차 강화물과 같은 물질 보상을 통해 아이가 해야 하는 행동을 잘하도록 할 수도 있습니다. 그러나 효과가 그리 오래 나타나지는 않습니다. 칭찬과 같은 2차 강화물인 사회적 보상을 통해 만족감을 충분히 느끼게 해 물질 보상 없이도 자신이 해야 하는 행동을 잘 할 수 있도록 가르쳐 주세요.

쌤에게 물어봐요!

스티커 10개를 모으면 좋아하는 자동차를 사 주기로 이미 약속을 했어요. 지금이라도 취소할까요?

이미 약속을 했다면 이번은 잘 지켜주세요. 약속을 취소하면 아이가 많이 실망할 거예요.

다음부터는 칭찬으로 보상해 줍니다.

아이가 해야 하는 행동을 잘했다면 반드시 선물이 아닌 칭찬으로 보상을 해 주어야 한다는 것을 꼭 기억하고, 다음부터 해주세요. 부모의 양육행동이 달라지려면 부모도 생각하고 연습하는 과정이 필요합니다.

선물 받는 날을 알려줍니다.

부모가 칭찬으로 보상을 바꾼다고 해도 아이가 선물로 보상을 해달라고 할 때도 있습니다. 이럴 때에는 "잘했을 때는 칭찬을 받고, 선물은 생일날 받는 거야."라고 칭찬을 받는 때와 선물을 받는 때를 구분해서 가르쳐주면 됩니다.

하나 **소통**

고집

- 고집에 대해 이해해요.
- 고집을 해결해요.

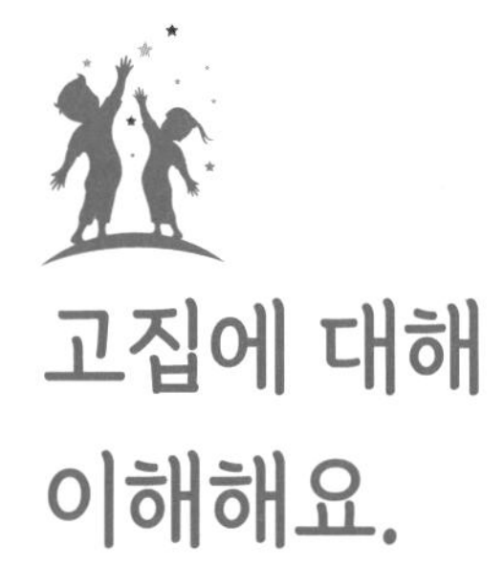

고집에 대해 이해해요.

아이 스스로 자신의 감정과 생각을 조절하고, 상황에 맞는 바른 행동을 하도록 가르쳐주는 것이 좋습니다.

아이의 고집에 대해 늘 화만 낼 수도 없고, 다 들어줄 수도 없어 난감합니다. 흔히들 고집은 꺾어야 한다고 하지만, 꺾여서 기분 좋은 사람은 없지요? 아이도 고집이 꺾일 때 자존심이 상한답니다. 이보다는 아이 스스로 자신의 감정과 생각을 조절하고, 상황에 맞는 바른 행동을 하도록 가르쳐주는 것이 훨씬 좋습니다.

고집의 의미

대화를 통해 아이와 문제를 해결하고 싶지만, 막무가내로 고집을 부리는 아이를 보면 참 난감합니다. 어쩜 저렇게 부모를 괴롭힐까 미워지기도 하고요. 지금부터는 조금만 생각을 바꿔 보겠습니다. 일단 아이가 고집이 생긴 것은 건강하고 똑똑하게 잘 자랐다는 증거이므로, 아이에게는 축하를 그리고 부모에게는 박수를 보내고 이야기를 시작하겠습니다.

'고집'은 두 돌 전후에 나타나기 시작합니다. 좋았던 부모 자녀 관계가 흔들리기 시작하는 시점이 여기입니다. 흔히 부모는 아이가 달라졌다고, 변했다고 힘들어하지만, 이건 자연스러운 발달일 뿐입니다. 아이는 자신과 세상을 구분할 수 없는 상태로 본능만을 가지고 태어나는데, 자라면서 조금씩 나와 가족, 세상에 대해 인지하며, 하고 싶은 것들이 생깁니다. 반면 아직 상황을 이해하고 판단하는 능력이 미숙하니 언제나 하고 싶은 것은 상황에 맞지 않고, 하면 안 되는 것들이 많습니다. 그리고 하고 싶은 것들을 부모에게 말로 표현하면 좋겠지만, 말만으로 다 표현이 어려우니 몸으로 표현하기도 합니다. 이런 아이의 행동을 부모는 '고집'이라고 부릅니다. 사실 아이는 굉장히 억울합니다. 고집을 부리려고 한 것이 절대 아니고, 자신은 단지 원하는 것을 표현했을 뿐이거든요.

따라서 고집은 인지와 언어가 발달하는 과정에서 발생하는 자연스러운 정서행동이라고 할 수 있습니다. 그러니 아이가 고집을 부릴 때에는 화내고 힘들어하기보다는 '이만큼 자랐구나. 하고 싶은 게 있는데 못해서 얼마나 답답할까.'라고 먼저 생각해 주어야 합니다. 그런 후 아이에게 상황을 설명하고, 못한다고 하는 것이 아니라 하고 싶은 것을 어떻게 하면 할 수 있는지 가르쳐 주어야 합니다. 단, 아이의 안전에 문제가 되는 것이라면 단호하게 처음부터 안 된다고 말해야 합니다.

몸이 자라 옷이 맞지 않을 때, 옷이 맞지 않는다고 화를 내는 부모는 없습니다. 잘 자라는 모습에 기뻐하고 몸에 맞는 새 옷을 준비해 주지요. 이와 동일하게 아이의 생각이 자라 부모와 다를 때에도 고집부리지 말라고 화를 내고, 실랑이를 하는 것이 아니라 부모와 아이가 새로운 해결책을 함께 찾는 것이 현명한 대처입니다.

고집과 자존감

고집이 강한 것은 자신의 생각이 확고하고, 의사표현을 명확히 하는 것이라 생각해 고집이 강한 아이는 자존감이 높을 거라고 생각합니다. 그러나 유아기의 아이는 생각이 확고하고 의사표현을 잘해서가 아니라 상황에 맞지 않는 의사표현으로 인해 고집을 부리는 것이므로 자존감이 높다고 말할 수는 없습니다. 오히려 고집을 많이 부리는 아이는 자만심이 높아지거나, 자존감이 낮아질 수 있습니다.

자존감은 자신의 존재의 가치를 스스로 평가하는 것입니다. 쉽게 말해서 '나는 귀하고 소중한 아이야.'라고 생각하면 자존감이 높은 것입니다. 반대로 '나는 쓸모없는 아이야.'라고 생각하면 자존감이 낮은 것입니다. 자존감이 높은 아이는 내가 소중한 만큼 타인도 소중히 생각하고 존중합니다. 그런데 너무 귀하게만 자라서 자신만 소중하다고 생각하게 되는 것을 '자만심이 높다'라고 합니다. 자만심은 자존감이 너무 높아 생기는 부작용으로 재벌 3세의 갑질과 같은 행동이 좋은 예입니다.

자존감은 사랑과 존중 그리고 긍정적인 평가를 통해 높아집니다. 고집을 부리는 아이라면 사랑과 존중, 긍정적인 평가는커녕 늘 "하지 마. 하지 말라고 했지. 몇 번 말해야 알아들어? 왜 이래 진짜. 혼난다."라는 말을 계속 듣고 자라게 됩니다. 이럴 경우 아이는 자신을 '하지 말라고 하는 행동을 하는 나쁜 아이, 혼나는 아이'로 인지하기 때문에 당연히 자존감은 낮아지게 됩니다. 반면 부모가 아이의 고집을 모두 수용할 경우에 아이는 '내가 제일 힘이 세. 엄마 아빠도 날 못 이겨.'라고 생각해 자만심만 높아지게 됩니다. 그래서 아이가 고집을 부릴 때는 못 하게 하거나, 반대로 모두 다 허용해 주는 것이 아니라 욕구에 대해서는 존중을 해주되, 올바른 해결책을 잘 가르쳐 주어야 합니다. 그뿐만 아니라 이런 해결의 과정을 거치는 동안에도 반드시 자존감이 상하지 않도록 배려해 주어야 합니다.

고집의 성장 과정

아이 : 젤리 줘.
부모 : 안 돼.
아이 : 젤리~이~.
부모 : 밥 먹어야지.
아이 : (발을 동동 구르며) 으앙~ 젤리.

A 부모의 대처　알았어. 그만 울어. 젤리 오늘만 먹는 거야.

B 부모의 대처　어디서 고집이야. 안 돼!

아이가 처음에 젤리를 달라고 할 때에는 말로써 자신의 마음을 잘 표현했습니다. 그런데 부모가 안된다고 하자 아이는 자신의 마음을 몰라주는 부모에게 젤리를 달라고 보채기 시작했습니다. 그런데 이번에는 부모가 밥을 먹어야 한다며 거절의 뜻을 전하자 아이는 드디어 폭발해서 울며 젤리를 달라고 떼를 쓰기 시작했습니다. 부모의 입장에서 보면 아이가 말을 듣지 않고, 상황에 맞지 않는 행동과 말을 하며, 고집을 부리기 시작한 것처럼 보입니다. 그러나 아이의 입장에서 보면 젤리를 먹고 싶은 자신의 마음을 몰라주고 젤리를 주지 않기 위해 부모가 계속 말을 바꾸고 있다고 생각하게 됩니다. 같이 대화를 했는데 너무나 다른 생각을 하고 있습니다. 이처럼 아이의 마음을 받아주지 않고 행동에 대해서만 제한을 하게 되는 것, 이것이 바로 아이의 고집이 커지는 첫 번째 원인입니다.

고집이 커지는 두 번째 원인은 부모의 대처 방법입니다. A 부모의 대처 방법은 아이의 요구를 들어주는 방식입니다. 이렇게 줄 거라면 처음부터 기분 좋게 주었으면 좋았을 텐데, 보채고 울도록 해 아이의 진을 다 빼놓고 주게 되면 앞으로 아이는 '말을 하는 것이 아니라 울고 발을 굴러야 주는구나.', '엄마 아빠는 한 번 말해서는 들어주지 않는구나. 여러 번 말해야 하는구나.'라는 생각을 하게 됩니다. 그래서 말로 표현하면 될 것을 우는소리로 해 줄 때까지 반복적으로 표현하게 됩니다. 이런 경험이 쌓이면 고집을 부려야 자신이 원하는 것을 얻을 수 있다고 생각하게 되어 점점 더 고집이 강해지게 됩니다.

반대로 B 부모의 대처 방법은 무섭게 야단을 쳐서 고집을 부리지 못 하게 하는 방식입니다. 이는 아이가 부모를 무서워하며, 행동을 바로 멈추기 때문에 효과가 있는 듯이 보입니다. 그러나 아이가 조금 더 자라 부모를 무서워하지 않는다면 효과가 없게 됩니다. 또한 아이는 무서운 사람 앞에서는 자신의 욕구를 표현하지 않고 참고 있다가, 친절하고 말을 잘 들어주는 사람 앞에서는 더 강하게 고집을 부리며 요구를 하게 됩니다. 즉, 사람에 따라 다르게 행동하게 되어 아이의 행동에 일관성이 없고, 좋은 생활습관을 형성하기 어렵습니다.

따라서 아이가 욕구를 표현할 때 감정을 받아주지 않거나, 행동에 대한 제한만을 강조하거나, 실랑이 끝에 요구를 들어주게 되면 아이의 고집이 커지게 됩니다. 고집이 커지지 않고 잘 해결하기 위해서는 반대로 하면 되겠지요.

쌤에게 물어봐요!

남자아이라 그런지 크고 작은 사고가 많이 납니다. 요즘은 소파에서 계속 뛰어내리는 행동을 하는데, 저도 모르게 통제를 하게 되고 말 좀 들으라고 화를 내게 됩니다. 어떻게 해야 할까요?

어떻게 해야 할지 고민이군요. 말하는 방법을 조금만 바꾸면 됩니다. 어렵지 않습니다.

해야 하는 행동을 정확히 말해 줍니다.

아이에게 "하지 마. 말 좀 들어."라고 말하면 아이는 "왜 엄마 아빠 말을 들으라고 해. 난 싫어."라고 하게 됩니다. 그래서 엄마 아빠 마음대로 하는 것이 아니라 해야 하는 행동을 하는 것임을 가르쳐 주면 됩니다. 아이에게 "소파는 앉는 곳이야. 앉아서 놀자."라고 해야 하는 행동을 정확히 알려줍니다.

행동을 계속한다면 아이를 소파에서 분리합니다.

부모가 가르쳐준다고 해서 행동이 바로 멈추는 것은 아닙니다. 아이가 계속 소파에서 뛰어내린다면 소파로부터 분리해 주어야 합니다. "오늘은 소파에서 못 놀겠어."라고 말하고 소파로부터 분리해 줍니다. 말로만 하지 말라고 하는 훈육은 의미가 없습니다. 훈육은 말과 행동을 함께 해야 효과가 있습니다.

평소에 일관된 행동으로 부모의 권위를 세웁니다.

부모가 훈육의 말과 행동을 해도 아이가 무시해 버리면 효과가 없습니다. 아이가 부모의 훈육을 수용하기 위해서는 부모의 권위가 있어야 합니다. 부모의 권위는 아이에 대한 애정과 신뢰를 기본으로 일관된 양육을 할 때 세워집니다.

고집을 해결해요.

늘 일관되게 실천하는 부모의 꾸준함이 필요합니다.

매번 고집을 해결하려면 힘이 듭니다. 가장 좋은 해결 방법은 아이가 고집을 부리지 않게 하는 것입니다. 이를 위해서는 오늘 아이가 부린 고집에 대한 대안을 찾고, 늘 일관되게 실천하는 부모의 꾸준함이 필요합니다.

할 수 있는 방법 알려주기

아이 : 젤리 줘.
부모 : 젤리 먹고 싶구나.
아이 : 응. 젤리.
부모 : 지금은 밥 먹을 시간이야.
아이 : 응?
부모 : 밥 먹고 젤리 먹자.
아이 : 아잉~ 젤리 줘.
부모 : 밥 먹고 젤리 먹자.

아이가 젤리를 달라고 했을 때 부모가 아이의 마음을 이해해 주었습니다. 쫀득하고 달콤한 젤리가 맛있는 건 부모도 알고 있으니까요. 그러자 아이는 자신의 마음을 알아주는 부모에게 흥분하지 않고 말로 젤리를 달라고 말했습니다. 이에 대해 부모는 지금은 밥을 먹어야 하는 상황이고 젤리는 밥을 먹은 후 먹는 거라고 올바르게 젤리를 먹는 방법에 대해 알려주었습니다. 물론 부모가 이렇게 말을 해도 젤리를 먹고 싶은 욕구가 강한 아이는 보채며 젤리를 계속 달라고 했습니다. 이때 부모는 다른 이유를 말하지 않고 같은 이유를 반복하며 젤리를 안 주려고 하는 것이 아니라 제대로 먹게 해주려는 것임을 알려주었습니다.

이런 과정이 하루, 한 주, 한 달을 반복하게 되면 아이는 밥을 먹고 젤리를 먹는다는 걸 알게 되어 밥을 먹기 전에 젤리를 달라고 고집을 부리는 행동이 점점 없어집니다. 한 걸음 더 나아가 아이는 부모에게 "밥 먹고 젤리 줘."라고 상황에 맞게 말도 하게 됩니다. 고집은 못 하게 할 때 해결되는 것이 아니라 어떻게 해야 하는지 방법을 알려줄 때 해결된다는 것을 꼭 기억해 주세요.

언제나 이기는 일관성

아이가 고집을 부릴 때의 모습을 보며 참 집요하지요. 원하는 단 한 가지를 말로, 울음으로, 발을 구르고 바닥에 뒹굴며 온몸으로 강렬하게 표현합니다. 정말 끈기는 세상 최고인 것 같아 보입니다. 그런데 이런 아이를 마주하는 부모는 아이와 다르게 안 된다고 했다가, 다음에 하자고 했다가, 버럭 화를 내기도 했다가, 안쓰러운 마음에 결국 아이의 요구를 들어주기도 합니다. 자식 이기는 부모 없다고, 어쩔 수 없다고 하기에는 너무 찜찜함이 남습니다.

고집을 부릴 때 아이는 매우 일관되게 자신이 원하는 것을 요구합니다. 그에 반해 부모는 여러 가지의 대안을 제시하며 아이를 설득하고 해결하려 합니다. 부모가 일관되지 못한 것입니다. 결국 아이는 일관성에서 부모를 이겼기 때문에 부모는 아이의 고집에 지게 된 것입니다. 자식 이기는 부모 없다는 말보다는 일관성에 이기는 사람 없다는 말이 더 맞습니다.

이제부터는 아이가 일관되게 고집을 부리는 것이 아니라 부모가 일관성을 고집부려야 합니다. 부모가 일관성을 고집부리는 것의 결과는 상황에 맞게 자신의 욕구를 잘 조절할 줄 아는 아이의 좋은 생활습관으로 나타납니다.

쌤에게 물어봐요!

집에서는 어떻게든 해결을 하겠는데, 밖에서 고집을 부리면 너무 창피해요. 어제는 마트에서 소방차를 사 달라고 바닥에 누워 뒹굴어 어쩔 수 없이 사줬습니다. 해결 방법이 있을까요?

난감했겠습니다. 아이는 부모의 이런 창피함을 이용하고 있습니다. 그래서 늘 일관됨과 단호함이 필요합니다.

일단 집으로 갑니다.

아이가 바닥에 뒹굴면 집으로 가는 것만이 방법입니다. 다른 사람들이 있는 공간에서는 부모가 어떤 것도 할 수 없고, 자칫 화를 내게 되면 더 창피한 상황이 발생하게 되니까요. 아이에게 "일어나서 갈래? 아니면 엄마 아빠가 안고 갈까?"라고 선택권을 주고 그 선택에 따라 행동하면 됩니다. 처음에는 아이가 계속 고집을 부려 엄마 아빠가 억지로 안고 집으로 가야 할 것입니다. 집에 도착할 때 까지 어떤 말도 해서는 안됩니다. 이 상황에서 한 마디라도 더 하면 감정이 서로 격해져 상처를 주게 됩니다.

대화를 통해 문제를 해결하고 예방책을 세웁니다.

감정이 가라앉으면 오늘 일에 대해 이야기하고, 놀잇감을 사는 날을 다시 한번 정확히 말해 주고 반드시 지킵니다. 오늘처럼 고집을 부릴 때 사주면 고집이 더욱 커집니다. 그리고 다음에 마트에 갈 때에는 미리 놀잇감을 사지 않는다는 것을 알려주어야 하고, 만약 아이가 놀잇감을 사달라고 한다면 그 순간 바로 집으로 돌아와 고집이 커져 바닥에 뒹구는 일을 미연에 방지해야 합니다.

하나 **소통**

훈육

- 훈육과 학대는 달라요.
- 훈육은 가르치는 거예요.
- 훈육의 말은 긍정문이에요.
- 훈육할 때도 분위기를 잡아야 해요.
- 훈육에서 가장 중요한 것은 일관성이에요.
- 훈육은 시작한 사람이 끝맺음을 해요.
- 훈육에 대한 의논을 할 때 지켜야 할 것이 있어요.

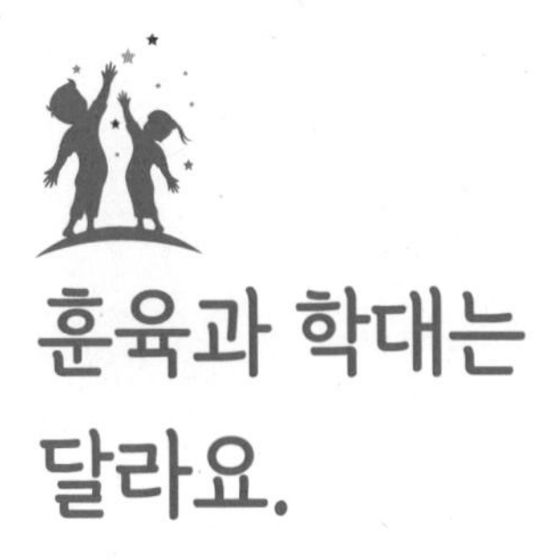

훈육과 학대는 달라요.

아이를 훈육할 때마다 '비례감정, 반성, 규범' 3가지의 기준을 떠올리기 바랍니다.

아동학대 사건을 뉴스를 통해 자주 듣게 되는데, 들을 때마다 가슴이 쿵하고 떨어지는 듯합니다. 없던 학대가 갑자기 생겼다기보다는 그동안 학대인줄 모르다가 어른들이 학대에 대해 관심을 가지고 인지하게 되면서 발견되는 경우가 많아진 것으로 생각됩니다. 학대 부모의 인터뷰를 보면 "애가 말을 안 들어서 훈육을 한 거지 학대를 한 게 아니에요."라고 항변해 사람들의 공분을 사고 있습니다. 훈육과 학대의 차이를 알지 못하는 것이 참 안타깝습니다.

훈육은 아이가 사회의 구성원으로서 올바른 인격을 갖추고 성장할 수 있도록 옳고 그름을 말로 가르치는 것입니다. 이런 훈육을 통해 아이는 자신이 해도 되는 것과 하면 안 되는 것의 경계를 세워 스스로 생각과 행동을 조절하는 능력을 키우게 됩니다. 반면 학대는 아이의 정상적인 발달을 저해하는 가혹행위와 폭력을 가하고 유기하거나 방임하는 것을 말합니다. 학대를 받은 아이는 발달지연, 불안정한 정서, 왜곡된 사고 등의 문제를 가지게 되어 정상적인 발달을 기대할 수 없습니다. 당연히 훈육과 학대는 정반대의 의미입니다.

그런데 가끔 훈육을 하다 보면 부모가 화를 심하게 내는 날이 있습니다. 그런 날은 훈육을 끝내고 뒤돌아설 때 무언가 찜찜한 기분이 들고, 괜히 자는 아이를 보면서 마음이 아팠을 것입니다. 그래서 훈육을 제대로 하기 위해서는 훈육과 학대를 구분할 줄 알아야 합니다.

훈육과 학대를 구분하는 기준은 첫 번째, 부모의 감정이 '비례감정에 맞느냐?'입니다. 아무리 아이를 사랑하는 부모라도 아이가 잘못을 하면 화가 나기 마련입니다. 그래서 단순히 화를 냈다는 게 문제가 되지는 않습니다. 아이가 '5'만큼 잘못을 했고, 부모가 '5'만큼 화를 냈다면 비례감정에 맞기 때문에 훈육이 맞습니다. 그런데 부모가 다른 기분 나쁜 일로 인해 아이에게 '10'만큼의 화를 냈다면 비례감정에 안 맞다라고 이야기합니다. 이는 학대가 될 수 있습니다. 반드시 감정의 표현 정도를 살펴야 합니다.

두 번째, 아이가 자신의 행동을 수정한 이유가 '반성이냐? 두려움이냐?'입니다. 제대로 훈육을 받은 아이는 자신의 잘못에 대해 인정하고 반성을 한 후 행동을 수정하게 됩니다. 그런데 학대를 받은 아이는 두려워서 자신의 행동을 수정하게 됩니다. 반성을 한 아이는 앞으로 수정된 행동을 계속 유지하겠지만, 두려워서 행동을 수정한 아이는 부모가 두렵지 않게 되면 수정된 행동을 하지 않게 됩니다. 보통 아이가 부모를 두려워하지 않는 시기는 사춘기부터입니다. 사춘기에는 감정이 폭발적으로 표현되고 반항적이며 힘을 과시하는 특징을 보이는데, 이 시기가 되면 그동안 부모로부터 두려워 억압되어 있던 자신을 표출하기 시작해 오히려 부모가 아이에게 폭력을 당하는 힘의 역전 현상이 나타나게 됩니다. 절대로 두려워서 행동을 수정하는 일은 없어야겠습니다.

세 번째, 아이에게 주어진 처벌이 '사회적 규범에 맞느냐?'입니다. 예를 들어 아이가 동생을 때렸습니다. 이때 부모가 아이를 거실 한쪽에 있는 생각의자에 앉히고 반성을 하라고 했습니다. 이건 규범에 어긋나지 않으므로 훈육이 맞습니다. 그런데 만약 부모가 아이에게 화장실에 들어가라고 하고, 불을 끄고 문을 닫은 후 반성을 하라고 하면 어떨까요? 화장실에 갇힌 아이는 매우 불안하고 두려울 것이고, 또한 화장실은 반성을 하는 공간이 절대 아니지요. 이런 처벌은 사회적 규범에 맞지 않기 때문에 학대가 됩니다.

분명 훈육과 학대는 다릅니다. 아이를 훈육할 때마다 '비례감정, 반성, 규범' 3가지의 기준을 떠올리기 바랍니다.

아동 학대 유형

신체학대

우발적인 사고를 제외하고 몸을 다치게 하는 모든 행위를 말합니다. 몸이나 물건으로 때리는 행위, 몸을 거꾸로 매달거나 전기충격을 주는 행위 등입니다. 평소 아이의 몸에 멍 자국이나 상처가 있는지 잘 살펴야 하고, 특정 사람이나 장소에 대해 거부감과 두려움을 나타낸다면 학대를 의심해 볼 필요가 있습니다.

정서학대

언어적으로 모욕감을 주는 것을 포함해 모든 정서적 위협을 말합니다. 비난, 형제자매간의 비교, 버리겠다는 협박, 돈을 벌어오라고 시키는 것 등이 정서학대의 행위입니다. 또한 가정폭력을 목격하게 하는 것도 심각한 정서학대입니다. 정서학대를 받은 아이는 발달지연, 강박적 행동, 실수에 대한 과잉반응, 타인에 대한 두려움 등을 보입니다.

성학대

성인이 성적욕구 충족을 목적으로 아이와 함께 하는 모든 성적 행위입니다. 자위행위를 노출하거나 음란물을 보여주는 것, 성적 접촉을 하는 것 등이 성학대의 행위이며, 특히 가정에서는 실수로 부부관계를 노출하지 않도록 주의해야합니다. 성학대는 보통 강압적인 힘에 의해 발생하지만, 어린아이의 경우에는 놀이로 위장된 성학대에 노출될 수 있어 예방차원에서 성교육이 반드시 필요합니다. 성학대를 받은 아이는 연령에 맞지 않는 성적 행동을 하고, 성병감염, 생식기 주변 손상, 사춘기 아이의 경우에는 임신 등의 문제가 발생할 수 있습니다.

방임

아이의 성장 발달에 적절한 환경과 양육을 제공하지 않는 것으로 의식주를 제공하지 않는 물리적 방임, 연령에 맞는 교육을 시키지 않는 교육적 방임, 아플 때 적절한 치료를 하지 않는 의료적 방임이 있습니다. 방임된 아이는 건강상태 불량, 비위생적인 신체상태, 계절에 맞지 않는 옷차림, 도벽, 결석 등의 문제가 나타납니다.

생각의자

- 생각의자의 목적은 조용히 앉아서 감정을 가라앉히고, 자신의 행동에 대해 반성하는 것입니다.
- 생각의자에 너무 오래 앉아 있을 경우 아이는 앉아 있는 이유를 잊어버리게 되므로 10분 이하로 앉아 있는 것이 좋습니다.
- 생각의자 주변에 놀잇감이 없어야 합니다.
- 생각의자에 앉아 있더라도 부모를 볼 수 있어야 아이가 불안하지 않습니다.
- 생각의자에 앉아 있는 동안에 부모는 아이에게 반응하지 않습니다.
- 정해진 시간이 지나면 부모가 아이에게 다가가 대화를 합니다.
- 아이에게 너무 깊이 있는 반성을 기대하지 않습니다.

쌤에게 물어봐요!

아이를 훈육할 때 자꾸만 화가 납니다. 제가 화를 낼 때마다 아이가 제 눈치를 보는 것이 너무 마음이 아픕니다.

내 마음이지만 내 마음대로 안 되어 힘들 때가 있습니다. 화를 조절하는 방법을 찾아 보도록 하겠습니다.

화를 돋우는 말을 하지 않습니다.

처음부터 화가 불같이 나기보다는 훈육을 하는 과정에서 화가 점점 더 많이 나게 됩니다. 아이가 화를 돋우는 경우도 있지만, 부모 스스로 화를 돋우는 말을 하기도 합니다. "엄마가 하지 말라고 했는데, 왜 했어? 몇 번을 말해야 알아듣는 거야?", "아빠 말이 말 같지 않아?" 같은 말이 바로 화를 돋우는 말입니다. 이런 말은 하지 않아야 합니다.

화가 날 때에는 멈춥니다.

화를 조절하는 최선의 방법은 '멈추기'입니다. 화가 나는 순간 한마디라도 더 하면 반드시 상처를 주는 말을 하게 됩니다. 의식적으로 "화 풀고 다시 이야기하자."라고 말하고 멈춥니다. 그리고 화가 좀 가라앉으면 다시 이야기 나눕니다. 쉽지 않지만 노력해 보겠습니다.

스트레스를 관리합니다.

특정한 일 또는 일상적으로 반복되는 일로 스트레스를 받고 있다면 당연히 작은 일에도 화가 많이 나게 됩니다. 스트레스의 원인을 찾아 해결해 주세요. 한결 가벼워진 마음으로 아이를 훈육한다면 화가 많이 나지도, 아이가 눈치를 보지도 않게 됩니다.

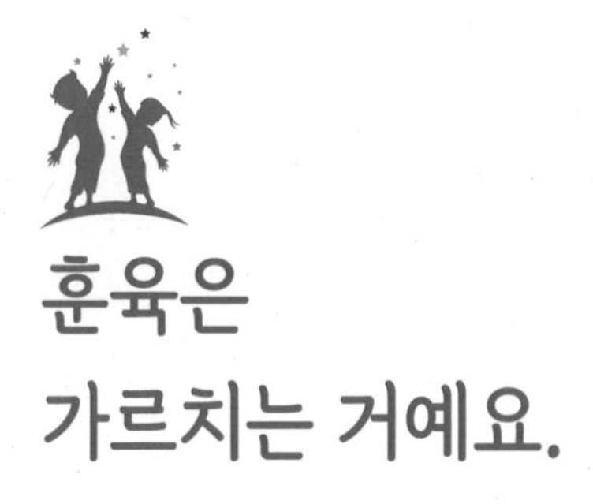

훈육은 가르치는 거예요.

체벌 대신에 책임주기를 통해 훈육을 완성해야 합니다.

훈육을 언제부터 해야 하는지, 어떻게 해야 하는지 궁금해집니다. 주변에서 듣기에는 '최소한 두 돌은 지나야 훈육이 가능하다.', '세 돌 이하 아이에게는 절대로 훈육을 하면 안 된다.' 등 의견이 분분하고, 체벌이 '필요하다.', '아니 그렇지 않다.'라는 말도 많습니다. 단연코 훈육은 모든 연령에서 해야 합니다. 훈육을 시작하는 시기를 두 돌 혹은 세 돌이라고 말하는 것은 훈육을 체벌과 구분하지 못했기 때문이므로 훈육과 체벌을 구분하고 체벌 대신에 책임주기를 통해 훈육을 완성해야 합니다.

훈육과 체벌

아이가 놀잇감 자동차를 계속 바닥에 던져 시끄러운 소리를 내고 있습니다. 부모는 아이에게 "자동차 던지지 마."라고 말했습니다. 그런데 아이는 행동을 멈추지 않고 계속 자동차를 던졌습니다. 부모는 말을 듣지 않는 아이에게 화가 나서 자동차를 뺏고, 아이에게 큰 소리를 치고, 엉덩이를 한 대 때려주었습니다. 처음에는 분명 부모는 잘못된 행동에 대해 하지 말라고 훈육을 하는 듯이 보였습니다. 그런데 아이의 행동이 멈추지 않자 화를 내며 결국은 체벌을 하게 되었습니다.

이렇게 훈육과 체벌은 짝꿍처럼 붙어 다닐 때가 많습니다. 그래서 체벌이 훈육에 포함된 개념으로 오해를 하는 경우가 있습니다. 그리고 아동복지법에 따르면 36개월 이하의 아이에게 가해지는 체벌은 모두 학대라고 규정되어 있습니다. 이로 인해 '세 돌 이하의 아이에게 체벌은 학대이므로 하면 안 되는데, 체벌은 훈육에 포함되므로 세 돌 이하의 아이에게 훈육은 하면 안 된다.'라고 잘못 알게 된 것입니다.

훈육은 아이에게 말로 가르치는 것이고, 체벌은 아이의 잘못된 행동에 벌을 주는 것입니다. 훈육과 체벌은 별개의 개념이므로 혼동하지 않아야 합니다.

체벌 대신에 책임주기

체벌에는 신체를 구속하거나 아픔을 주는 신체적 체벌, 폭언을 하는 언어적 체벌, 관심을 주지 않고 무시하는 애정철회와 같은 정서적 체벌 등이 있습니다. 모두가 아이의 잘못에 대해 벌을 주는 개념입니다. 이 체벌은 효과가 일시적이거나 없다고 합니다. 왜냐하면 체벌을 통해 하지 않게 된 행동은 진정한 반성이 아니기 때문입니다. 그리고 반복된 체벌에 아이가 익숙해지면 부모는 더 강한 체벌을 하게 되어 문제가 되고, 체벌을 아이가 악용하게 되면 면죄부가 되기도 합니다. 예를 들어 아이가 잘못을 할 때마다 부모가 아이의 손바닥을 때렸습니다. 어느 날 아이가 잘못을 한 후 부모에게 오히려 손바닥을 때리라고 회초리를 가지고 왔습니다. 아이는 '손바닥을 맞으면 더 이상 잔소리를 듣지 않아도 되고, 이 상황이 끝난다.'라고 생각했기 때문입니다. 이러한 이유로 체벌은 아이의 잘못된 행동을 고치고, 바르게 행동하도록 지도할 때 사용할 수 있는 효과적인 방법이 아닌 것입니다.

그래서 체벌 대신에 책임주기를 해야 합니다. '책임주기'는 자신의 실수에 대해 말 그대로 책임을 지는 것입니다. 자동차를 계속 던지는 아이에게는 자동차를 뺏는 벌을 주는 것이 아니라 "자동차를 계속 던지는 건 위험해. 계속 위험하게 하면 자동차를 정리해야 해."라고 말하고, 계속 자동차를 던진다면 자동차를 정리해 놀이를 멈추게 하는 것, 이것이 바로 책임을 주는 것입니다. 아이는 자신의 잘못에 대해 책임을 지고, 불편함을 경험할 때 행동이 수정됩니다.

훈육의 시기

어린아이에게 훈육을 할 때 '아이가 알아듣기는 할까?'라는 고민이 생기지요? 이는 훈육을 아주 특별하게 가르치는 거라고 생각하기 때문입니다. 하지만 훈육은 절대 그런 것이 아닙니다. 8개월 된 아이가 기어 다니면서 바닥에 있는 머리카락을 주워 입으로 가져가려고 하면 부모가 "지지"라고 말하며 머리카락을 치워줍니다. 이게 바로 훈육입니다. 잘못된 행동을 바로 잡아주는 것입니다. 그래서 훈육은 모든 연령의 아이에게 해야 하는 것입니다.

특히나 아이는 두 돌만 지나도 자기 고집이 생기고 마음대로 하고 싶어지는데, 두 돌 혹은 세 돌까지 훈육을 하지 않다가 갑자기 훈육을 하려고 하면 아이에게는 이미 형성된 자기만의 방식이 있어 훈육이 어려워집니다. 반대로 아주 어릴 때부터 해도 되는 것과 안 되는 것을 구분해 주어 어렴풋이 습관이 형성된 아이라면 두 돌 정도가 되어 부모와 의사소통이 될 때 훈육은 더욱 수월해집니다. 아이는 어리지만 이미 훈육을 받는 태도가 형성되어 있고, 부모는 경험을 통해 아이에게 효과적인 훈육의 말과 방법을 익혀 서로가 훈육 상황에 익숙하기 때문입니다.

쌤에게 물어봐요!

아이가 바닥에 물을 계속 쏟아요. 아이에게 물을 닦으라고 했는데, 그조차 재밌는지 물을 쏟고 닦기를 계속합니다. 어떻게 하면 고칠 수 있을까요?

물놀이가 참 재밌기는 한데, 이러면 안 되겠지요.

한계설정과 욕구 충족이 필요합니다.

아이가 물을 쏟았고 그 물을 아이가 닦았으니 이론상으로 보면 책임을 주었기 때문에 행동이 멈추어야 하지요. 그런데 물을 쏟고 닦기를 즐거워한다면 이 아이는 애초에 물을 쏟는 것이 실수가 아니라 즐거운 놀이였을 가능성이 높습니다. 그래서 닦기를 시켰을 때 책임을 준 것이 아니라 재밌게 노는 방법을 알려 준 격이 되어 문제가 해결되지 않은 것입니다. 이럴 때에는 즐겁게 물놀이를 하는 방법을 알려주어야 합니다. 아이에게 "물놀이는 욕조에서 하는 거야."라고 한계설정을 하고, 부모와 함께 욕조에서 물놀이를 하며 놀이 욕구를 충족하면 바닥에 물을 쏟는 행동이 멈춘답니다.

아이가 부모가 함께 물놀이를 하는 시간을 정합니다.

아이가 물놀이를 하고 싶다고 해서 시간 상관없이, 아무 때나 하게 해 주면 제멋대로 하는 아이로 자라게 되므로 물놀이를 하는 시간을 정하고, 정해진 시간에 해야 합니다. 이런 과정을 통해 아이는 자신의 욕구를 올바르게 충족해 나가며 조절능력을 키우게 됩니다. 이 모든 과정이 훈육입니다.

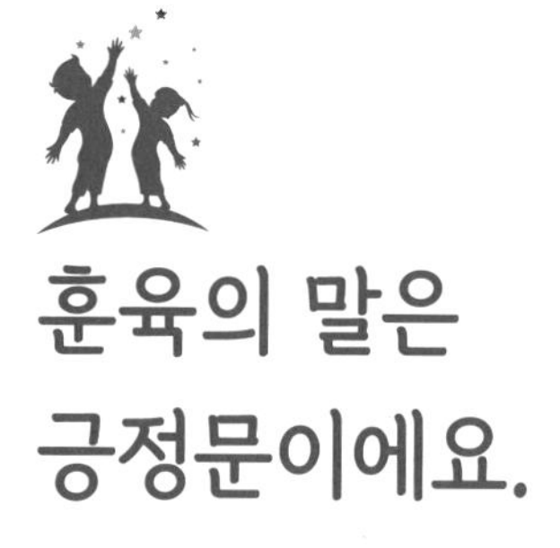

훈육의 말은 긍정문이에요.

훈육의 말은 긍정문으로 '~ 하는 거야.'라고 하는 것입니다.

훈육의 말은 반드시 긍정문일 때 효과가 있습니다. 아이는 일부러 잘못을 하지 않습니다. 잘 몰라서, 앞으로 일어날 상황을 예측하지 못해서 잘못을 합니다. 엄마 아빠가 자기를 얼마나 사랑하는지 모르니까 동생을 괴롭히고 퇴행 행동을 하는 것입니다. 밤에 자지 않으면 내일 아침이 피곤하다는 것을 예측하지 못하니 늦게까지 더 놀겠다고 고집을 부리는 것입니다. 그래서 부모는 잘 가르쳐야 합니다. 그런데 흔히 훈육 상황에서 많이 하는 말 "안 돼."는 어떻게 해야 한다는 가르침이 들어 있는 말이 아닙니다. 그래서 안 돼 라는 말을 많이 들은 아이는 옳은 방법을 몰라 잘못을 반복하게 되는 것입니다. 그래서 훈육의 말은 긍정문으로 '~ 하는 거야.'라고 하는 것입니다.

예를 들어, 아이가 저녁을 먹을 시간인데 놀이터에 가자고 떼를 쓰고 있습니다. 흔히들 "놀이터 못 가. 안 돼."라고 말을 합니다. 아이는 안 된다는 말을 듣자마자 세상이 끝날 때까지 놀이터에 가지 못할 것 같은 생각이 들어 더 강력하게 떼를 쓰게 됩니다. 이때 해야 하는 올바른 훈육의 말은 "놀이터는 내일 낮에 가자."입니다. 아이에게 무엇을, 언제 해야 하는지를 가르쳐 주기 위해서입니다.

그럼 "밥 먹으면 놀이터에 가게 해 줄게." 이 말은 괜찮은 훈육의 말일까요? 긍정문이고, 놀이터에 언제 가는지에 대한 가르침이 있으니 괜찮은 것 같기도 하지요? 그런데 올바른 훈육의 말이 아닙니다. 왜냐하면 보상의 개념이 들어 있기 때문입니다. 이런 훈육의 말을 계속 듣고 자란 아이라면 나중에 보상이 없거나 보상이 마음에 들지 않을 때 목적 행동을 하지 않게 되고, 더 나아가 거꾸로 부모에게 "내가 그거 하면 뭐 해 줄 거예요?"라고 보상을 요구하고, 협상을 하려 합니다. 그래서 좋은 훈육의 말이 아닙니다.

또 비슷한 말로는 "밥 안 먹으면 놀이터 못 가."도 있습니다. 이 말은 부정문이라 당연히 좋은 훈육의 말이 아님을 알겠지요. 그 외에도 '밥 안 먹으면'이라는 조건을 붙여 아이를 잠재적 문제아로 만들고, '못 가.'는 화를 돋우는 표현이라 좋지 않습니다.

올바른 훈육의 말은 긍정문이지만 유일하게 "안 돼."라고 단호한 부정문을 사용해야 하는 경우가 있습니다. 바로 아이가 위험에 노출될 때입니다. 예를 들어, 아이가 연고를 먹으려고 하는 순간입니다. 이때는 "안 돼."가 먼저입니다. 그리고 연고를 정리하면서 "연고는 아플 때 바르는 거야."라고 가르쳐 주는 것입니다.

쌤에게 물어봐요!

긍정문으로 말해야 한다는 걸 알지만 자꾸만 "안 돼."를 먼저하고, '이게 아닌데...'라고 후회를 합니다. 부모 노릇이 점점 더 어려워져요. 어떻게 해야 할지 모르겠어요.

아는 것이 힘이 되어야 하는데, 오히려 훈육에 대해 알면 알수록 부모로서 자신감이 떨어지고 있나 봅니다.

연습 시간이 필요합니다.

말은 습관입니다. 그동안 습관처럼 사용했던 말이 있는데, 갑자기 다른 말을 하려고 하면 어렵습니다. 아이에게 최적화된 표현을 찾아 말하는 연습이 필요한데, 연습에서 가장 중요한 것은 시간입니다. 스스로에게 부모가 되어가는 시간을 주세요.

부정문으로 말했다면 바로 다시 긍정문으로 말합니다.

"안 돼."라고 말하는 바로 다음 순간에 더 좋은 긍정의 말이 생각나지요. 그럼 그 순간 다시 한번 긍정의 말을 하면 됩니다.

아이가 해야 하는 올바른 말과 행동을 생각해 봅니다.

아무리 생각해도 긍정의 말이 떠오르지 않을 때가 있습니다. 이럴 때에는 아이가 해야 하는, 하길 바라는 말과 행동을 생각해 보세요. 그 말을 그대로 하면 긍정문이 된답니다.

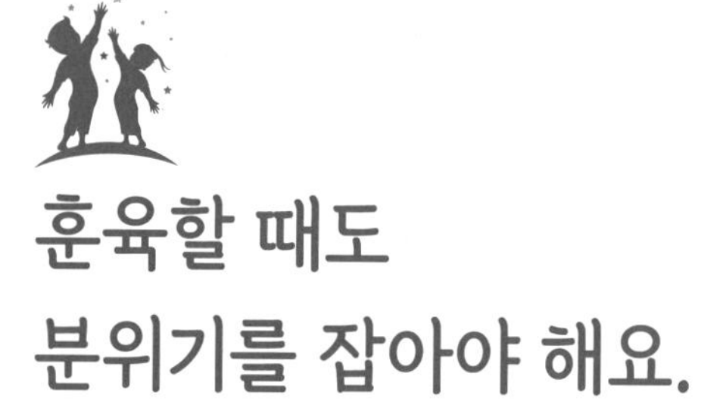

훈육할 때도 분위기를 잡아야 해요.

아이가 훈육을 받을 준비를 할 수 있도록 도와주어야 합니다.

훈육을 하려고 긍정의 말을 연습하고, 책임을 줄 방법도 찾았는데, 도무지 아이가 협조를 하지 않을 때가 있습니다. 바로 아이가 훈육을 받을 준비가 안 되었기 때문입니다. 그래서 훈육을 할 때에도 분위기를 잡아 아이가 훈육을 받을 준비를 할 수 있도록 도와주어야 합니다.

첫 번째, 부모의 목소리 톤을 바꿔야 합니다. 평소에는 음계 중 '솔'에 맞추어 "유빈아~"라고 경쾌하게 이름을 불렀다면, 훈육을 할 때에는 '도'에 맞추어 "유빈아."라고 톤을 낮추고, 음율을 빼야 합니다. 부모의 달라진 목소리로 아이가 훈육을 받는 시간임을 알아야 합니다. 그렇다고 해서 무섭게 이름을 불러 공포심을 일으키거나 자신의 이름이 싫어지게 할 필요까지는 없습니다. 그저 '즐겁게 노는 시간은 아니구나. 이제 장난치면 안 되는구나.' 정도로 분위기만 파악할 수 있게 해 주면 됩니다.

두 번째, 단둘이서만 훈육을 할 수 있는 공간으로 이동해야 합니다. 훈육을 할 때 다른 사람이 옆에 있다면 아이가 자존심이 상할 수 있습니다. 더욱이 옆에 있는 다른 사람이 할아버지 할머니라면 아이가 할아버지 할머니의 권위를 이용해 부모의 훈육을 들으려 하지 않기도 합니다.

세 번째, 아이의 애교는 잠시 무시합니다. 아이는 훈육을 받는 것이 싫어서 애교를 부릴 때가 있습니다. 훈육을 하다가도 아이의 애교에 스르르 마음이 풀려 훈육이 흐지부지 끝난다면 앞으로 계속 훈육은 어려워집니다. 아이가 예쁘고 귀엽더라도 훈육을 하는 동안 만큼은 애교를 무시해 주세요.

네 번째, 아이가 울 때는 진정부터 시킵니다. 애교를 부리는 것과 반대로 울음으로 훈육을 멈추려는 아이가 있습니다. 이럴 경우에는 훈육을 하는 공간 안에서 "울음 그치고 이야기하자."라고 말하고, 울음이 끝날 때까지 기다렸다가 훈육을 하면 됩니다.

다섯 번째, 단호하고 일관된 태도로 부모의 권위를 보여줍니다. 부모의 권위가 없다면 아이가 훈육을 받기 위해 방으로 따라오지 않고, 훈육을 위한 대화를 모두 거부할 수 있으며, 훈육할 때 한 약속을 지키지 않을 수 있기 때문입니다. 권위란 애정을 바탕으로 한 안정적인 관계와 일관된 태도에서 신뢰감을 느낄 때 높아집니다. 애정과 신뢰는 애착을 형성하는 필수 준비물이지요. 따라서 부모의 권위는 무서움에서 나오는 것이 아니라는 것을 꼭 기억해 주세요.

쌤에게 물어봐요!

아이가 잘못을 하면 아빠가 방으로 데리고 가서 훈육을 합니다. 그런데 훈육할 때 아빠 목소리가 너무 커서 거실에서도 다 들립니다. 듣고 있으면 엄마인 저도 같이 야단을 맞는 것 같고, 아빠 목소리에 아이가 무서울 것 같기도 합니다. 괜찮은 건가요?

아빠의 훈육 방법을 조금 바꾸는 것이 좋겠습니다.

훈육하는 소리가 방 밖에서는 들리지 않아야 합니다.

아이를 방으로 데리고 가서 훈육을 하는 이유는 아이의 자존심을 상하지 않게 하고, 조용히 이야기를 나누기 위함입니다. 그런데 방 밖에서도 다 들린다면 다른 가족들 앞에서 아이의 자존심이 상하겠지요. 그리고 아빠의 목소리가 이렇게 커 버리면 당연히 아이는 무서울 수밖에 없습니다. 목소리를 줄여 주세요.

아빠가 감정을 가라앉힌 후 훈육을 합니다.

아빠가 흥분된 상태라 목소리가 커지고 있습니다. 훈육을 받을 때 아이는 울고불고 흥분한 상태일 때가 많은데, 아빠까지 흥분하면 제대로 이야기를 나누고 가르칠 수 없습니다. 반드시 아빠가 감정을 가라앉히고 안정된 상태에서 훈육해야 합니다.

훈육에서 가장 중요한 것은 일관성이에요.

세 가지의 일관성이 잘 유지되어야 훈육의 효과가 있습니다.

훈육의 결과는 일관성에 달려 있다 해도 과언이 아닙니다. 아이가 자신의 욕구를 제대로 충족할 수 있도록 가르치는 것이 훈육이므로 그만큼 올바른 기준이 중요하다는 뜻입니다. 일관성에는 '나의 일관성', '부모의 일관성', '부모와 그 외 양육자의 일관성'이 있습니다. 이 세 가지의 일관성이 잘 유지되어야 훈육의 효과가 있습니다.

첫 번째, '나의 일관성'은 내가 아이를 일관되게 대하는 것입니다. 사람마다 되는 것과 안 되는 것의 기준이 있고, 그 기준은 날마다 바뀌지는 않습니다. 그런데 이 기준을 언제나 똑같이 적용할 수 있는 건 아닙니다. 바로 '감정' 때문입니다. 예를 들어, 아이가 싱크대에서 그릇을 마구 꺼내고 있습니다. 당연히 그릇은 놀잇감이 아니므로 이러면 안 되는 것이지요. 그런데 기분이 좋은 어느 날은 엉뚱한 행동이 귀엽다며 허용해 주고, 힘들고 지친 날에는 일감을 만든다고 화를 내고 못 하게 하기도 합니다. 이게 바로 그날의 감정에 따라 일관성이 달라진 것입니다. 따라서 '나의 일관성'은 감정에 따라 훈육하는 방법이 바뀌면 안 된다는 뜻입니다. 만약 감정에 따라 훈육이 달라진다면 아이는 눈치를 보게 됩니다. 그리고 올바른 행동이 무엇인지 알고 행동을 하는 것이 아니라 부모의 기분이나 집안 분위기에 맞추어 행동하기 때문에 아이도 힘들어집니다.

두 번째, '부모의 일관성'은 말 그대로 부모가 아이를 일관되게 대하는 것입니다. 여기서 중요한 것은 부모의 되는 것과 안 되는 것에 대한 기준입니다. 아빠와 엄마는 분명 다른 사람입니다. 서로 다른 환경에서 자랐기 때문에 충분히 허용 기준이 다를 수 있습니다. 그래서 그 기준을 서로 맞추어야 한다는 뜻입니다. 아이가 싱크대에서 그릇을 꺼내는 걸 보고 아빠는 그럴 수 있다고 허용하고, 엄마는 안 된다고 정리하라고 하면 아이는 부모 사이에서 갈등을 하게 됩니다. 이때 아이는 부모 중 더 권위가 있다고 생각하는 사람의 말을 듣거나, 부모의 권위가 비슷하다면 자기 편을 들어주는 사람의 말을 듣게 됩니다. 이 과정에서 아빠와 엄마의 서열이 생기고, 서열에서 밀려난 한 사람은 아이로부터 무시를 당하게 되고 더 이상 훈육도 통하지 않게 됩니다. 따라서 부모는 서로의 가치관을 바탕으로 아이를 대하는 기준을 함께 만들어야 합니다.

세 번째, '부모와 그 외 양육자의 일관성'은 아이를 대하는 모든 사람이 아이를 동일한 기준으로 훈육해야 한다는 뜻입니다. 부모와 있을 때와 할아버지 할머니와 있을 때에 행동이 완전 다른 아이를 본 적이 있을 것입니다. 아이는 부모와 할아버지 할머니의 훈육의 허용 정도가 다르다는 것을 인지하고, 그에 맞추어 행동한 결과입니다. 이로 인해 세대 간의 갈등이 생기기도 합니다. 어렵겠지만 아이를 훈육하는 양육자라면 모두가 일관되도록 노력해야 합니다.

쌤에게 물어봐요!

아이가 집에서는 밥을 먹고 과자를 먹는데, 할머니 집에만 가면 과자부터 찾고 밥을 안 먹습니다. 할머니께 아이에게 안 된다고 말해 달라고 여러 번 말씀을 드렸지만 안 지켜지고 있어 문제에요. 어떻게 해야 하나요?

집에서 힘들게 만들어 놓은 행동 습관이 할머니 집에만 다녀오면 무너지니 답답할 것 같습니다. 그런데 문제는 할머니가 아니고 아이의 행동입니다. 아이가 과자를 달라고 하지 않았는데 할머니가 주면 할머니의 문제이지만, 아이가 먼저 달라고 했으니까요. 그럼 다시 잘 가르치면 됩니다.

할머니 집으로 출발하기 전에 "과자는 밥 먹고 먹는 거야."라고 약속을 상기시켜 줍니다.

늘 하는 훈육이지만, 아이는 늘 잊어버리지요. 잊어버리는 게 자기에게는 더 좋을 때가 있거든요. 예상되는 상황이라면 미리 준비를 하는 것이 좋습니다. 출발하기 전 꼭 약속을 상기시켜 주세요.

아이가 할머니 집에서 과자를 찾으면 할머니보다 부모가 먼저 훈육을 시작합니다.

아이가 과자를 찾고 할머니가 주면 상황이 끝이지요. 과자를 손에 든 아이는 절대로 과자를 포기하지 않으니까요. 할머니보다 먼저 부모가 나서서 "과자는 밥 먹고 먹는 거야. 기다려줘."라고 말합니다. 이 말은 아이와 동시에 할머니께 과자를 먹는 올바른 방법에 대해 알려주는 것입니다.

아주 가끔 할머니를 만난다면 그날만큼은 과자를 허용할 수도 있습니다.

매일 할머니가 아이를 돌보는데 밥 대신 과자를 먹인다면 문제가 되고, 이럴 경우에는 아이를 돌봐 줄 다른 분을 찾아 양육자를 바꾸는 것을 고려해 볼 수 있습니다. 그렇지 않고 아주 가끔 할머니를 만난다면 가족의 평화를 위해 그날만 허용해도 됩니다. 그런데 문제는 아이가 집으로 돌아왔을 때 평소와 다르게 과자를 달라고 하며 떼를 쓴다는 것 입니다. 이럴 때에는 알려주세요. "우린 다시 집으로 왔어. 과자는 밥 먹고 먹는 거야."라고 말입니다. 아이의 식습관이 완성되면 과자가 먼저냐 밥이 먼저냐 이런 갈등은 자연스럽게 사라지니 그때까지만 잘 가르쳐 주도록 하겠습니다.

훈육은 시작한 사람이 끝맺음을 해요.

만약 아빠가 아이를 훈육하고 있다면, 올바른 엄마의 모습은 모른 척 다른 곳에서 가만히 있는 것입니다.

부모가 아무리 훈육의 기준을 잘 맞추었다고 해도 모든 상황에서 부모가 똑같은 판단과 똑같은 훈육을 하는 것은 거의 불가능합니다. 그래서 아빠가 훈육을 하는데 방법이 잘못되었다며 엄마가 개입을 하거나, 엄마가 훈육을 하는데 아빠가 아이를 두둔하게 되면 아이 훈육은 흐지부지되고, 자칫 부부 싸움이 벌어지기도 합니다. 아이 문제로 시작해서 부부싸움으로 끝이 났으니 문제는 커졌고, 집 안 분위기는 싸늘하고, 그 속에서 아이는 자기를 나쁜 아이라고 생각하게 되어 마음이 매우 불편해집니다.

그래서 훈육은 시작한 사람이 끝을 맺는 것이 가장 좋습니다. 만약 아빠가 아이를 훈육하고 있다면, 올바른 엄마의 모습은 모른 척 다른 곳에서 가만히 있는 것입니다. 아빠가 훈육을 하고 있는데 엄마가 아빠의 훈육이 잘못되었다며 개입을 하면 첫 번째, 아빠의 기분이 매우 나빠집니다. 당연히 부부 사이가 안 좋아지겠지요. 두 번째, 아이는 엄마가 아빠보다 권위가 높다고 생각해서 아빠를 무시하게 되어 앞으로 아빠의 훈육이 아이에게 스며들지 못합니다. 이와는 반대로 아빠의 훈육에 대해 엄마가 적극적으로 지지하며 같이 아이를 훈육하게 되면 아이는 2배로 훈육을 받는 것 같아 억울함을 느낍니다. 그리고 엄마가 훈육에 적극적으로 개입은 하지 않지만, 주변에 서서 지켜보는 경우 아이는 엄마에게로 달려가 아빠와의 훈육 상황을 회피하려고 해서 훈육이 잘되지 않습니다.

만약 아빠의 훈육방법에 문제가 있다면 훈육이 모두 끝나고 아이가 자는 동안에 부모가 만나 이야기를 나누며 더 좋은 훈육방법을 찾는 것이 바람직합니다. 이때 부모는 서로의 잘못을 지적하거나 비난하는 것이 아니라 각자의 생각이 다름을 인정하고 의논하는 시간을 가져야 합니다.

단, 아빠가 아이를 훈육하는데 훈육의 범위를 넘어서 학대가 되는 상황이라면 바로 엄마가 개입해 상황을 중단해야 합니다. 아이가 위험한 상황인데도 엄마가 아빠를 존중해서 그냥 둔다면 엄마는 학대 방조자가 됩니다. 그리고 아이는 자신을 위험으로부터 보호해 주지 않는 엄마에게 배신감과 야속함을 느껴 아빠뿐만 아니라 엄마도 미워하게 됩니다.

쌤에게 물어봐요!

제가 훈육을 하면 아이가 말을 잘 안 들어 끝맺음이 안 돼요. 그래서 어쩔 수 없이 "아빠 오면 혼내 달라고 할거야."라고 말하게 됩니다. 그럼 아이는 자지러지게 울다가 제 말을 듣기는 하는데, 좋은 방법이 아닌 것 같아요.

훈육을 잘하고 싶은데, 안되어서 많이 속상하군요. 엄마와 아이 둘이서 문제를 해결하는 연습을 하는 게 좋겠습니다.

아빠를 절대로 찾지 않습니다.

엄마가 훈육을 할 때 아빠를 찾게 되면 아빠의 권위를 빌려 아이를 훈육하는 것이 됩니다. 당연히 아이는 엄마를 아빠보다 권위가 낮은 사람이라고 생각하게 되어 앞으로 더욱 훈육이 통하지 않게 됩니다. 그리고 아이는 아빠를 무서운 사람으로 인식하게 되어 아빠와의 관계가 나빠질 수 있으니 힘들더라도 아빠를 찾지 않아야 합니다.

엄마의 권위를 세웁니다.

엄마의 권위는 애정과 신뢰가 쌓일 때 생깁니다. 훈육할 때만 아이와 대화를 하는 것이 아니라 평소에도 대화와 놀이를 하며 애정을 표현해 주세요. 그리고 훈육 상황에서는 절대로 마음이 약해져 기준을 무너뜨리는 일이 없도록 마음을 굳건히 해주세요. 이런 엄마의 태도를 통해 권위가 생겨야 아이도 비로소 엄마로부터 훈육을 받을 준비가 된답니다.

훈육에 대한 의논을 할 때 지켜야 할 것이 있어요.

가장 먼저 훈육의 수고로움에 대해 인정하고 격려합니다.

아빠의 훈육에 대해 엄마가 틀렸다고 생각한다면 당연히 이야기를 나누고 더 좋은 훈육방법을 찾아야겠지요. 중요한 건 훈육에 대한 의논을 하는 때와 방법입니다. 대부분 훈육을 하는 중에 서로의 잘못을 지적해 문제가 생기거든요. 훈육에 대한 의논은 아이가 옆에 없고 부모가 흥분을 가라앉힌 후 해야 합니다. 그리고 훈육에 대한 의논을 할 때 지켜야 할 것이 있습니다.

첫 번째, 훈육의 수고로움에 대해 인정하고 격려합니다. 아이를 훈육하는 일은 쉽지 않습니다. 감정 소모도 많고요. 일단은 훈육을 했다는 것 자체로 부모 역할을 한 것이니 이 점에 대해서는 격려하고 인정해 줍니다.

두 번째, 상대에 대한 비난이 아닌 자신이 생각하는 훈육 방법에 대해 이야기합니다. 비난을 들으면 자신의 잘못에 대해 생각하기보다는 감정적으로 문제를 대하게 됩니다. 따라서 "나는 ~라고 생각해. 당신은 어때?"라고 의견을 말하고 의논을 해야 합니다.

세 번째, 의논을 하다가 화가 날 때는 의논을 멈추고, 생각하는 시간을 갖습니다. 부모는 아이 전문가가 아니지요? 당연히 아이를 키우다 보면 시행착오가 있고, 갈등을 겪으며, 감정적으로 변할 때가 있습니다. 감정적으로 싸우다 보면 처음에 무엇 때문에 싸웠는지 모르게 되고, 반복되는 다툼은 부모를 지치게 하며, 대화 단절로 이어지기도 합니다. 그래서 서로가 감정에 대해 조심해야 합니다. 화가 날 때는 멈추고 가만히 자신이 화난 이유와 상대가 받았을 상처에 대해 생각해 보는 시간을 통해 마음을 가라앉히고, 다시 대화를 할 준비를 해야 합니다.

네 번째, 올바른 부모 역할을 배워야 합니다. 아이를 잘 키우기 위해 책을 읽고, 강의를 듣고, 상담실을 찾기도 하지요? 모두 아이에 대해 이해하고, 그에 맞게 양육하려는 노력의 모습입니다. 그런데 요즘 아이 키우는 문제를 다루는 프로그램에서 아이보다는 부모에게 문제가 있다는 것을 꼬집어 방영하는 일이 많습니다. 그러다 보니 부모는 위축되고 걱정되어 오히려 올바른 부모 역할에 대해 배우는 것을 꺼릴 때가 있습니다. 부모는 나쁜 사람이 아닙니다. 단, 방법을 잘 모르고, 서툴 수는 있습니다. 절대로 문제 부모가 아닙니다. 아이를 알고 싶고 잘 키우고 싶은 부모일 뿐입니다. 조금 더 편안한 마음으로 아이에 대해 알아가면 좋겠습니다.

쌤에게 물어봐요!

아이 문제로 고민이 많은데, 이런 문제를 다루는 텔레비전 프로그램에 출연을 하면 정말 도움을 받을 수 있을까요?

내 아이에게 도움이 된다면 뭔들 못하겠어요. 다만, 가족 모두에게 도움이 될 것인지 생각해 볼 필요는 있습니다.

검증된 전문가의 도움을 받을 수는 있습니다.

아이 문제로 고민을 하다가 텔레비전 프로그램 출연까지 생각하는 것은 검증된 전문가가 필요해서일 것입니다. 괜히 잘못된 조언으로 아이를 더 힘들게 하면 안 되니까요. 프로그램 출연으로 전문가의 도움을 통해 문제의 원인과 해결을 위한 전반적인 해법을 분명 찾을 수 있습니다. 그러나 후속 조치로 실천하는 노력이 필요하므로 문제가 완전히 해결되는 것은 아닙니다. 지속적인 상담 및 코칭으로 도움을 받을 수 있는 기관을 찾는 것이 더 좋지 않을까 생각합니다.

부모와 아이 모두 동의가 필요합니다.

텔레비전 프로그램은 세상 누구에게나 공개가 됩니다. 그리고 응원을 해 주는 사람이 많지만, 비난을 하는 사람도 많아 댓글로 상처를 받는 일이 많습니다. 부모와 아이 모두 이런 점에 대해 거듭 생각하고, 모두의 동의를 구한 후 출연을 결정하는 것이 좋겠습니다.

둘 **관계**

형제, 자매, 남매 관계

- 아이들의 싸움에는 반드시 이유가 있어요.
- 퇴행 행동은 해결의 시작이에요.
- 부모가 하면 안 되는 말이 있어요.
- 아이들의 싸움을 예방해요.
- 아이들의 싸움을 잘 해결해요.

아이들의 싸움에는 반드시 이유가 있어요.

이유를 찾아 도움을 주는 것이 부모의 역할입니다.

외동이면 외로울까 봐 동생을 낳았는데, 이제는 자꾸만 싸워서 문제가 됩니다. 달래 보기도 하고, 야단을 쳐보기도 하고, 관심 없는 척도 해 보았는데, 끝이 없을 것 같은 이 싸움 때문에 고민이 듭니다. 아이의 행동에는 반드시 이유가 있습니다. 물론 아이가 그 이유를 인지하지 못할 수 있고, 알더라도 말로 표현을 못 하기도 하지만, 분명 이유가 없지는 않습니다. 그 이유를 찾아 도움을 주는 것이 부모의 역할입니다.

아이들에게 싸우는 이유를 물어보면 수백 가지도 더 되지만, 가장 근본적인 이유는 '소유욕'입니다. 조금 더 자세히 말하자면 부모의 사랑에 대한 소유욕입니다. 첫째의 경우는 태어났을 때부터 부모의 사랑은 모두 자기의 것이었습니다. 그런데 둘째가 태어난 후 부모의 손길과 관심이 둘째를 향하게 되면서 부모의 사랑을 나누어야 합니다. 이때 첫째는 둘째에 대해 '네가 엄마 아빠의 사랑을 다 뺏어갔어.'라고 생각해 둘째에게 질투라는 감정을 가지게 되고, 부모에게는 서운함을 가지게 됩니다. 그럼 둘째는 마냥 좋을까요? 아이러니하게도 둘째 또한 고충이 있습니다. 둘째는 첫째를 향해 '처음부터 내 것은 없었어. 내가 태어났을 때 이미 엄마 아빠의 사랑을 다 가진 네가 있었어.'라고 생각하고 투쟁을 하게 됩니다.

그래서 아이는 부모가 자신을 아주 많이 사랑한다는 것을 느끼면 의외로 형제, 자매, 남매의 싸움이 쉽게 해결됩니다. 문제는 아이가 사랑을 느끼는 것이 아주 주관적이고, 아이들이 서로를 끊임없이 비교한다는 것입니다. 따라서 부모는 아이마다 비교되지 않는 사랑을 주면 됩니다. 그리고 부모는 아이들이 서로에 대해 비교하고 경쟁하는 존재가 아니라는 것을 알게 해주면 됩니다. 말보다는 양육행동으로 보여주고 느끼게 해주는 것이 중요합니다.

쌤에게 물어봐요!

첫째가 얼마 전에 저에게 둘째를 버리라고 했습니다. 너무 울어서 시끄럽다는 게 이유였습니다. 저희 부부는 기가 막혀서 그러면 안 된다고 설명을 해 줬는데, 그래도 첫째는 막무가내로 둘째를 버리라고 합니다. 어떻게 말을 해줘야 할까요?

무척 당황했을 것 같습니다. 잘못된 말이나 행동을 지적하고 가르치기보다는 감정을 먼저 알아주는 것이 필요합니다.

아이의 감정을 읽어줍니다.

"동생이 정말로 귀찮고 싫구나."라고 아이의 감정을 읽어주세요. 아이의 감정에 대해 읽어주지 않고 이야기를 하려고 하면 소통에 어려움이 생깁니다. 우선 감정부터 읽어주어 부모로부터 수용되고, 관심받고 있다는 것을 알게 해 준 후 대화를 시작합니다.

한계를 정해주고 대안을 함께 찾아봅니다.

"둘째는 가족이라 버릴 수는 없어."라고 한계를 명확히 정해줍니다. 그런 후 "어떻게 하면 조금 더 편해질까?"라고 아이가 원하는 것을 물어보고, 함께 의논을 해 대안을 찾아야 합니다.

첫째에게 선택의 기회를 줍니다.

단순히 첫째가 둘째의 울음소리 때문에 싫다라고 한다면 부모가 우는 둘째를 데리고 다른 방으로 가서 첫째가 시끄러움으로부터 방해받지 않도록 도와줄 수 있습니다. 그러나 이때 또 첫째가 엄마와 둘째만 같이 있는 것에 대해 싫다고 할 수도 있습니다. 그래서 첫째에게 시끄러움을 감수하고 같이 있을 것인지, 엄마와 둘째와 분리되어 조용히 있을 것인지 스스로 선택하도록 기회를 주어야 합니다.

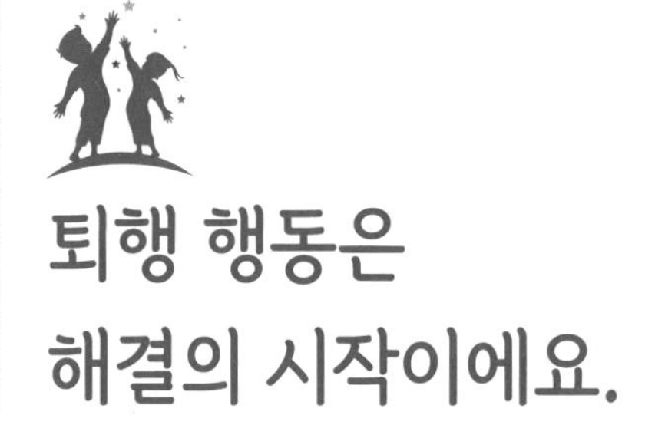

퇴행 행동은 해결의 시작이에요.

부모의 몸과 마음을 힘들게 하는 퇴행 행동은 다들 나쁜 것으로 생각하지만, 사실은 그렇지 않습니다.

첫째가 둘째를 질투하게 되면 첫째는 둘째를 괴롭히기도 하고, 부모를 독차지하려고 노력하기도 합니다. 부모를 독차지하려 노력하는 것 중 하나가 바로 '퇴행 행동'입니다. 혼자서 양치를 잘하던 아이가 못한다고 부모에게 해 달라고 하고, 컵으로 우유를 잘 먹던 아이가 젖병에 우유를 달라고 하고, 심지어 "응애"라고 소리를 내며 울기도 합니다. 둘째처럼 행동하면 부모가 자기 곁에 더 머물러 줄 거라고 생각하기 때문입니다. 둘째를 돌보는 것만으로도 벅찬 부모는 이런 첫째를 보면 정말 난감하고 화가 나지만, 또 한편으로는 안쓰러운 마음도 듭니다. 이렇게 부모의 몸과 마음을 힘들게 하는 퇴행 행동을 다들 나쁜 것으로 생각하지만, 사실은 그렇지 않습니다.

첫째의 퇴행 행동을 보면 첫째가 둘째에게 질투를 느끼는 구체적인 상황이 무엇인지 알 수 있습니다. 바꿔 말하면 첫째가 부모로부터 받고 싶은 사랑이 무엇인지 알 수 있다는 뜻입니다. 그래서 퇴행 행동은 못 하게 하는 것이 아니라 제대로 할 수 있게 도와주되 일상생활로 번지지 않도록 해주는 것이 중요합니다.

5살 찬혁이는 첫째입니다. 7개월 된 동생처럼 "응애"하고 울면서 젖병으로 우유를 먹겠다고 합니다. 이때 부모는 첫째에게 보통 "다 큰 게 아기처럼 젖병이라니."라고 야단을 치거나, "아기처럼 젖병으로 먹겠다고 하니 창피해."라고 수치심을 자극해 진짜 속마음을 표현하지 못

하게 하는 경우가 있습니다. 이럴 경우 첫째는 자신의 속마음을 표현하는 것이 힘들어지고, 또한 '역시 엄마 아빠는 동생만 좋아해.'라고 생각하게 됩니다.

퇴행 행동을 해결하기 위한 비법은 첫 번째, '아기 놀이'를 합니다. 부모가 첫째에게 "아기 놀이하고 싶구나. 그래 우리 젖병으로 우유 먹자."라고 말하고 젖병을 주는 것입니다. 첫째가 젖병으로 우유를 먹는 순간을 아기 놀이를 하는 시간으로 만들어 주고, 놀이를 통해 욕구를 충분히 충족하도록 해주는 것입니다. 그리고 첫째가 우유를 다 먹었으면 "우리 아기 우유 다 먹었구나. 이제 아기 놀이 끝. 이제 5살 찬혁이로 돌아왔네."라고 말해 놀이세계에서 현실세계로 오도록 해 퇴행이 다른 상황과 행동으로 번지지 않도록 해주는 것입니다. 이때 반드시 "5살 찬혁이로 돌아왔네."라고 말해야 합니다. 만약 "5살 형으로 돌아왔네."라고 하면 첫째는 형으로서의 부담을 느끼게 되어 더욱 아기가 되려 노력하게 됩니다.

두 번째, 평소에 애정표현을 듬뿍해 줍니다. 혼자서 바지를 입었다면 "혼자서도 바지 잘 입네."라고 칭찬해 주고, 등원할 때에는 안아주며 "잘 다녀와. 오후에 보자. 사랑해."라고 말해주는 등 평소의 모습에 대한 충분한 사랑을 전해준다면 굳이 동생처럼 행동하지 않아도 사랑을 받을 수 있다는 것을 알게 되어 퇴행이 멈추게 됩니다.

세 번째, 스스로 하도록 격려합니다. 아기인 둘째에게 부모가 모든 걸 다 해주는 것을 본 첫째는 둘째가 아주 편해 보일 수 있습니다. 드물지만 그 편안함이 부러운 나머지 첫째는 자기도 둘째처럼 해달라고 퇴행을 하기도 합니다. 이럴 때에 올바른 부모의 반응은 "이건 스스로 하는 거야. 동생도 너랑 나이가 똑같아지면 스스로 할 거야."라고 스스로 하는 것임에 대해 정확히 알려주고, 스스로 하도록 격려를 듬뿍해 주면 됩니다.

퇴행 행동은 분명 발달이 거꾸로 돌아가 아기처럼 행동하는 것이지만, 잘 활용을 하면 첫째의 마음을 알 수 있고, 욕구를 잘 충족해 다시 일상으로 돌아올 수 있게 해주는 열쇠입니다. 퇴행에 대해 걱정하기보다는 이제 엉킨 마음을 풀 열쇠를 찾게 된 것임을 기억해 주세요.

쌤에게 물어봐요!

제가 예전에는 안 그랬는데, 둘째가 태어난 후 자꾸만 첫째에게 화를 내게 됩니다. 첫째는 잘 할 수 있는 것에도 실수가 잦아지고, 제 눈치를 보는 것 같고, 안쓰럽다가도 답답해집니다. 어떻게 해야 하나요?

첫째가 안쓰럽기도 하고, 답답하기도 하군요. 함께 해결해 보도록 하겠습니다.

첫째도 어리다는 걸 기억합니다.

둘째가 태어나면 상대적으로 큰 첫째가 진짜로 큰아이처럼 느껴져 부모는 자신도 모르는 사이에 기대감이 커집니다. 당연히 어린 첫째는 부모의 기대감에 부응하기 어려울 테니 부모의 눈치를 보고 위축됩니다. 첫째를 첫째로 보기보다는 그 나이 또래의 아이로 봐야 합니다.

첫째의 실수에 대해 너그럽게 대합니다.

둘째를 돌보는 게 힘들다 보니 첫째만이라도 잘해주길 바라지만 첫째도 어리기 때문에 잘 안 됩니다. 두 아이를 돌보는 것이 힘든 부모는 첫째의 실수에 조금 더 예민하게 반응할 가능성이 있습니다. 첫째도 처음으로 첫째 노릇을 하느라 힘드니 실수에 대해 조금만 너그럽게 대해 주세요. 여유와 자신감이 생기면 더욱 잘하게 됩니다.

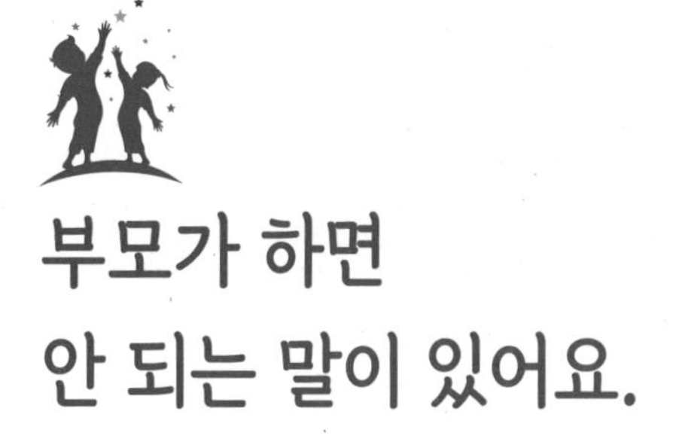

부모가 하면 안 되는 말이 있어요.

아이들의 관계와 아이와 부모의 관계까지 불편하게 될 경우가 있습니다.

부모는 분명 아이들의 싸움을 중재하기 위해 하는 말이지만, 의도하지 않게 아이들의 관계를 더 어렵게 만드는 경우가 있습니다. 그뿐만 아니라 아이와 부모의 관계까지 불편하게 될 경우도 있습니다. 4가지 경우로 나누어 알아보겠습니다.

첫 번째, "누가 먼저 그랬어?"입니다. 부모가 아이들의 잘잘못을 가려 훈육을 하기 위해 하는 말입니다. 그러나 아이들에게는 가해자와 피해자를 나누어 야단을 치려는 의도로 느껴집니다. 이럴 경우 아이는 자신의 잘못을 숨기고, 상대의 잘못을 키우려 애를 쓰게 되어 의도하지 않게 거짓말을 할 수 있습니다. 그래서 한 명씩 방으로 데려가 "무슨 일이 있었니?"라고 물어보고, 전체 상황에 대해 듣는 것이 좋습니다. 이 과정에서 아이는 차츰 감정이 안정되면서 자신의 잘잘못에 대해 스스로 생각할 수 있게 됩니다.

두 번째, "서로 화해해."입니다. 부모는 훈육이 끝날 때 꼭 아이들을 화해시키며 마무리하려고 합니다. 이에 대해 아이들은 마지못해 화해를 하지만, 화해를 하지 않겠다고 고집을 부려 부모와 또 한 번 싸우게 되는 경우가 생깁니다. 화해는 감정이 정리된 후 아이들이 스스로 하도록 시간을 주는 것이 좋습니다.

세 번째, "둘 다 맞아 볼래?"입니다. 싸움을 중재하다 부모가 진짜로 화가 났을 때 하는 말입니다. 서로 싸우지 말고, 때리지 말고, 잘 지내라는 것이 훈육의 핵심일 텐데, 부모가 맞아 보겠냐고 말하는 건 분명 모순입니다. 이런 말을 할 정도라면 부모가 아이들을 분리하고, 부모 자신의 화를 좀 풀고 다시 만나 이야기를 하는 것이 좋습니다.

네 번째, "형이니까 참아. 동생이 왜 형한테 대들어."입니다. 형이라서, 동생이라서 어떻게 해야 한다는 것은 없습니다. 억지로 참고 이해하길 바라면 아이들은 억울함과 서운함을 느끼고, 부모가 자기보다 형이나 동생을 더 좋아한다고 생각해 관계가 더 나빠집니다. 나이 차이와 서열을 무시하고, 그냥 둘 다 자녀로만 대하며, 각자의 의견을 듣고 해결 방법을 찾으려 노력해야 합니다.

쌤에게 물어봐요!

형답게, 동생답게 행동하도록 가르치는 게 필요하지 않을까요?

'~답게'는 가르치는 것이 아니라 스스로 익히는 것입니다.

역할 강요는 안 됩니다.

형다운, 동생다운 역할도 필요합니다. 그러나 이 역할은 스스로 찾을 때 의미가 있는 것입니다. 누군가로부터 가르침을 받아 익힐 경우 부담스러움을 느끼게 되기 때문에 강요는 하지 않아야 합니다.

가성숙을 주의합니다.

형으로서의 역할을 강조하는 분위기에서 자란 아이는 '가성숙'이 될 가능성이 있습니다. 가성숙은 말 그대로 가짜로 성숙한 것입니다. 가성숙된 아이는 아직 형으로서의 역할이 버거운데 괜찮은 척하려니 마음이 정말로 힘들겠지요. 어느 순간 쌓인 스트레스가 터져 감당하기 힘든 상황이 발생할 수 있으니 주의가 필요합니다.

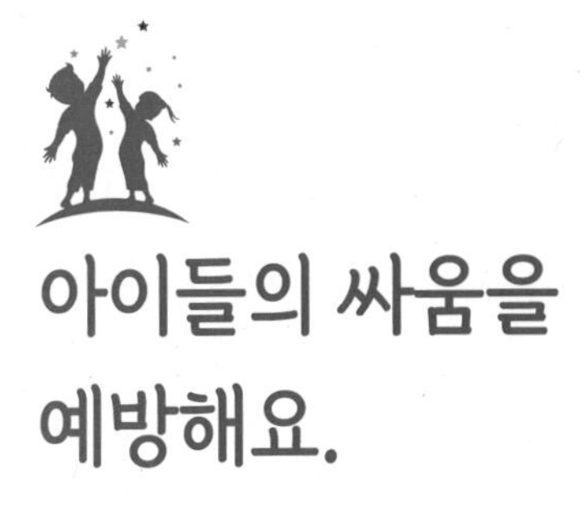

아이들의 싸움을 예방해요.

부모의 특별한 사랑과 배려가 필요합니다.

보통 아이들이 싸웠을 때 어떻게 해결하는 것이 가장 좋은지에 대해 알고 싶어하고 질문을 많이 합니다. 그런데 언제나 대처보다는 예방이 중요하듯이 아이들의 싸움도 예방이 더 중요합니다. 예방법으로는 싸울만한 사건을 만들지 않는 것도 좋지만 이보다 더 중요한 것은 부모와 아이 그리고 아이들 간의 안정된 정서적 유대감을 형성하는 것입니다. 아이들 간의 싸움은 부모의 사랑에 대한 질투에서 비롯되는 것이 많고 서로 사이가 좋을 경우 덜 싸우기 때문입니다. 그리고 함께 생활 하는 규칙을 가르쳐 서로 간의 불편감을 최소화해 주어야 합니다. 이를 위해서는 부모의 특별한 사랑과 배려가 필요합니다.

첫째도 어리다는 것 명심하기

첫째는 실제로는 5살인데 둘째가 태어나는 순간 부모 눈에 10살 정도로 보이게 됩니다. 첫째는 둘째에 비해 큰 아이일 뿐인데, 절대적으로 큰아이로 부모가 착각을 하게 된 것입니다. 그 순간부터 첫째는 5살임에도 불구하고 부모로부터 10살 아이로서의 역할을 은근히 요구받게 됩니다. 당연히 부모는 첫째에게 스스로 하길 더 바라고, 기대치가 더 높아집니다. 심지어 실수라도 하면 “다 큰 게 뭐 하는 거야? 이것도 혼자 못해? 너라도 좀 잘해.”라고 말하며 둘째 돌보는 것에서 오는 힘듦을 첫째에게 풀어내기도 합니다. 그런데 첫째는 여전히 5살 아이일 뿐입니다. 부모의 기대치에 미치지 못하는 것은 당연한 것인데 야단을 맞는 날이 많아집니다. 첫째는 이 모든 것의 원인을 둘째라고 생각하게 되어 둘째를 미워하게 됩니다.

첫째는 둘째에 비해 상대적으로 나이가 많을 뿐 아직 어린아이입니다. 부모는 이것을 꼭 기억해야 합니다. 그리고 첫째는 자라는 동안에 부모로부터 첫째로서의 역할을 부여받지 않아도 서서히 첫째로 자라게 되고, 언젠가 첫째로서의 의젓한 모습을 보여주게 되니 스스로 첫째의 면모를 갖출 때까지 기다려 주세요.

특별 데이트하기

아이는 가족 모두가 함께 있어 좋을 때도 있지만, 부모로부터 독점적으로 사랑을 받고 싶을 때가 있습니다. 그래서 아이가 둘 이상인 집에서는 반드시 부모와 아이의 특별 데이트가 필요합니다. 특별 데이트라고 해서 거창한 무언가를 할 필요는 없습니다. 데이트를 할 때마다 거창한 걸 하려고 하면 부모가 부담스러워 데이트를 하기 힘들어집니다. 그리고 아이는 부모와 거창한 무언가를 기대하기보다는 함께 있고 싶어 하는 경우가 대부분입니다.

특별 데이트를 하기 위해서는 아이와 함께 날짜와 시간, 무엇을 할 것인지를 정해야 합니다. 이 모든 과정을 아이와 함께 하는 것이 무엇보다 중요합니다. 아이는 데이트를 준비하는 과정에서부터 사랑을 느끼기 때문입니다. 그리고 약속된 날 특별 데이트를 하면 됩니다.

그런데 부모에게 피치 못한 일이 생겨 데이트를 못 할 때가 있습니다. 이럴 때에는 반드시 아이에게 설명을 하고 양해를 구해야 합니다. 부모 중에는 서운해하는 아이에게 어쩔 수 없음을 강조하거나, 이해를 못 하는 아이에게 야단을 치는 경우가 있는데, 이러면 절대로 안 됩니다. 아이는 부모와 데이트를 못 하는 것도 속상한데, 야단까지 맞으면 정말로 마음이 힘들겠지요. 아이가 잘 이해할 수 있도록 데이트를 못 하게 된 이유를 설명하고, 사과와 위로를 한 후 다음 데이트 일정을 정하고 반드시 지켜야 합니다.

놀잇감에 대한 소유권 정하기

아이들이 가장 많이 싸우는 이유 중 하나가 놀잇감입니다. 그래서 놀잇감이 누구의 것인지를 잘 구분해 주는 것이 중요합니다. 첫째를 위해 사 주었던 놀잇감은 첫째의 것입니다. 따라서 둘째는 첫째의 놀잇감을 가지고 놀고 싶을 때에는 "이거 빌려줄래?"라고 물어보고 허락을 받은 후 가지고 놀 수 있습니다. 물론 첫째가 허락하지 않는다면 둘째는 서운하겠지만 포기를 할 수 있어야 합니다. 이때 부모는 첫째에게 "한 번만 빌려줘."라고 말하며 빌려주기를 강요하지 않아야 하고, 허락을 받지 못한 둘째에게는 "서운하겠지만 오늘은 안 되겠네."라고 단념할 수 있게 도와주어야 합니다. 반대로 첫째가 둘째의 놀잇감을 가지고 놀고 싶을 때에는 첫째도 둘째에게 똑같이 빌려달라고 요청하는 과정이 필요합니다.

그런데 집에는 첫째를 위해 사 주었지만, 이제는 첫째가 사용하지 않는 놀잇감도 있지요. 보통 이런 놀잇감을 부모가 둘째에게 주는 경우가 있는데, 이럴 때 첫째가 많이 서운해하거나 화를 내게 됩니다. 자신의 것을 허락도 받지 않은 채 둘째에게 주었으니 부모가 둘째를 더 사랑한다고 생각하기 때문입니다. 이럴 경우에는 '놀잇감 물려주기' 의식이 필요합니다. 부모가 큰 상자를 1개 준비합니다. 첫째에게 "이제는 가지고 놀지 않는 놀잇감들을 동생에게 주면 좋겠구나. 동생에게 주어도 되는 놀잇감만 여기 상자에 담자."라고 말해 줍니다. 첫째는 심사숙고해 둘째에게 주어도 되는 놀잇감만 스스로 선택해 상자에 담습니다. 그리고 둘째에게 "이 놀잇감 내건 데, 이제 너에게 줄게. 소중히 가지고 놀아줘."라고 말하고 전달하는 것입니다. 이때 둘째는 반드시 첫째에게 고마움을 전하고 소중히 가지고 놀면 됩니다. 둘째가 너무 어리다면 부모가 둘째를 대신해서 첫째에게 말을 해 줘도 됩니다.

놀잇감이 누구의 것인지 정해진다고 해서 싸움이 없어지는 것은 아닙니다. 집에는 놀잇감 외에도 물건이 많지요. 둘째가 쿠션을 가지고 뭘 하려고 합니다. 그럼 관심도 없던 첫째는 "내가 먼저 하려고 했어."라고 말하며 쿠션을 빼앗아갑니다. 이럴 경우에는 "먼저 선택한 사람이 가지고 논 다음에 다음 사람이 가지고 노는 거야."라고 순서를 가르쳐 주면 됩니다.

'서로 사이좋게 가지고 놀면 좋을 텐데, 이렇게 소유권을 구분해 주고, 서로 빌려달라고 말하고, 허락해 주는 과정이 필요한가?'라는 생각을 하면 머릿속이 복잡해지지요? 어른들이라면 이미 알고 있는 과정이니 자연스럽겠지만, 아이들은 아직 놀잇감을 공유하는 방법을 잘 모르기 때문에 정확히 공유하는 방법을 가르쳐주어야 합니다. 이는 친구에게 물건을 빌려야 할 때 말없이 그냥 가지고 오는 것이 아니라 반드시 허락을 구하고 가져와야 한다는 행동도 함께 익힐 수 있어 친구들과의 문제도 예방할 수 있으니 꼭 가르쳐 주길 바랍니다.

공간 분리하기

첫째와 둘째는 쌍둥이가 아닌 이상 나이 차이가 있습니다. 나이 차이가 있다는 말은 발달 단계가 다르고, 할 수 있는 일이 다르다는 것을 의미합니다. 그래서 둘째의 눈에는 첫째가 하는 모든 것이 신기하고 재미있어 보입니다. 당연히 첫째가 뭘 하고 있으면 둘째는 "나도 할래. 나도 줘."라는 말을 하게 되는데, 이런 말과 행동으로 인해 첫째는 방해를 받게 되어 둘째를 싫어하게 됩니다. 이런 문제를 해결하기 위해서는 첫째가 둘째의 방해를 받지 않고 활동을 할 수 있는 작고 독립된 공간이 있어야 합니다.

첫째가 거실에서 그림을 그리고 있습니다. 그런데 둘째가 그림 위에 올라가서 앉는다거나, 그림을 만져 애써 그린 그림을 망쳐버렸습니다. 이럴 때 부모는 첫째에게 "그림은 동생이 방해하지 못하도록 방에서 그리면 좋겠어."라고 말하고 방에서 그리도록 해 줍니다. 그렇다고 해서 둘째가 첫째에게 가지 않는 것은 아니므로 반드시 부모는 둘째가 첫째에게 가지 않도록 잘 돌봐야 합니다.

그리고 중요한 활동을 하지 않을 때라도 반드시 첫째의 방에 둘째가 들어갈 때에는 노크를 하고, 첫째가 허락할 때에만 들어가야 합니다. 첫째도 둘째 방에 들어갈 때 동일한 과정을 거쳐야 합니다. 이렇게 공간을 분리해 주면 서로에게 방해가 되지 않아 그만큼 싸움이 줄고, 자연스럽게 서로에 대한 배려를 익히게 됩니다.

비교 금지 알리기

부모는 아이들을 비교하지 않고 키우고 싶지만, 아이들끼리 서로를 비교하는 경우가 있습니다. 바로 '존재의 비교'와 '혜택의 비교'입니다.

첫 번째, 존재의 비교는 가장 흔한 경우로 "내가 좋아? 동생이 좋아?"라고 묻는 것입니다. 부모는 아이들에게 상처를 주지 않기 위해 한참을 고민하다가 "둘 다 좋아."라고 대답을 합니다. 그러면 아이는 절대로 틈을 주지 않고, 조금이라도 더 좋은 사람이 누구냐고 또 묻습니다. 다시 고민에 빠진 부모는 "네가 더 좋아. 이건 비밀이야."라고 말하게 됩니다. 그런데 세상에는 비밀이 없어서 부모의 이 말은 아이들의 관계를 더 경쟁적으로 만들게 됩니다. 그래서 진짜로 좋은 방법은 "사람은 누구나 소중해. 그래서 비교 할 수 없어."라고 비교 자체가 안 됨을 알려주는 것입니다. 부모는 말과 동일하게 평소에도 아이들을 비교하지 않는 모습을 보여주며 부모의 생각을 증명해 주어야 합니다. 이 과정을 통해 아이들은 자신의 질문 자체가 오류임을 알고 더 이상 질문을 하지 않게 됩니다.

두 번째, 혜택의 비교는 "형은 용돈 주면서 난 왜 안 줘? 나도 줘."라고 요구를 하는 것입니다. 말만 들어보면 동생의 용돈 요구가 당연한 것처럼 느껴지고, 형만 용돈을 준 부모가 잘못한 것 같지만 그렇지 않습니다. 왜냐하면 나이가 다른 아이들을 똑같이 대하는 것이 절대로 공평한 것이 아니기 때문입니다. 그래서 아이에게 가르쳐야 하는 것은 "초등학생이 되면 용돈을 줄 거야. 기다려줘."입니다. 동일한 연령에 도달할 때 혜택을 받는 것이 공평한 것임을 알려주는 것입니다.

또 다른 혜택의 비교가 있습니다. 가족이 장을 보러 마트에 갔다가 동생이 포도가 먹고 싶다고 해서 부모가 포도를 샀습니다. 이를 보고 있던 언니가 갑자기 "나는 왜 안 사줘?"라고 할 때가 있습니다. 사실 언니는 평소에 포도를 좋아하지도 않으면서 괜히 동생이 먹고 싶은 걸 부모가 사니 기분이 나빠 억지를 부린 것입니다. 이럴 때에는 "네가 먹고 싶은 걸 말하면 좋겠어."라고 말해 비교하며 요구하는 것이 아니라 자신이 원하는 것을 요구할 수 있도록 가르치면 됩니다. 이건 아이가 친구와 자신을 비교하며 부모에게 뭘 사 달라고 요구하는 것을 막을 수 있는 좋은 방법입니다.

기다림 가르치기

두 아이가 동시에 부모에게 이야기를 하거나, 무언가 해 달라고 요구를 하는 경우가 있습니다. 이럴 경우 부모가 두 아이 이야기를 동시에 들어주려 한다거나, 부모가 임의대로 한 아이의 이야기를 먼저 들어주게 되면 아이들은 경쟁적으로 더 큰 목소리로 이야기를 하며 부모를 차지하려고 싸우게 됩니다. 그래서 두 아이 이상의 부모라면 반드시 아이들에게 "기다려줘."라는 말을 통해 순서를 지키고 상대를 배려해 주는 방법을 가르쳐야 합니다.

예를 들어, 첫째가 부모에게 이야기를 하고 있습니다. 그런데 둘째가 중간에 끼어들어 자기 이야기를 시작합니다. 이럴 때 부모는 둘째에게 "지금 오빠랑 이야기 중이야. 오빠랑 이야기 끝날 때까지 기다려줘."라고 말하고, 첫째와 이야기를 계속합니다. 둘째는 토라지기도 하고, 계속 대화 중에 끼어들며 방해를 하기도 합니다. 그래도 부모는 약속한 대로 첫째와 이야기를 끝내고 둘째와 이야기를 하면 됩니다. 그런데 만약 부모가 둘째와 이야기하는 것을 잊어버리게 되면 둘째는 부모를 신뢰할 수 없어 다음부터는 절대로 기다리는 행동을 하지 않게 됩니다. 또 부모가 둘째의 이야기를 들으려 했으나 둘째가 토라져서 말을 하지 않으려고 할 때도 있습니다. 이럴 때에는 "지금은 말하기 싫구나. 다시 이야기하고 싶을 때 그때 하자."라고 말해 자신의 감정에 대해서는 자신이 해결할 수 있도록 기다려주면 됩니다.

아이가 순서대로 도움을 받을 수 있고, 자신이 방해를 하지 않을 때 부모가 자신에게 더 빨리 온다는 것을 알게 되면 자기를 먼저 봐 달라고 보채는 일이 줄고, 자기들끼리 서로 싸우는 일도 줄어듭니다.

쌤에게 물어봐요!

7살 첫째는 색종이 접기를 정말 좋아합니다. 색종이를 집 안 구석구석에 두는데, 둘째가 침을 흘려 엉망이 될 때가 많습니다. 첫째는 울고불고 난리가 나는데, 제가 색종이를 일일이 다 치우기에는 너무 힘들어요. 어떻게 해야 할까요?

집 안 곳곳에 있는 색종이를 찾아내고, 정리를 하는 건 너무 어렵지요. 그리고 부모가 해야 하는 일도 아닙니다.

✓ 색종이는 주인이 정리합니다.

첫째가 색종이의 주인이므로 당연히 첫째가 색종이를 정리해야 합니다. 첫째에게 정리하도록 가르쳐주세요.

✓ 소중한 물건은 잘 보관해야 합니다.

둘째가 첫째의 물건을 만지지 못하도록 하는 것도 중요하지만, 더 중요한 것은 첫째가 자신의 물건을 잘 간수하는 것입니다. 소중한 물건이라면 둘째의 손이 닿지 않는 첫째만의 공간에 정리하도록 지도해 주세요. 집 안 이곳저곳에서 발견된 색종이를 둘째가 망가뜨리더라도 이건 자신의 물건을 잘 관리하지 않는 첫째의 잘못임을 알리고, 잘 정리하도록 해야 합니다.

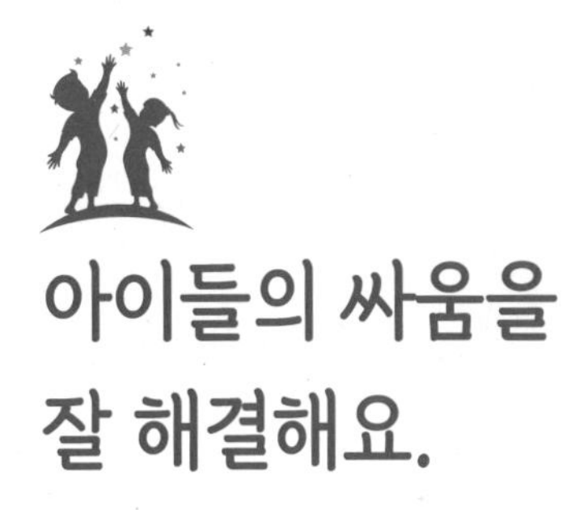

아이들의 싸움을 잘 해결해요.

싸움이 더 크게 번지지 않도록 하고 아이들이 스스로 해결할 수 있도록 가르치고 돕는 것이 중요합니다.

아이들이 싸울 때 부모는 가장 먼저 싸움을 말리거나 화해를 시키는 등 싸움 자체를 해결하기 위한 노력을 합니다. 그런데 이보다는 싸움이 더 크게 번지지 않도록 하고 아이들이 스스로 해결할 수 있도록 가르치고 돕는 것이 중요합니다. 절대로 한 아이에게 참으라고 하거나 양보를 하게 해서는 안 되는데 만약 부모가 이런 해결책을 사용하게 된다면 싸움 중재는커녕 아이들 간의 싸움이 오히려 부모와 아이의 싸움으로 번질 수 있으므로 주의해야 합니다.

주황불일 때 부모가 도움 주기

가장 좋은 싸움 해결법은 싸우지 않도록 하는 것입니다. 아이들을 보고 있으면 처음부터 싸우기보다는 놀다가 티격태격하는 과정을 거치고, 그다음에 감정이 상하면서 싸우게 됩니다. 신호등을 빌려 생각해 보겠습니다. 잘 놀고 있을 때를 '초록불', 티격태격하는 때를 '주황불', 싸울 때를 '빨간불'이라고 가정한다면, 보통 부모는 빨간불일 때 개입을 하고 야단을 치는 경우가 많습니다. 그러나 부모가 개입을 해서 도움을 주어야 하는 때는 주황불입니다. 빨간불 단계는 이미 싸움이 시작되었기 때문에 해결이 더욱 어려워집니다.

주황불일 때 아이들은 서로 자기주장을 하고, 표정에서 기분이 나쁜 것이 나타나며, 목소리가 커집니다. 그래서 부모가 충분히 싸우기 전 상황임을 인지할 수 있습니다. 이때 "지금 서로 기분이 안 좋은 것 같네. 잠시 멈추는 게 좋겠어."라고 이야기하고 떨어뜨려 놓는 것이 좋습니다. 이 과정을 반복할 경우 아이들은 흥분하기 시작하는 싸우기 전 단계를 스스로 느끼고, 이 순간 감정을 조절하고 행동을 멈추는 것을 익히게 됩니다. 시간이 많이 필요하니 꾸준히 해주세요. 부모가 하루에도 몇 번씩 이와 같은 개입을 해야 할 때도 있습니다.

분리하기

이미 아이들의 싸움이 시작되었다면, 부모가 가장 먼저 해야 하는 것은 '분리'입니다. 이는 아이들의 감정과 행동이 더욱 격해지지 않도록 하기 위함이지 절대로 싸우는 상황을 빨리 정리하거나, 싸움에 대한 벌을 주기 위해 아이들을 방에 가두는 것이 아님을 기억해야 합니다. 그리고 아이들에게도 이 점에 대해 잘 전달해야 합니다. 그래서 부모는 아이들에게 "지금은 서로 기분이 안 좋아 못 놀 것 같네. 따로 놀자."라고 말을 하고 분리를 해야 합니다.

만약 부모가 아이들을 분리하지 않고 싸움을 해결하려 한다면 아이들을 한 자리에 앉혀놓고 잘잘못을 따지게 됩니다. 이때 아이들은 서로 상대의 잘못임을 이야기하기 위해 자신의 잘못은 감추고, 상대의 잘못만 들춰내거나 없던 일을 말해 서로 감정이 더욱 상하게 됩니다. 아이들의 싸움에 대해 부모가 화가 나고, 해줄 말이 많겠지만, 일단 분리를 하고 진정할 수 있도록 도와주어야 합니다.

그런데 문제는 '부모가 분리한다고 해서 아이들이 싸움을 멈추고 분리가 되느냐?'입니다. 평소 권위가 있는 부모라면 아이들의 분리가 쉽겠지만 그렇지 않다면 아이들이 부모를 무시하고 싸움을 계속해 분리가 어렵습니다. 이는 평소 관계에 대한 문제입니다. 그래서 훈육을 제대로 하기 위해서는 애정과 신뢰를 바탕으로 부모의 권위부터 잘 세워야 합니다.

한 명씩 대화하기

아이들이 감정을 잘 추스렸다면, 그다음에 부모는 한 명씩 대화를 하며 상황에 대해 들어야 합니다. 대화를 시작할 때 "왜 싸웠어?"라고 말하면 왠지 잘못에 대해 추궁하는 것 같으므로 표현을 달리해 보는 것이 좋습니다. 적절한 부모의 말은 "무슨 일이니?" 정도면 충분합니다.

이 말은 전후 사정에 대해 담백하게 물어보는 느낌이 있어 대화를 시작할 때 분위기가 조금 더 편안해집니다.

부모는 아이와 대화를 할 때 내 앞에 있는 아이에게 집중하고, 그 아이의 말을 중간에 끊지 않고 끝까지 잘 들어주어야 합니다. 이런 과정을 통해 아이는 속이 후련해지고, 설사 잘못을 했더라도 무섭게 야단을 듣거나 부모가 자신을 미워하지 않음을 알게 되어 부모와 관계가 더욱 돈독해지고, 자신의 잘못에 대해서도 멋지게 인정할 수 있습니다.

부모가 한 명씩 대화할 때 가장 많이 하는 실수가 두 아이를 서로 이해시키려고 하는 것입니다. 첫째와 이야기할 때에는 "둘째가 그런 마음은 아니었을 거야."라고 말하고, 둘째와 이야기할 때에는 "형이 일부러 그런 건 절대 아니야."라고 말하면서 계속 상대 아이의 편을 들어줄 때가 있습니다. 이럴 경우 첫째와 둘째는 서로 간의 싸운 이유와 상한 감정은 잊어버리고, 자신보다 상대 아이를 감싸는 부모에게 감정이 상해 오히려 부모에게 화를 내고 부모와 싸우게 되는 경우가 있습니다. 아이들을 억지로 이해시키려 노력하기보다는 아이들 스스로 상황을 인지하고 잘잘못을 생각해 볼 수 있는 기회를 주는 것이 좋습니다.

해결은 아이들 스스로 하기

아이들의 감정이 안정되고 서로의 입장을 이해하게 되었다면 다음 단계로 해결을 해야 합니다. 아이들이 서로에게 하고 싶은 말이나 해야 하는 행동을 생각하고 실천하는 것입니다. 말과 행동은 당연히 아이들이 서로 마주해 직접 해야 하는데, 서로 부모에게 해 달라고 하는 경우가 있습니다. 이때 부모는 "둘의 문제니까 직접 하는 게 좋겠어."라고 말하고, 아이들이 스스로 하도록 지도해야 합니다. 부모가 중간에서 메신저의 역할을 할 수도 있지만 이런 경우가 반복되면 아이는 계속 부모에게 의존하게 되어 문제 해결력이 낮아지고, 부모는 반복되는 일상에 지치게 됩니다. 아이들의 일은 아이들이 스스로 하도록 지도하고 기다려 주어야 합니다.

사과하는 방법 가르치기

부모는 아이들이 바로 화해를 하기 바랍니다. 그래서 부모와의 대화가 끝나면 바로 사과의 시간을 마련하고, 서로 미안하다고 말하고, 안아주게 합니다. 그런데 생각은 정리가 된다고 해도 바로 감정까지 정리하고 사과를 하기는 참 어렵습니다. 억지로 빨리 사과를 하기보다는 "진짜로 사과를 하고 싶을 때 하자."라고 사과를 할 수 있을 때까지 기다려 주는 것이 좋습니다.

그리고 사과를 할 때에는 "~해서 미안해. 내가 ~ 할게."라고 미안한 이유와 앞으로 어떻게 할 것인지에 대해 말하도록 가르쳐야 하고, 상대가 사과를 받아 줄 때까지 기다려야 한다는 것도 알려주어야 합니다. 아이들 중에는 자신이 사과를 했는데 상대 아이가 받아 주지 않는다고 해서 화를 더 내는 경우가 있습니다. 이럴 경우 오히려 사과를 안 받아 주는 아이가 뭔가 잘못을 한 것처럼 되어 다시 싸움이 일어나기도 합니다. 반드시 사과를 받은 아이에게도 마음이 풀릴 때까지 시간을 주어야 합니다. 절대로 "사과도 받았는데 기분 풀어. 같이 놀아."라고 강요하면 안 됩니다. 이보다는 "사과를 받아도 기분이 안 풀릴 수 있어. 기분이 풀리면 놀자." 라고 말해 주어 억지로 사과를 받는 일이 없도록 배려해 줍니다.

쌤에게 물어봐요!

아이들이 싸우면 분리를 해주는데, 어느 순간 아이들이 기분이 좋아졌는지 같이 놀고 있습니다. 그냥 이렇게 두어도 될까요?

물론 괜찮습니다. 둘이서 화해했으니까요.

모든 싸움에 대화가 필요한 건 아닙니다.

아이들의 크고 작은 모든 싸움에서 해결을 위해 부모가 개입해 이야기를 나누고, 해결책을 찾을 필요는 없습니다. 아이들끼리 감정이 풀리면 싸움은 없었던 일이 되기도 하니까요. 이렇게 부모가 개입하지 않고 해결되면 더 좋습니다.

서로 화해한 것에 대해 칭찬을 해줍니다.

아이들이 눈에 보이게 사과를 하고 화해를 한 것은 아니지만 서로 화해를 하고 다시 잘 지낸다면 그 자체로 충분히 칭찬받을 만한 일입니다. "둘 다 기분이 다시 좋아져서 다행이네. 같이 재밌게 노니까 정말 좋다."라고 말해 주세요.

둘 **관계**

또래관계

- 또래에게 관심이 생겨요.
- 성별에 따라 놀이를 구분할 필요는 없어요.
- 또래와 잘 노는 방법을 배워요.
- 또래와의 갈등을 해결해요.

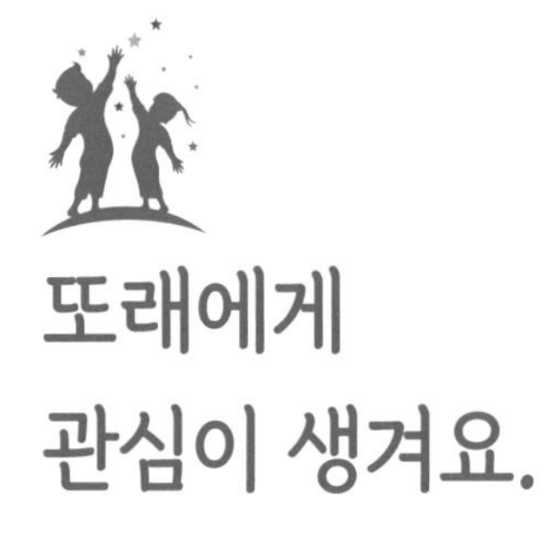

또래에게 관심이 생겨요.

연령에 맞는 긍정적인 또래 상호작용 경험이 필요합니다.

유아기의 아이는 조금씩 또래에게 관심을 가지고 같이 놀기 위해 접근하는 사회적 행동을 합니다. 이런 사회적 행동은 연령이나 기질, 또래들과의 상호작용 경험에 따라 아이마다 다르게 나타나므로 연령에 맞는 긍정적인 또래 상호작용 경험이 필요합니다.

4살 이하의 아이는 또래가 있으면 관심을 보이기는 하나 적극적으로 다가가 친구가 되자고 하거나, 같이 놀자는 말을 스스로 하는 경우는 드뭅니다. 다만 또래가 가지고 있는 놀잇감에 호기심이 생긴다면 다가가 놀잇감을 가지고 놀려는 행동을 합니다. 이것은 놀잇감을 같이 가지고 놀자는 의사표현이 아니기 때문에 빼앗는 것처럼 오해를 받기도 합니다. 그래서 부모가 같이 놀자고 말하는 것과 놀잇감을 공유하는 방법에 대해 가르쳐 주는 것을 시작해야 하는 시기입니다.

5살 이상의 아이는 그동안의 경험을 통해 친구와 함께 노는 것에 대한 즐거움을 알고, 같이 놀자고 말을 하며, 놀이를 시도하는 보다 적극적인 사회적 행동을 하게 됩니다. 특히 이 연령의 아이는 놀이를 의도에 맞게 할 수 있어 놀이를 할 때 미숙하지만 규칙을 만들어 지키려 하고, 역할을 정해 역할놀이도 합니다. 특히 같은 어린이집이나 유치원에 다녀 매일 만나게 되면 서로 익숙해지고, 함께 놀며 즐거움을 느껴 특별히 친한 친구관계를 만들기도 합니다. 그런데 이 시기의 아이는 아직 친구가 많지 않기 때문에 친한 친구와 독점적으로 놀이를 하려는 특징을 가지고 있어 자기가 친하다고 생각한 친구가 다른 친구와 놀면 질투를 하고, 속상해하며, 특정한 친한 친구와 놀려고 노력을 하기도 합니다. 이에 대해 부모가 한 친구에게만 집착을 하는 것에 대해 문제라고 생각하고 걱정을 하는 경우가 많으나, 아직 친구의 범위가 넓지 않은 유아기의 아이에게는 발달 과정에 충분히 있을 수 있는 일입니다. 여러 명의 친구와 놀이를 하며 서서히 친구가 많아지면 자연스럽게 해결될 일이니 조급하게 생각하거나, 아이가 좋아하는 친구를 초대해 함께 놀게 하거나, 친하게 지내라고 선물을 주는 등의 수고를 할 필요는 없습니다. 친구를 사귀는 것은 아이가 스스로 해야 하는 일임을 꼭 기억해야 합니다.

쌤에게 물어봐요!

아이가 자기가 좋아하는 친구가 자기랑 안 논다고 속상해합니다. 그러면서 그 친구가 좋아하는 사탕을 사 주겠다고 하는데, 이건 잘못된 것이라 안 된다고 말했는데, 그다음에 어떻게 지도를 해야 하는지 모르겠어요.

아이가 친구와 잘 지낼 수 있는 해결책이 알고 싶군요.

✓ 선물 대신에 하고 싶은 놀이를 생각하게 합니다.

아이는 선물을 중심으로 모이지 않습니다. 재밌는 놀이 중심으로 모이지요. 따라서 친구에게 어떤 선물을 사 줄까를 생각하는 것이 아니라 어떤 놀이를 하면 재밌게 놀 수 있을까를 생각하면 됩니다.

✓ 둘 다 놀고 싶을 때 노는 것임을 알려줍니다.

'내가 친구와 놀고 싶으니까 친구도 나와 놀고 싶어야 한다.'고 생각하는 아이가 많습니다. 아직은 타인의 감정이나 생각을 이해하기 어려운 자기중심적인 사고를 하는 시기이니까요. 그래서 놀이는 둘 다 하고 싶을 때 하는 것임을 꼭 알려주어야 합니다. 이를 알아야 친구가 놀이를 거절하더라도 그건 싫어해서가 아니라 놀고 싶지 않은 것임을 알게 되어 상처를 덜 받게 되고, 함께 하고 싶은 다른 놀이를 찾을 수 있게 됩니다.

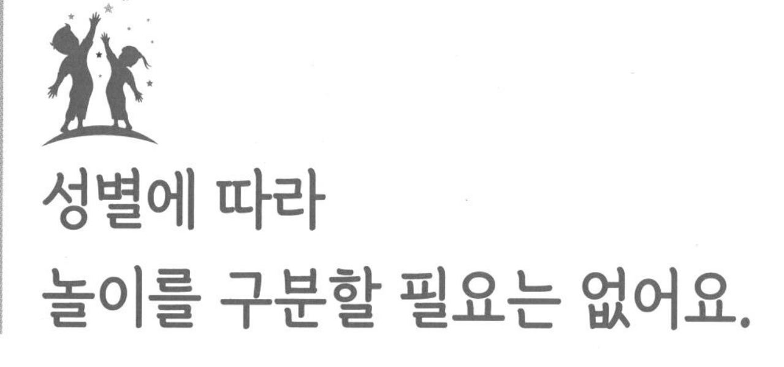

성별에 따라 놀이를 구분할 필요는 없어요.

유아기는 남자와 여자를 특별히 구분해서 노는 시기가 아닙니다.

유아기는 남자와 여자를 특별히 구분해서 노는 시기가 아닙니다. 재밌는 놀이를 중심으로 모일 뿐입니다. 그리고 놀이는 일상의 경험이 반영되는 것이라 성별보다는 환경의 영향을 더 많이 받게 됩니다. 그래서 누나들이 많은 집에서 자란 남자아이는 인형놀이와 소꿉놀이를 많이 하고, 오빠들 사이에서 자란 여자아이는 자동차나 총 같은 놀잇감을 더 좋아할 때가 있습니다. 처음부터 남자아이 놀이와 여자아이 놀이가 정해진 것이 아니라는 것입니다. 오히려 놀이를 성별에 따라 구분하는 건 어른들입니다. 아이들에게 줄 선물로 놀잇감을 살 때 아이가 원하는 것을 사 주지만, 가끔은 어른들이 사 주고 싶은 것을 사 주기도 하지요. 어른들이 고르는 놀잇감은 거의 대부분 성별이 구분되어 있습니다. 여자아이라면 주방놀이 세트를 더 좋아할 것이고, 남자아이라면 블럭을 더 좋아할 것이라는 고정관념을 가지고 있기 때문입니다.

놀이는 즐거움을 목적으로 하는 활동이므로 성별에 따라 구분 짓기보다는 아이가 원하는 놀이를 충분히 재밌게 할 수 있도록 해주는 것이 좋습니다. 이런 과정을 통해 아이는 한계를 정하지 않고 자신이 무엇을 좋아하는지, 무엇을 잘하는지를 찾게 되어 즐거움과 함께 꿈과 자신감이 커진답니다.

쌤에게 물어봐요!

아이가 친구들과 역할놀이를 할 때 매번 반려견을 하려고 합니다. 다른 좋은 역할도 많은데 기어 다니며 꼬리를 흔드는 행동을 하면 속이 상합니다. 못 하게 해야 할까요?

많은 역할 중에 하필 반려견인지, 부모입장에서는 싫을 수 있지요. 아이의 마음을 알아보겠습니다.

아이의 생각을 물어봅니다.

반려견은 아무것도 하지 않고, 사랑만 받는 존재라고 인식하는 경우가 많습니다. 그래서 놀이 중에 오롯이 사랑만 받고 싶은 욕구를 이렇게 표현하기도 합니다. 아이가 왜 반려견 역할을 하고 싶은지 물어보고, 그에 맞게 부모의 의견을 말해 주면 좋겠습니다. 더불어 평소 아이가 받는 사랑이 부족한지, 해야 할 것들이 많아 스트레스를 받는 건 아닌지 살펴봐 주세요.

부모의 마음을 솔직하게 전달합니다.

아이는 재밌을지 모르지만 사실 보고 있는 부모는 싫을 수 있습니다. 이럴 때에는 의견이 다른 것이니 야단을 치기보다는 "친구들하고 돌아가면서 다른 역할을 하면 좋겠어."라고 의견을 말할 수 있습니다. 그러나 놀이는 억지로 시킬 수는 없으므로 부모의 마음만 전달하면 좋겠습니다.

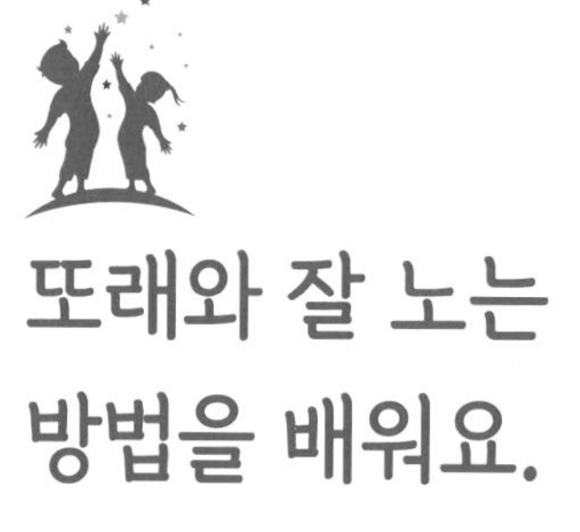

또래와 잘 노는 방법을 배워요.

아직 또래의 마음을 공감하거나, 생각을 받아들이고 이해하기가 어렵습니다.

유아기 아이는 자기중심적인 사고를 합니다. 그래서 아직 또래의 마음을 공감하거나, 생각을 받아들이고 이해하기가 어렵습니다. 당연히 놀이를 할 때 의견조율이 잘 안 되는데 이에 대해 양보를 하지 않는다고, 자기만 하려고 한다고 야단치기보다는 놀이를 잘하는 방법을 가르쳐 주어야 합니다.

같이 놀 수 있는 놀잇감만 꺼내 놓기

집에 친구가 놀러 왔습니다. 친구랑 잘 놀면 좋으련만, 아이가 자신의 놀잇감이라고 친구에게 만지지 못하게 하는 상황이 발생했습니다. 이는 부모들끼리도 불편해지는 난감한 상황입니다. 이럴 경우 부모는 아이에게 친구에게 양보를 하라고, 친구니까 같이 노는 거라고 가르치지만 별 효과가 없습니다. 오히려 아이는 자기 편을 들어주지 않는 부모에게 서운함을 느끼게 되어 울지도 모릅니다.

이런 난감한 상황을 만들지 않는 것이 가장 좋겠지요? 그래서 친구가 집에 놀러 오기 전에 미리 예방하는 것이 중요합니다. 부모가 아이에게 "친구가 만지면 안 되는 건 정리해 두고, 친구랑 같이 놀 수 있는 놀잇감만 꺼내 놓자."라고 말해 줍니다. 아무리 친한 친구라도 자신의 소중한 놀잇감을 만지는 게 싫을 수 있습니다. 이 부분은 인정해 주어야 합니다. 그리고 아이가 충분히 생각하고 놀잇감을 꺼내 놓을 수 있도록 도와주세요. 충분히 재밌게 놀 수 있을 것입니다.

놀잇감을 서로 가지고 놀고 싶다면 둘 다 놀지 않기

키즈카페에서 친구와 노는데 많은 놀잇감 중에 유독 서로 가지고 놀려는 놀잇감이 있습니다. 아이는 서로 자기가 먼저 가지고 놀겠다고 고집을 부리고, 싸움이 벌어질 때도 있습니다. 이럴 때에는 "놀이는 서로 기분 좋게 하는 거야. 지금은 둘 다 기분이 나쁘니까 이 놀잇감은 정리할게."라고 말하고 둘 다 가지고 놀지 않도록 정리하는 것이 좋습니다. 물론 아이들끼리 놀잇감을 가지고 노는 방법을 정하면 다시 가지고 놀 수 있습니다. 반대로 상황이 심각해져 크게 운다거나 싸움이 격해지면 놀이를 멈추고 집으로 돌아와야 합니다.

양보를 강요하기보다 선택하게 하기

아이가 가지고 있는 놀잇감을 다른 아이가 한 번만 달라고 할 때가 있습니다. 이럴 경우 부모가 나서서 아이에게 양보를 하라고 시키기 마련인데 아이의 반응에 따라 두 가지 경우가 발생합니다. 첫 번째는 양보를 요구받은 아이가 양보를 좋은 행동이라고 생각해 양보를 하게 되는 경우입니다. 이런 일이 반복되면 아이는 싫지만 양보를 해야 착한 것이라고 생각해 자신의 생각과는 다르게 양보를 계속하며 '착한 아이 콤플렉스'에 빠지게 되어 속으로는 속상하지만, 겉으로는 괜찮은 척하며 스트레스를 받게 됩니다. 두 번째는 양보를 요구받았으나 싫다고 거절을 하면 괜히 '양보하지 않는 욕심쟁이'가 될 수 있습니다. 너무나 억울하겠지요.

그래서 가장 좋은 것은 양보를 강요하는 것이 아니라 아이가 자신의 놀잇감을 빌려줄지 말지, 빌려준다면 언제 빌려줄지에 대해 선택하게 하는 것입니다. 그리고 허락이든 거절이든 상대가 기분 나쁘지 않게 말을 하는 방법도 같이 알려주면 더욱 좋습니다. 만약 빌려주지 않고 싶을 때에는 "이거 지금 내가 가지고 놀 거야. 오늘은 안 돼."라고 말하도록 가르쳐야 하고, 빌려주고 싶다면 "빌려줄게." 혹은 "내가 놀고 난 다음에 빌려줄게. 기다려줘."라고 말하는 것을 가르쳐주면 됩니다.

빌려달라고 말하기와 포기하기

친구의 놀잇감을 가지고 놀고 싶을 때 직접 말하기보다는 부모에게 말해 달라고 부탁하는 아이가 많습니다. 이럴 때 부모가 직접적으로 개입해 해결해 주면 아이는 부모에 대해 의존성이 높아지고 점점 더 스스로 하지 않으려 하게 됩니다. 이보다는 "친구한테 빌려달라고 말하면 돼."라고 방법을 알려주고, 아이가 스스로 말하도록 격려해 주면 됩니다. 이때 주의할 점은 아이가 친구에게 빌려달라는 말을 할 때 부모는 절대로 아이 옆에 있어서는 안 된다는 것입니다. 만약 부모가 아이 옆에 있다면 빌려달라는 요청을 받은 친구에게는 은근한 압력이 되어 억지로 빌려주게 만들 수 있기 때문입니다.

그리고 아이가 친구에게 놀잇감을 빌려달라고 말했으나 거절을 당하면, 부모에게 다시 말해 달라고 하거나 울며 속상해할 때가 있습니다. 이럴 때에는 "지금은 친구가 빌려줄 수 없나 봐. 속상하지만 다른 거 가지고 놀아야겠다."라고 아이에게 친구의 의견을 존중하고, 자신의 욕구를 포기할 수 있도록 도와주어야 합니다. 절대로 부모가 "사 줄게."라고 바로 사 주거나, 부모가 친구에게 다시 빌려달라고 부탁하는 일은 없어야 합니다.

쌤에게 물어봐요!

첫째와 둘째가 놀 때, 제가 첫째에게 양보를 부탁하는 경우가 있습니다. 부탁을 안 들어줘도 화를 내거나 한 적은 없습니다. 그런데 첫째는 절대로 둘째에게는 양보하지 않으면서 친구에게는 양보를 너무 잘합니다. 속이 너무 상하는데, 어떻게 해야 할까요?

동생에게 양보는 안 하면서 친구에게만 하는 걸 보면 정말 속이 상할 것 같습니다. 첫째의 행동에 대한 이유를 먼저 찾아야 합니다.

✓ 첫째가 동생을 질투하고 있습니다.

부모가 양보를 부탁할 경우 첫째는 부모가 동생을 더 예뻐한다고 생각하게 되어 질투를 느낍니다. 당연히 양보는 절대로 하지 않게 됩니다.

✓ 첫째는 양보를 좋은 거로 생각하고 있습니다.

부모가 첫째에게 양보를 부탁할 때 분명 양보는 좋은 거라는 뉘앙스를 풍겼을 것입니다. 첫째는 이를 잘 기억하고 있다가 친구에게 좋은 행동을 한 것입니다. 왜냐하면 친구에게는 질투가 나지 않고, 잘 지내고 싶으니 좋은 행동을 하게 되는 것입니다. 애초에 가정에서 양보를 가르칠 때 강요나 부탁이 아니라 선택권을 주는 것이 제일 좋은 해결책입니다.

또래와의 갈등을 해결해요.

아이가 스스로 해결하도록 가르치고, 기다려야 합니다.

아이들은 놀다 보면 부딪히기도 하고, 오해가 생겨 다투게 되기도 합니다. 이럴 때마다 부모가 개입하면 아이의 대처 능력이 부족해지니 가능하면 아이가 스스로 해결하도록 가르치고, 기다려야 합니다.

첫 번째, 아이가 자신의 의견을 정확히 말하도록 지도해야 합니다. 이를 위해서는 평소 가정에서부터 대화를 통해 의견을 말하고, 수용 받고, 조율하는 과정을 익혀야 합니다. 이런 과정이 부족할 경우 아이는 우물쭈물 말을 못 하거나, 어떻게 말을 해야 할지 몰라 답답해할 수 있습니다. 또한 때리거나 밀거나 깨무는 행동으로 의견을 표현하게 되어 또래 간의 문제가 커질 수 있습니다.

두 번째, 아이가 부모에게 도움을 요청하도록 지도해야 합니다. 아이가 먼저 또래에게 자신의 생각을 말하며 해결을 위한 노력을 했으나 해결이 안 되는 경우에는 부모에게 도움을 요청하도록 가르쳐주어야 합니다. 부득이 부모가 개입을 하게 되더라도 절대로 직접적으로 또래 아이를 만나지는 않아야 합니다. 부모가 개입을 하는 것만으로도 또래 아이에게는 위협이 될 수 있기 때문입니다. 이럴 경우에는 아이에게 대처하는 방법을 알려주고, 다시 또래를 만나 해결을 시도해 보도록 도와주는 것이 좋고, 부모가 또래 아이의 부모를 만나 지도를 부탁하는 것도 좋습니다.

세 번째, 아이의 말에 공감하겠지만 아이 말만 듣고 문제를 해결하지는 않아야 합니다. 아이는 자기중심적으로 생각하는 특성이 있습니다. 그리고 부모가 자기 편을 들어주길 바라기 때문에 상황을 자신에게 유리한 쪽으로 생각하고 말할 수 있어 아이의 말을 다 믿을 수는 없습니다. 그렇다고 해서 상대 아이를 불러 상황에 대해 다시 물어보는 것도 좋지 않습니다. 왜냐하면 아이는 부모가 자신을 믿지 않는다고 생각해 화를 내고 서운해할 수 있기 때문입니다. 그래서 아이의 말에 대한 공감은 충분히 해주되, 문제를 해결할 때에는 조금 더 면밀히 상황을 파악할 필요가 있습니다.

쌤에게 물어봐요!

아이가 친구를 정말 좋아합니다. 그래서 늘 놀고 싶어 하는데 정작 친구를 만나 놀 때는 자기주장만 해 다투어 놀지 못하는 일이 정말 많습니다. 지금은 유치원에 다니고 있어 선생님의 도움으로 해결을 하고는 있지만, 나중에 학교에서도 이러면 어떻게 해야 하나 벌써 걱정이 됩니다.

고민이 되지요. 지금에 집중하고 해결을 해 보도록 하겠습니다.

부모와 아이의 소통 방법에 대한 확인이 필요합니다.

부모와 아이가 소통하는 상황에서 주장하기와 의견 수용하기의 정도가 어떤지 확인이 필요합니다. 혹 부모가 수용해 주는 정도가 많다면 아이에게 적당한 거절을 경험하게 해줄 필요가 있습니다.

부모와의 놀이에서 의견을 조율하는 경험을 합니다.

재밌게 노는 상황에서 부모와 아이가 놀이 방법에 대한 의견을 조율하는 연습을 해야 합니다. 아이가 의견을 조율하는 방법을 알게 되면 친구와 의견 조율을 잘하게 됩니다.

미리 걱정하지 않습니다.

아직 초등학교에 입학한 것이 아니고, 학교에서 문제가 발생한 것도 아니지요? 걱정을 미리 당겨서 하면 부모의 불안만 높아질 뿐 아이의 훈육에는 도움이 되지 않습니다. 지금에 집중하며, 오늘의 문제만 잘 해결해 보도록 하겠습니다. 분명 내일은 더 멋지게 행동하는 아이를 만나게 될 것입니다.

셋 **사회성**

놀이

- 놀이로 말하고, 놀이로 자라요.
- 놀이는 즐거운 모든 것이에요.
- 일상의 모든 물건은 좋은 놀잇감이에요.
- 좋은 놀잇감은 아이를 능동적으로 만들어요.
- 놀잇감보다 놀이 친구가 중요해요.
- 놀이의 즐거움은 반응에 의해 결정돼요.
- 놀이에 대한 의견 조율이 필요해요.
- 올바른 승부욕을 배워요.
- 스마트폰은 놀잇감이 아니에요.

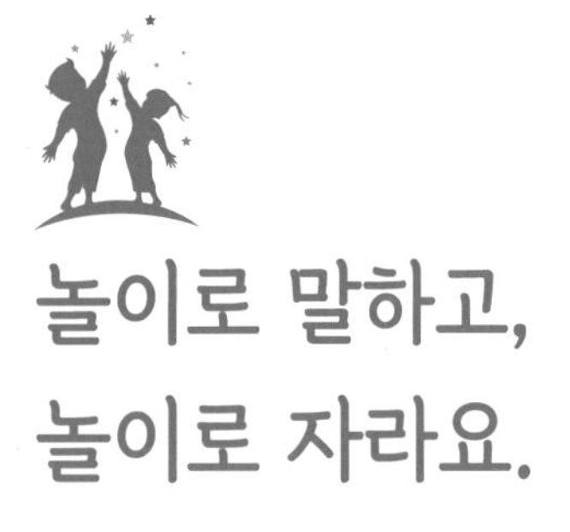

놀이로 말하고, 놀이로 자라요.

아이의 놀이를 잘 관찰하면 선생님과 어떻게 지내는지, 친구들과 문제는 없는지 등 일상생활과 스트레스를 알아내어 도움을 줄 수도 있습니다.

아이들이 모여서 병원놀이를 하고 있습니다. 한 아이는 의사 역할, 한 아이는 간호사 역할, 한 아이는 환자 역할을 맡았습니다. 간호사가 이름을 부르자 환자를 맡은 아이는 의사 앞에 앉아서 자기의 아픈 곳을 이야기합니다. 의사는 아픈 곳과 상관없이 병원놀이 세트에 있는 모든 진찰 도구를 활용해 여기저기 꼼꼼히 진찰을 합니다. 그리고 처방전을 쓰고, 주의 사항을 이야기합니다. 간호사는 환자에게 주사를 놓고 처방전을 줍니다. 환자를 맡은 아이는 약국으로 갑니다. 이 놀이를 무한 반복하게 되는데, 환자를 맡은 아이는 자기도 간호사를 하고 싶다고 투덜거리기 시작합니다. 아이들은 잠시 놀이를 멈추고 역할을 바꾸는 순서를 정한 후 다시 놀이를 합니다. 이를 역할놀이라고 합니다.

아이들의 역할놀이를 보면 참 신기하게도 병원에서 실제로 진행되는 동선을 그대로 재현합니다. 무서운 주사 맞는 과정을 빼버릴 수 있고, 쓴 약 대신 맛난 젤리를 먹으라고 처방해 줄 수도 있는데, 절대로 그렇게 하지 않습니다. 그리고 아예 병원이 싫고 무서우니 다른 놀이를 할 수도 있는데, 꼭 병원놀이를 합니다. 아이의 놀이는 '일상의 재현'이기 때문입니다. 보고 듣고 느낀 것들을 놀이를 통해 표현하게 되는 것이지요. 이 과정 속에서 아이는 병원에 갈 때의 긴장감과 주사를 맞을 때의 두려움을 놀이 안에서 반복적으로 표현해 해소하며 스트레스를 풀어나가는 것입니다.

어른은 스트레스를 받거나 해결하기 어려운 문제가 생기면 자신의 이야기를 들어줄 수 있는 친구나 선배, 동료를 찾아 이야기를 합니다. 한참 이야기를 하다 보면 스르르 마음이 풀리고, 머릿속이 정리가 됩니다. 그리고 좀 더 심각한 상황이라면 상담사를 찾아 상담을 받기도 합니다. 어른은 자신의 기분, 상황, 기대 등을 말로 표현할 수 있으니 말로 표현하고 해결책을 찾아내는 것입니다. 그런데 아이는 아직 언어가 발달하고 있는 과정이라 말로 표현하는 데 한계가 있습니다. 그래서 아이는 놀이를 통해 자신에 대해 말하고 있는 것입니다. 때문에 놀이를 못 하게 하면 절대 안 되겠지요.

병원놀이를 살펴보면 놀이 중에 환자 역할을 맡은 아이가 간호사를 하고 싶다고 하자 아이들은 놀이를 잠시 멈추고 역할을 바꾸는 순서를 정한 후 다시 놀이를 하지요. 아이들은 지금 놀이를 통해 갈등이 생기면 어떻게 해결하는 것인지를 경험하며 사회화 과정을 거치고 있습니다. 사회화란 자신이 속한 집단의 규범을 익히고 적응해 나가는 과정인데, 이런 과정을 아이들은 놀이를 통해 자연스럽게 익히고 있습니다.

그래서 아이는 놀이로 말하고, 놀이로 자란다고 하는 것입니다. 따라서 아이의 놀이를 잘 관찰하면 선생님과 어떻게 지내는지, 친구들과 문제는 없는지 등 일상생활과 스트레스를 알아내어 도움을 줄 수도 있습니다. 그렇다고 해서 억지로 상황을 연출해 놀게 할 필요는 없습니다. 자연스럽지 않은 상황이라면 아이는 놀지 않을 테니까요.

쌤에게 물어봐요!

아이가 엄마 아빠 놀이를 좋아해서 자주 같이 하는데, 아이는 저에게 꼭 아이를 하라고 합니다. 그리고 자기가 정하고 시키는 대로 저에게 놀이를 하라고 합니다. 재미가 없고, 싫고, '친구들한테 이러면 안 되는데...'라는 생각도 듭니다. 어떻게 해야 할까요?

아이는 재미가 있겠지만 같이 놀이를 하는 엄마 아빠는 싫을 수도 있겠습니다. 먼저 아이의 의도를 잘 살펴볼 필요가 있습니다.

아이는 충실히 엄마 아빠 놀이를 하고 있는 것일 수 있습니다.

아이가 놀이에서 엄마 아빠에게 지시를 하는 것처럼 혹 평소 엄마 아빠가 그렇게 아이를 대하고 있는 건 아닌지 생각해 보세요. 만약 그렇다면 이제부터는 아이와 의논을 하고, 결정하는 과정이 필요합니다.

놀이를 시작할 때 놀이 내용을 함께 정합니다.

놀이의 주인공은 아이이므로 아이가 정한 대로 놀이를 할 수도 있겠지만, 함께 노는 엄마 아빠의 의견도 중요합니다. 그래서 재밌게 놀려면 놀이를 시작하기 전에 아이와 함께 놀이 내용을 정하고 시작하는 것이 좋습니다. 특히나 아이는 예측 능력이 부족하니 자신의 의도와 다르게 부모가 반응을 하면 당황하게 되고, 놀이가 재미없어집니다. 부모 또한 아이의 놀이 의도를 파악하지 못하면 재미가 없기는 마찬가지이니 잘 조율해서 놀이를 하도록 합니다.

의견이 다르면 놀이를 멈출 수 있습니다.

놀이 내용을 정하는 과정에서 부모와 아이가 의견이 달라 서로 기분이 상했다면 잠시 놀이를 멈춘 후 기분을 풀고 다시 놀이를 하는 것이 좋습니다. 억지로 부모가 아이에게 맞춰주게 되면 아이는 친구들과의 상호작용에서도 부모가 자신에게 맞춰주었던 것처럼 해주길 바라며 갈등이 생길 수 있습니다.

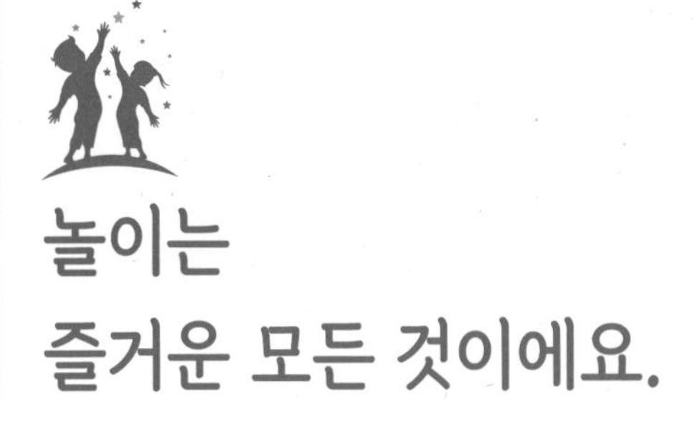

놀이는
즐거운 모든 것이에요.

놀이는 즐거움 자체라는 것을 꼭 기억하고 놀이는 놀이로 충분히 즐기길 바랍니다.

부모가 설거지를 하고 있습니다. 그러면 아이가 쪼르르 달려와 자기가 해 보겠다고 하지요. 아이는 왜 설거지가 하고 싶을까요? 부모에게 설거지는 그냥 일입니다. 사용한 그릇을 깨끗하게 하는, 다음 식사를 위해 해야 하는 조금은 귀찮고 하기 싫은 일이죠. 그런데 아이에게 설거지는 완전히 다른 것입니다. 부모가 싱크대에 서서 스펀지에 세제를 꾹 짜고 그릇을 문질렀더니 거품이 막 났습니다. 그리고 잠시 후 물을 '쏴~'하고 틀고 그릇을 뽀드득 문질렀더니 그릇이 깨끗해졌습니다. 그리고 씻은 그릇을 선반에 세워 뒀더니 아래로 물이 똑똑 떨어집니다. 아이 눈에 이 설거지라는 것이 너무나 재밌게 보입니다. 재미있어 보이니까 아이는 하려고 하는 것입니다. 절대로 부모가 시켜서 하려는 것이 아닌, 그릇을 깨끗이 씻어 만족감을 느끼겠다는 것이 아닌, 부모에게 칭찬을 받겠다는 것이 아닌, 그저 재미있고 싶어서 하는 것, 이게 바로 '놀이'입니다.

놀이를 정의하자면 '즐거움 자체를 목적으로 스스로 하는 모든 활동'입니다. 따라서 '부모와 아이가 같이 설거지를 하며 즐거웠다.'라고 하면 그 자체로 '부모와 아이가 즐거운 놀이를 했다.'라고 말할 수 있는 것입니다. 하지만 부모는 아이가 설거지를 하겠다는 이 상황이 썩 달갑지만은 않지요. 아이가 설거지를 같이 하면 물을 흘리고, 그릇을 깰 수 있어 부모에게는 일이 더 느는 것이 되니까요. 그래서 부모는 아이에게 소꿉놀이 세트를 사 주게 됩니다. 소꿉놀이 세트로 설거지를 해도 놀이고, 부모랑 싱크대에서 설거지를 하는 것도 놀이입니다.

그렇다면 즐겁게 덧셈을 했다면 그건 놀이일까요? 아이가 덧셈 자체가 너무 재미있어서 했다면 놀이가 맞습니다. 그런데 덧셈을 잘해서 엄마 아빠에게 칭찬받고, 100점 받아서 친구에게 자랑하려고 했다면 목적이 즐거움이 아니기 때문에 놀이가 아닌 '학습'이 됩니다. 놀이와 학습의 차이가 아주 미묘하지요? 그래서 학습은 놀이로 즐겁게 하는 것이 가능합니다. 어차피 해야 하는 학습이라면 즐겁게 하면 스트레스도 받지 않고 좋으니까요. 그러나 놀이를 학습으로 하는 것은 절대 금지입니다. 부모가 아이가 좋아하는 자동차로 함께 놀고 있습니다. 아이는 열심히 자동차를 굴리고, 신호에 맞추어 멈추고, 즐겁게 놀이를 하는데, 갑자기 부모가 "자동차 무슨 색이야? 자동차가 모두 몇 대지?"라고 묻는다면 아이는 몇 번은 대답해 줄 수 있으나 곧 놀이를 멈추고 다른 곳으로 가버리게 됩니다. 아이는 놀고 싶은데 부모가 질문을 하니 재미가 없을 수밖에요. 또한 아이는 부모와 하는 놀이는 재미없다고 생각해 혼자 놀게 되고, 혼자 놀이에 익숙한 아이는 친구들과 함께 놀이를 하는 것에 어려움이 생길 수 있으니 주의해야 합니다. 놀이는 즐거움 자체라는 것을 꼭 기억하고 놀이는 놀이로 충분히 즐기길 바랍니다.

쌤에게 물어봐요!

놀이를 할 때 학습을 하면 안 된다고 하지만, 놀면서 수나 색깔들을 자연스럽게 배우는 게 좋지 않나요?

네, 맞습니다. 놀이를 학습으로 하지 말라는 것이지 학습적 자극을 절대로 주지 말라는 뜻은 아닙니다.

질문 대신에 말해 줍니다.

놀이를 하다가 색깔을 알려주고 싶을 때 부모는 흔히 "이거 무슨 색깔이야?"라고 아이에게 묻습니다. 이런 질문은 놀이의 흐름을 방해하는 것이라 좋지 않습니다. 대신에 부모가 "노란색 자동차를 가지고 있구나. 그럼 엄마 아빠는 빨간색이랑 초록색 자동차 할래."라고 말하면 됩니다. 부모가 가르쳐 주고 싶은 것을 자연스럽게 말로 들려주면 놀이에 방해가 되지 않으면서도 학습적 자극은 충분히 주게 됩니다.

놀이 중에는 알고 있는지에 대한 확인을 하지 않습니다.

놀면서 자연스럽게 색깔을 알려주었는데 과연 아이가 기억하고 있는지 궁금하고, 이럴 때면 또 "이거 무슨 색깔이야?"라고 묻게 되지요? 아이의 뇌는 스펀지 같이 자극을 흡수하는 중이니 분명 알고 있을 거라고 믿어도 됩니다. 직접적인 질문으로 확인하지 말고 그냥 즐겁게 놀도록 하겠습니다.

일상의 모든 물건은 좋은 놀잇감이에요.

아이의 입장에서 보면 일상은 즐거운 놀이고, 당연히 일상의 모든 물건은 좋은 놀잇감이 됩니다.

아이는 잠잘 때 외에는 절대로 가만히 있지 않고 무언가 계속하고 있습니다. 자기가 좋아하는 기차를 가지고 놀기도 하고, 책으로 집을 짓기도 하고, 엄마 화장품으로 몰래 화장을 하다 들키기도 하고, 아빠 신발을 신어 보다 넘어지기도 합니다. 이런 활동은 누가 시켜서 하는 것이 아닌, 스스로의 호기심에 의해 즐겁기 때문에 합니다. 그래서 아이의 입장에서 보면 일상은 즐거운 놀이고, 당연히 일상의 모든 물건은 좋은 놀잇감이 됩니다. 그러나 부모는 다르게 생각합니다. 기차나 책은 놀잇감으로 인정해 주고, 기차나 책으로 하는 행동을 놀이라고 생각합니다. 화장품이나 신발은 놀잇감으로 인정해 주지 않고, 당연히 화장품과 신발로 하는 행동도 놀이가 아닌 저지레라고 부르며 하지 못하게 합니다. 그래서 아이는 놀다 보면 의도치 않게 사고를 치게 되고, 부모는 뒷수습하느라 힘들어집니다.

이는 부모와 아이가 놀잇감을 판단하는 기준이 다르기 때문입니다. 따라서 놀잇감과 아닌 것의 구분을 해주면 됩니다. 놀잇감 기준의 첫 번째는 '안전'입니다. 병원놀이 세트에 들어 있는 플라스틱 가위는 안전하지만, 주방에서 사용하는 가위는 위험합니다. 당연히 주방 가위는 절대 사용하지 말라고 주의를 주지만, 하지 못하게 하면 더 하고 싶은 게 아이입니다. 그리고 아이도 가짜보다는 진짜를 더 좋아하고, 자기도 엄마 아빠처럼 해 보고 싶은 욕구가 있어 몰래 진짜 가위를 사용하게 됩니다. 그래서 아이에게 말할 때에는 "병원놀이 가위는 가지고 놀 수 있어. 주방에 있는 진짜 가위는 엄마 아빠랑 같이 사용하는 거야."라고 정확히 사용 방법을 알려주는 것이 좋습니다. 그리고 아이가 가위를 스스로 꺼내 놀지 않도록 손이 닿지 않는 곳에 잘 보관해 두는 것은 기본입니다.

두 번째는 '내 것'입니다. 가방은 위험한 물건이 아니지요. 그렇다고 해서 아이가 부모의 가방을 이리저리 끌고 다니고 물건을 넣었다 뺐다 하면 안 됩니다. 가방은 부모의 물건이기 때문입니다. 아이에게 부모의 물건은 놀잇감이 아니고, 아이 자신의 물건만 놀잇감이라고 알려주어야 합니다. 그래야 부모의 중요한 물건을 망가뜨리는 일이 없답니다.

세 번째, '허락'입니다. 부모의 물건 중 아이가 가지고 놀고 싶은 것이 있을 수 있습니다. 이럴 경우에는 부모에게 허락을 구하고 부모가 허락할 때에만 가지고 놀아야 합니다. 그래야 아이가 다른 사람의 물건을 함부로 사용하는 일이 발생하지 않는답니다.

'안전'과 '내 것' 그리고 '허락'이라는 기준에만 잘 맞추어 놀이를 한다면 일상의 모든 물건은 좋은 놀잇감이 됩니다. 따라서 아이가 좋아하고 갖고 싶어 하는 캐릭터 놀잇감이 있다면 몇 개를 사 줄 수는 있지만, 굳이 값비싼 놀잇감을 사서 방 가득 꾸며줄 필요는 없습니다.

쌤에게 물어봐요!

아이가 마트에 갈 때마다 눈에 보이는 대로 다 사달라고 합니다. 다 사 줄 수는 없고, 안 사 주려니 너무 한가 싶기도 하고, 어떻게 해야 하나요?

마트에 갈 때마다 심심치 않게 보게 되는 풍경입니다. 이제 놀잇감을 사는 기준을 정할 때가 되었습니다.

놀잇감을 사는 날을 아이와 함께 정합니다.

놀잇감은 아무 때나 사는 것이 아닌, 생일이나 어린이날처럼 특별한 날 선물로 받는 것임을 알려주고, 선물을 받는 날을 아이와 함께 정합니다. 그리고 아이가 마트에서 로봇을 사달라고 하면 "로봇 갖고 싶구나. 로봇은 다음 달 생일에 선물로 받을 거야. 기다려줘."라고 말합니다.

약속은 잘 지킵니다.

부모와 아이가 약속을 한다고 해도 아이는 놀잇감을 사달라고 계속 떼를 쓰게 됩니다. 아직 놀잇감을 사는 습관 형성이 안 되었으니까요. 아이가 뭐라고 해도 부모는 아이에게 약속을 상기시켜주고 반드시 지켜주세요. 일주일 지나고, 한 달이 지나면 아이가 놀잇감을 언제 사는지 알게 되어 더 이상 떼쓰지 않고 "로봇 생일날 사 주세요."라고 말하게 된답니다. 그리고 생일날이 되면 기쁘게 로봇을 사 주세요. 이때 "엄마 아빠 약속 지켰어. 앞으로 떼쓰지 마."와 같은 말로 아이의 생일 기분을 망칠 필요는 없습니다. 그냥 "생일 축하해. 태어나줘서 고마워."라고 말합니다. 그리고 "약속한 날까지 잘 기다려줘서 고마워. 멋져."라고 말하고 안아주세요.

좋은 놀잇감은 아이를 능동적으로 만들어요.

수동적인 스마트폰보다는 능동적인 놀잇감을 찾아야 할 때입니다.

아이는 끊임없이 움직이며 무언가 하고 있습니다. 블럭을 쌓고 무너뜨리기를 무한 반복하다가 상상력을 더해 새로운 구조물을 만들기도 합니다. 생활동화책을 읽으며 밥 먹기와 손 씻기, 배변훈련 등을 배우고, 책 속의 주인공이 되어 똑같이 해 보려 시도도 합니다. 모래가 손가락 사이로 빠져나가며 간지럽히는 경험을 하고, 물을 부어 원하는 형태를 만들기도 합니다. 그리고 처음에는 자동차만 가지고 놀지만, 옆에 인형이 있다면 인형을 자동차에 태우기도 하고, 커다란 종이에 선을 그어 주차장을 만들어 주차를 하기도 합니다. 이처럼 아이의 놀이는 놀잇감을 있는 그대로 놀이하는 것이 아니라 자신이 본 것, 해 본 것을 바탕으로 상상을 더해 구체화되고 확장됩니다. 그래서 좋은 놀잇감은 고정된 형태와 쓰임을 가진 정형화된 것이 아니라, 아이가 상상을 바탕으로 무언가 다른 것으로 변신을 시키고, 조작하고, 연합해 놀 수 있도록 하는 등 아이를 능동적으로 움직이게 합니다.

이와 같은 이유로 스마트폰으로 영상을 보는 것을 좋은 놀이라 하지 않습니다. 스마트폰으로 영상을 보는 연령이 매우 낮아지고 있는데, 영상을 보면 참 재미있고, 학습적으로 효과가 있는 컨텐츠도 많습니다. 그런데 문제는 능동성이 부족하다는 것입니다. 스마트폰은 아이를 가만히 앉혀놓고, 보게 하고, 손가락만 움직이게 합니다. 화려한 색감과 퍼포먼스, 좋은 음악, 많은 이야기를 들려주기는 하지만, 이를 보고 아이가 스스로 움직이고 따라 해 보는 경험이 부족한 것입니다. 또한 스마트폰의 영상 같은 화려하고 빠른 자극에 익숙해질 경우 책이나 일상생활의 놀잇감들은 상대적으로 느리고, 매력적이지 않게 느껴져 집중을 하기 어렵고, 산만해질 수 있습니다.

그리고 스마트폰을 언제 보여주는지도 문제가 됩니다. 대부분 아이가 심심하다고 보채거나, 부모가 바빠 아이를 돌보기 어려울 때 자주 보여주게 되지요. 스마트폰은 아이의 보챔을 쉽게 해결하는 방법은 되지만, 절대로 아이의 발달에 도움이 되는 것은 아닙니다. 이제는 수동적인 스마트폰보다는 능동적인 놀잇감을 찾아야 할 때입니다.

쌤에게 물어봐요!

아이가 변신 로봇을 사 달라고 해서 사 주었는데 하루에도 몇 번씩 변신을 시켜달라고 합니다. 너무 힘들어요.

아이가 아직 변신 로봇을 가지고 놀기에 어린 것 같습니다.

약속한 만큼만 변신시켜줍니다.

하루 종일 같은 일을 반복하기는 어렵습니다. 아이에게 몇 번 변신을 시켜줄 수 있는지 약속을 하고, 그만큼만 응하면 됩니다.

연령에 맞는 놀잇감을 사 줍니다.

아이가 혼자서 조작이 가능한 놀잇감을 사 주어야 즐겁게 가지고 놀고, 만족감을 느끼게 되며, 부모 또한 편안합니다. 아이가 스스로 할 수 있도록 연령에 맞는 놀잇감을 사 주세요.

놀잇감 보다
놀이 친구가 중요해요.

아이가 잘 놀기 위해서는 가지고 노는 놀잇감이 아니라 함께 놀이를 할 친구가 있어야 합니다.

놀잇감 가게에 가면 신기하고 좋아 보이는 놀잇감들이 참 많습니다. 싱크대를 포함한 주방 놀이 세트, 진짜로 타고 운전을 할 수 있는 자동차, 아이 키만큼 높은 3층 인형집과 각종 가구 세트, 화려하고 정교한 피규어, 변신과 합체가 가능한 로봇, 각종 운동이나 신체놀이를 할 수 있는 놀잇감 등 사 주고 싶고 사고 싶은 욕구가 많이 생기지만, 가격이 만만치 않고 또 '얼마나 가지고 놀까?'하는 생각이 들어 망설여지는 게 사실입니다. 놀잇감이 넘쳐나는 세상에서 놀잇감이 많으면 아이가 정말 행복한지 생각해 볼 필요가 있습니다.

외동인 아이가 있습니다. 부모는 이 아이에게 근사한 놀이방을 만들어 주었습니다. 정말 놀잇감 가게인가 싶을 정도로요. 그런데 부모는 걱정이 생겼습니다. 아이가 그 방에서 놀지 않는다면서요. 아이가 그 방에서 놀지 않는 건 당연합니다. 왜냐하면 아이는 놀이 친구와 노는 것이지 놀잇감이랑 노는 것이 아니거든요. 놀잇감은 놀이 친구와 같이 가지고 노는 도구일 뿐입니다. 그래서 아이가 잘 놀기 위해서는 가지고 노는 놀잇감이 아니라 함께 놀이를 할 친구가 있어야 합니다.

예전에는 외동아이보다 형제자매가 있는 아이가 많았고, 집 안보다는 집 밖에서 친구들과 어울리는 시간이 많았습니다. 그런데 요즘은 외동아이가 점점 많아지고, 놀이터에 가보면 어린이집이나 유치원 하원 시간에 잠시 아이들이 많을 뿐 낮 동안에는 대부분 텅 비어 있습니다. 함께 놀이를 할 친구가 적어지고 있습니다. 그래서 놀이 친구로서 부모의 역할이 중요해지고 강조되고 있습니다. 이런 변화에 발맞추어 부모와 아이가 잘 놀 수 있다면 더없이 좋겠지만 바쁘기도 하고, 아이와 어떻게 놀아야 하는지 모르는 부모도 많습니다. 그래서 아이가 혼자서라도 잘 놀 수 있도록 놀이 친구의 자리를 놀잇감으로 채우는 경우가 있는 것입니다. 놀잇감을 많이 사 주기보다는 놀이 친구가 되어 주는 부모이길 바랍니다.

쌤에게 물어봐요!

부모와 아이가 같이 노는 것이 중요하다고 하는데 시간이 많지 않습니다. 주말에만 아이와 놀이를 하는데 괜찮나요?

그럼요. 당연히 괜찮습니다.

놀이 시간과 횟수보다는 즐거움의 정도가 중요합니다.

아이는 시계를 볼 줄 모릅니다. 당연히 시간도 잘 모르지요. 만약 아주 똑똑한 아이가 있어 시간을 잴 줄 안다고 해도 좋은 놀이란 시간에 비례하는 것이 아니라 즐거움의 정도에 비례하는 것이므로 주말에만 놀아도 즐겁다면 괜찮습니다.

아이가 놀이의 즐거움을 기억할 수 있어야 합니다.

부모와 1년에 딱 1번 놀이를 하는 아이는 놀이의 즐거움을 모르겠지요. 시간이나 횟수가 중요하지는 않다고 하지만 아이가 즐거움을 기억하며 다음번 놀이를 기대할 수는 있어야 합니다. 주중에 바빠서 놀 수가 없다면 주말에는 꼭 아이와 놀이를 하며 시간을 보내어 아이가 부모와의 놀이를 즐거움으로 기억하도록 해주세요.

놀이의 즐거움은 반응에 의해 결정돼요.

부모가 반드시 준비해야 하는 것은 '즐거운 마음'과 '신나는 반응'입니다.

아이와 놀이를 하려고 하면 부모가 제일 먼저 고민하는 것은 '무엇을 하고 놀까?'입니다. 여기서부터 막히니 놀이가 정말 어렵습니다. 그리고 재밌는 놀이가 생각났다고 해도 매번 놀이를 준비해서 하려고 하면 이미 놀이가 숙제나 일처럼 느껴져 다음번에는 놀고 싶지 않을 수 있습니다. 그래서 부모가 미리 놀이를 정하고 준비하기보다는 아이가 놀이를 시작할 때까지 기다리는 것이 좋습니다. 놀이의 주인공은 언제나 아이니까요. 부모는 아이가 놀자고 하면 놀이에 응하기만 하면 됩니다. 단, 부모가 반드시 준비해야 하는 것은 '즐거운 마음'과 '신나는 반응'입니다.

예능 프로그램을 보면 참 재미있습니다. 특히 언제가 제일 재밌냐 하면 한 사람이 뭔가 했을 때 주변 사람들이 박장대소를 하고, 바닥을 뒹굴며, 재밌음을 표현할 때입니다. 바로 주변 사람들의 반응에 따라 즐거움의 정도가 결정되는 것입니다. 놀이도 같습니다. 아이가 놀이하는 모습에 부모가 어떻게 반응을 하느냐에 따라 재미가 있을 수도 있고 없을 수도 있습니다. 놀이에 대한 즐거운 반응은 연기로는 당연히 부족합니다. 만약 부모가 가짜로 즐거운 척한다면 아이는 대번에 알아차립니다. 그래서 부모는 진짜로 즐거울 수 있는 마음의 준비가 되어 있어야 합니다.

아이와 부모가 축구를 하고 있습니다. 부모는 아이가 골을 넣을 때마다 "잘했어."라고 칭찬을 했습니다. 그리고 골을 넣지 못할 때 부모는 "그게 아니지. 여기가 골대잖아. 발로 공을 더 세게 차야지. 다시 해봐."라고 말했고, 아이의 표정은 점점 어두워지더니 축구를 그만하게 되었습니다. 왜 아이는 축구를 그만하게 되었을까요? 아이는 부모와 놀이를 하고 싶었는데, 부모의 반응은 놀이보다는 연습에 더 가까웠기 때문입니다. 그래서 자신감과 즐거움이 사라져 버린 아이는 축구를 그만할 수밖에 없지요.

좋은 놀이 반응이라면 아이가 골을 넣을 때마다 "우와~ 골인!"과 함께 진짜 축구 선수처럼 세리머니를 하는 것입니다. 아이는 말로 전달되는 메세지보다 몸으로 전달되는 메세지를 더 잘 받아들이기 때문에 말과 몸으로 표현해 주는 것이 좋습니다. 그리고 아이가 골을 넣지 못했다면 "아~ 아깝군요. 다시 한번 힘을 내 봅시다."라고 아이의 감정에 반응해 주고, 격려해 주는 반응이 좋습니다. 특히 부모가 축구캐스터처럼 반응해 주면 더 즐거워집니다. 부모의 이런 즐거운 반응을 받은 아이는 골을 넣지 못한 것에 대해 실망하기보다는 다시 해 보겠다는 욕구가 생겨 도전을 계속하며 축구를 즐길 수 있게 됩니다.

아이는 놀이를 통해 몸을 움직이고, 생각하고, 즐거움을 느끼며, 필요한 발달을 모두 이루어 나갑니다. 아이가 더 잘 할 수 있도록, 더 잘 알 수 있도록 조급해하며 가르칠 필요가 없는 것입니다. '개그는 개그일 뿐 오해하지 말자.'와 같이 '놀이는 놀이일 뿐 가르치지 말자.'를 꼭 기억해야 합니다.

쌤에게 물어봐요!

저희 부부는 원래 조용한 편입니다. 말수가 많지 않고, 반응도 그리 크지 않습니다. 그래서 아이에게 말을 많이 해주고, 놀이 반응을 하는 것이 너무 어색합니다. 억지로 해야 할까요?

억지로 하지 않아도 됩니다. 억지로 하는 건 너무 힘들고, 재미가 없어 노는 게 아니니까요.

조용한 반응도 좋습니다.

놀이를 재밌게 하기 위해 반응을 잘 해주라는 것이지 반드시 시끄럽게 반응하라는 말을 아닙니다. 조용하게 반응하더라도 표정과 행동, 말투에서 즐거움과 사랑하는 마음이 전달되면 충분히 좋은 반응입니다.

아이랑 놀다 보면 부모의 반응도 조금씩 달라집니다.

조용한 성격의 부모라 하더라도 완전 다른 인격체인 아이랑 상호작용을 하다 보면 자연스럽게 반응도 달라지게 됩니다. 그리고 아이랑 부모가 놀이를 하다 보면 자연스럽게 적당한 반응의 정도가 정해집니다. 다른 가족과 비교하기보다는 우리 가족 간의 즐거운 반응을 찾아보는 게 좋겠습니다.

놀이에 대한 의견 조율이 필요해요.

놀이 중에 문제가 생기는 건 안전한 상태에서 문제 해결력을 키워나가는 좋은 기회가 됩니다.

아이는 자전거를 타러 나가자, 숨바꼭질을 하자 보채는데, 부모는 미용실 놀이를 하자고 할 때가 있습니다. 아이는 신나게 놀고 싶은데 반해 부모는 놀이를 가장해 쉬고 싶을 때가 있거든요. 이렇게 아이와 놀이를 하려고 하면 서로 하고 싶은 놀이가 달라서 고민이 될 때가 있습니다.

아이의 놀이는 연령별로 조금씩 다릅니다. 아주 어릴 때는 감각놀이와 신체놀이를 중심으로 놀이를 하고, 3살부터는 신체놀이와 더불어 조금씩 놀잇감을 조작하는 놀이를 합니다. 그리고 5살 이상이 되면 단순 놀잇감 조작을 넘어 놀잇감을 놀이 친구와 공유하며 역할놀이를 많이 합니다. 혼자 하던 놀이가 함께 하는 놀이로 변하고, 단순 놀이가 규칙이 있고 협동이 필요한 놀이로 변하게 되는 것입니다. 혼자 놀 때에는 별문제가 없었지만, 함께 놀이를 하면서부터 의견이 달라 문제가 생기기 시작합니다. 문제가 생기는 것 자체가 문제가 되지는 않습니다. 아이가 그만큼 자신의 욕구가 생겼고, 의견을 말할 수 있을 만큼 자랐다는 증거가 되니까요. 그리고 의견을 조율하는 과정에서 타인에 대한 이해와 배려, 규칙 만들기와 지키기 등의 사회적 행동을 배우게 되니 놀이 중에 문제가 생기는 건 안전한 상태에서 문제 해결력을 키워나가는 좋은 기회가 됩니다.

놀이는 즐거움을 목적으로 하는 것이니 놀이에 참여하는 모두가 즐거워야 진짜 놀이라고 할 수 있습니다. 그래서 부모가 억지로 아이를 위해 아이의 놀이에 맞춰주거나, 반대로 부모가 원하는 놀이에 아이가 싫지만 응하게 되면 이미 놀이가 아닐 수 있습니다. 그래서 놀이를 할 때에는 어떤 놀이를 할지, 어떻게 할지에 대해 이야기를 나누는 과정이 필요합니다. 그런데 이 과정이 쉽지 않습니다. 이야기를 하다보면 아이가 자기 주장만을 고집하기도 하고 토라질 때도 있습니다. 이는 아이가 타인의 입장을 이해하거나 의견을 조율하는 과정에 대해 잘 알지 못하기 때문입니다. 그렇다면 아이에게 왜 그러냐고 하기보다는 의견을 조율하는 과정을 가르쳐주면 됩니다. "엄마 아빠는 ~ 하면 더 좋겠는데, 넌 어때?"라는 자연스러운 대화로요. 아이가 생각하는 놀이 전개를 그대로 따라 하기보다는 부모가 의견을 내고 조율을 한 후 놀이를 시작하면 모두가 즐겁고, 놀이가 더 풍성해집니다.

쌤에게 물어봐요!

아이 아빠는 아이와 함께 노는 걸 좋아하고, 아이도 좋아합니다. 그런데 문제는 아빠가 장난기가 많아 아이가 울면서 놀이가 끝난다는 거예요. 어떻게 놀아야 평화로울까요?

어떤 상황인지 상상이 됩니다. 아빠는 즐거운데, 아이는 속상하지요. 물론 반대되는 상황도 있을 것이고요. 놀이를 하는 방법을 조금만 바꿔보도록 하겠습니다.

아이가 싫다고 하면 멈춥니다.

아이가 놀이를 하다가 싫다고 하면 반드시 멈춰야 합니다. 그리고 미안하다고 사과도 해야 합니다. 이런 과정도 놀이를 조율하는 것입니다.

놀이의 강도를 조절합니다.

아빠와 아이가 간지럼 태우기를 하고 있습니다. 처음에 아이는 즐거워하지만, 어느 순간 괴로워하기 시작합니다. 아이가 즐거움을 느끼는 자극의 강도가 있기 때문입니다. 반드시 아이가 즐거워하는 놀이 강도를 파악하고, 그에 맞게 강도를 조절해야 합니다.

모두 즐거워야 놀이라는 것을 알려줍니다.

한 사람은 즐거운데 한 사람은 괴롭다면, 이건 놀이가 아니라 괴롭힘입니다. 둘 다 즐거워야 놀이라는 것을 꼭 알려주세요.

올바른 승부욕을 배워요.

제대로 된 승부욕을 알려주어야 합니다.

처음에는 분명 즐거운 놀이로 시작했는데, 어느 순간 아이가 울거나 부모가 화가나 놀이를 그만하게 되는 경우가 있습니다. 바로 아이의 승부욕이 커질 때입니다. 이기려고만 하는 아이는 아마도 이기면 뭔가 좋은 일이 생기는 것뿐만 아니라, 지면 절대로 안 된다는 것을 경험했을 것입니다. 예를 들면 이겼을 때 보상으로 간식을 받아 맛있게 혼자 먹었다던가, 엄청난 칭찬을 받아본 경험을 바탕으로 져서 칭찬을 받지 못하면 내가 마치 실패자가 된 듯이 느껴진다거나, 졌을 때 이긴 친구가 자기를 놀려서 화가 났거나 창피했던 경험 등입니다. 이는 승리의 기쁨을 누리는 방법과 졌을 때 감정을 추스르는 방법을 잘 모르기 때문입니다. 그래서 제대로 된 승부욕을 알려주어야 합니다.

이기고 싶은 마음 인정하기

유아기 아이도 분명 승부욕이 있습니다. 아이가 이기려 할 경우 대부분의 부모는 "왜 이기려고만 해."라고 이기려는 마음이 잘못인 것처럼 말하거나, "져도 괜찮아."라고 아이의 마음과 전혀 다른 말을 해 아이를 답답하게 만듭니다. 이기고 싶은 마음, 속상한 마음, 모두 아이의 마음이니 놀이 안에서 잘 보듬어 제대로 자신의 마음을 표현할 수 있도록 지도하는 것이 중요합니다. 따라서 "이기고 싶구나.", 혹은 "더 잘하고 싶구나."라고 마음을 늘 인정해 주어야 합니다. 이기고 싶은 마음은 절대로 나쁜 마음이 아니니까요.

규칙을 바꾸는 방법 알려주기

아이가 이기고 싶을 때 가장 많이 하는 행동이 규칙을 바꾸는 것입니다. 자기에게 계속 유리하게 규칙을 바꾸면 같이 놀이를 하는 사람은 화가 나기 마련입니다. 이럴 경우 규칙을 바꾸면 안 된다고 말하는 경우가 많습니다. 그러나 규칙은 언제나 바꿀 수 있는 것입니다. 단, 모두가 동의해야 하고, 규칙을 바꾸는 시간에만 해야 합니다. "규칙은 이번 놀이가 끝나고 다음 놀이 시작하기 전에 바꿀 수 있어. 그리고 우리 모두가 좋다고 해야 바꾸는 거야."라고 올바르게 바꾸는 방법을 알려주면 됩니다. 몰라서 그러는 것이니 잘 가르쳐 주세요.

적당한 난이도의 놀이하기

아이가 이해하기 어려운 수준의 놀이를 한다면 이해가 안 되고, 당연히 매번 질 테니 기분이 좋을 수가 없습니다. 그래서 아이가 즐겁게 할 수 있는 적당한 난이도의 놀이를 선택해야 합니다. 그런데 아이가 늘 적당한 난이도의 놀이만을 선택하는 것은 아닙니다. 어렵고 복잡한 놀이도 해 보고 싶으니까요. 이럴 때에는 규칙을 조금만 간단히 수정해 놀이를 하면 됩니다.

적당히 이기고 지기

아무리 난이도가 적당한 놀이를 한다고 해도 아이가 부모를 이기기는 어렵습니다. 아이가 매번 큰 점수차로 진다면 속상하고, 짜증 나고, 어쩌면 새로운 것을 해 보려는 욕구가 꺾일지도 모릅니다. 그래서 부모가 적당히 이기고 져야 합니다. 아이가 져서 속상할까 봐 져 준다기보다는 놀이에 즐거운 긴장감을 더하는 것입니다. 부모가 이길 때에는 아슬아슬하게 이기고, 질 때에도 아슬아슬하게 지는 것입니다. 이를 통해 아이는 이기고 지는 것보다는 과정에서의 즐거움을 더 크게 느껴 승부와 상관없이 놀이에 집중하게 됩니다. 부모가 아슬아슬하게 져 줄 때에는 아이가 눈치채지 못하도록 반드시 적당히 해야 합니다. 부모가 일부러 져 주는 걸 아이가 알게 되면 자존심 상해할 수 있으니까요.

승패에 대한 올바른 반응 보여주기

부모가 이겼을 때에는 승리에 대한 기쁨을 표현해야 하는데, 절대로 아이를 약 올리 듯하면 안 됩니다. 그리고 진 아이에게 "같이 놀아서 즐거웠어. 너도 엄청 잘하더라. 엄마 아빠가 겨우 이겼네."라고 놀이 자체를 즐기는 모습과 아이의 잘한 점에 대해 칭찬해야 합니다. 반대로 부모가 졌을 때에는 당연히 승리한 아이에게 축하를 해 주고 "엄마 아빠는 다음에 다시 도전할 거야. 기대해."라고 좌절보다는 다시 한번 도전해 보겠다는 의지를 보여주는 것이 좋습니다. 부모의 모습을 보고 아이도 똑같이 하게 되니까요.

져서 속상한 아이 격려하기

부모 입장에서 볼 때 놀이에서 지는 건 정말 아무것도 아니지요? 하지만 아이에게는 중요한 일입니다. 속상한 마음에 대해 "열심히 했는데 아깝다. 속상하겠구나." 정도로 감정을 잘 다독여 주세요. 이런 과정을 통해 아이는 속상하고 짜증 나는 자신의 감정이 잘못된 것이 아님을 알게 되고, 솔직하게 표현하게 됩니다. 그리고 절대로 하지 말아야 하는 말은 "별것도 아닌데 뭘 그래. 괜찮아."라고 말하는 것입니다. 이 말은 아이로 하여금 '난 아무것도 아닌 것에도 마음 상해하는 이상한 아이인가 봐.'라고 자신을 이상한 아이로 생각하게 만들고, '엄마 아빠는 내 마음도 모르고, 관심도 없나 봐.'라고 서운해하기도 합니다.

승패를 모호하게 하기

아이가 이기는 것이 좋다고 생각해서 너무 이기려고 하고, 질 때 속상해한다면 승패를 모호하게 하는 것이 좋습니다. 아이와 부모가 계단을 오르는 놀이를 하고 있습니다. 당연히 가위바위보에서 이긴 사람이 계단을 오르고, 계단 끝에 먼저 도착한 사람이 이기는 것입니다. 이 놀이를 승패를 모호하게 만들기 위해서는 가위바위보에서 진 사람이 계단을 먼저 오르게 하면 됩니다. 결과적으로 많이 질수록 계단을 많이 올라 이기게 되는 것입니다. 이런 모호함을 일상생활에서도 적용할 수 있습니다. 가위바위보를 해서 진 사람이 늘 샤워를 먼저 했다면 반대로 이긴 사람이 먼저 샤워를 하는 것입니다. 이를 통해 아이는 지는 것에 대한 불편함이 줄어들어 제대로 즐길 수 있는 아이로 자랄 것입니다.

승패 없이 즐기는 놀이하기

유아기 아이는 아직 인지 능력이 잘 발달하지 않아 규칙 이해가 어렵고, 경쟁이 무엇인지 잘 모르는 상태인데, 승패가 있는 놀이를 하게 되면 놀이 자체가 스트레스가 될 수 있습니다. 놀이는 즐거움을 목적으로 너와 내가 행복해지려고 하는 것이니 승패를 떠나 다 같이 즐길 수 있는 것이 가장 좋습니다. 그래서 가장 좋은 건 신체놀이와 야외활동입니다.

쌤에게 물어봐요!

아이가 승부를 중요하게 생각해 그냥 하는 놀이는 좋아하지 않습니다. 그러다 보니 놀다가 져서 속상해하고, 울기도 많이 웁니다. 계속 져 줄 수도 없고, 어떻게 해야 할까요?

승패가 없는 놀이를 하면 다 해결될 일인데, 굳이 아이가 승패가 있는 놀이를 하려고 하니 신경이 쓰이지요.

놀이 시작 전에 상황을 예고합니다.

"놀이를 하다가 속상하게 되면 놀이를 그만하는 거야. 그럴 수 있겠니?"라고 묻고, 아이의 동의를 얻은 후 놀이를 시작합니다. 그리고 약속한 대로 실천하면 됩니다. 아이가 자신의 행동에 대한 예측을 하고, 스스로 행동을 조절하는 방법을 익히도록 도와주는 것입니다.

아이의 감정만 읽어줍니다.

아이가 울 때는 어떤 말도 들리지 않습니다. "져서 속상하구나."라고 감정을 읽고 다독여 주세요. 그런 후 "울음 그치고 이야기하자."라고 시간을 주세요. 아이도 감정을 정리할 시간이 필요합니다.

놀이를 멈추는 것에 대해 이야기합니다.

울음을 잘 그친 것에 대해 칭찬을 먼저 하고 이야기를 시작합니다. "놀이는 즐겁게 하는 거야. 지금은 기분이 안 좋으니 다음에 다시 놀자."라고 말하고 놀이를 정리합니다. 놀이를 언제 하는지 가르쳐주는 분위기지, 울었으니 그만한다고 벌주는 분위기가 절대로 아닙니다.

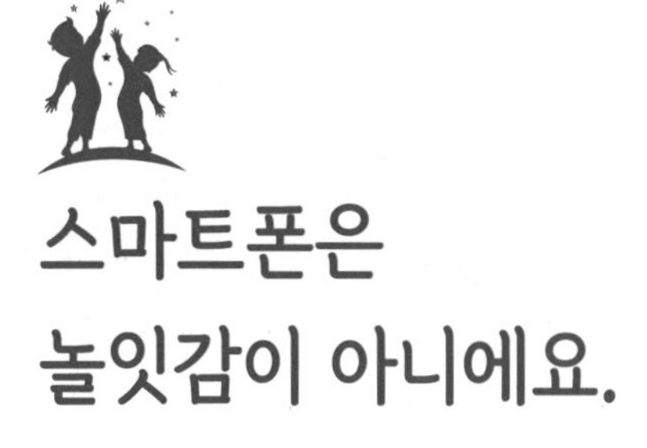

스마트폰은 놀잇감이 아니에요.

처음부터 스마트폰을 제대로 보는 방법을 아이에게 알려주어야 합니다.

아이의 놀잇감 리스트에 예전엔 없던 스마트폰이 떡 하니 자리를 잡고 있습니다. 보여주자니 아이 발달에 안 좋을 것 같아 신경이 쓰이고, 안 보여주자니 아이 돌보는 게 너무 힘들고, 아이도 보고 싶어 떼를 씁니다. 꽤나 해결하기 어려운 문제인 것처럼 보이지만, 사실은 간단한 문제입니다. 처음부터 스스로 스마트폰을 보기 시작한 아이는 없으니까요. 모두 다 부모가 먼저 보여준 것이지요. 그렇다면 부모가 안 보여주면 되는 것입니다. 그런데 사실 아이를 돌보다 보면 스마트폰에서 나오는 재밌는 영상의 도움이 정말 절실할 때가 있지요? 그래서 처음부터 스마트폰을 제대로 보는 방법을 아이에게 알려주어야 합니다.

스마트폰은 전화기

전화기에 생활의 편리를 돕는 각종 기능이 추가된 것이 스마트폰입니다. 그래서 아이에게 스마트폰은 전화기라는 사실을 알려주는 것이 제일 중요합니다. 그런데 전화기라는 사실을 알기 전부터 아이는 영상을 먼저 보게 됩니다. 이유식 먹이면서 스마트폰으로 영상을 보여준 경험이 다들 있을 거예요. 그러니 아이는 스마트폰을 전화기가 아니라 영상을 보고 노는 놀잇감으로 알게 되고, 심심할 때마다 스마트폰을 찾는 것입니다. 스마트폰이 놀잇감이 아닌 전화기라는 것을 꼭 알려주세요.

스마트폰 사용하는 것 보여주기

부모가 전화 통화를 할 때에는 아이에게 "전화할게."라고 말하고 스마트폰을 사용합니다. 그리고 업무적으로 사용할 때에는 아이에게 "지금 잠깐 일하는 거야."라고 알려주고 스마트폰을 사용해야 합니다. 그 외 게임을 하거나, 동영상을 보는 건 아이가 집에 없을 때나, 잘 때 해야 합니다. 내가 내 스마트폰을 사용하는데 아이에게 알려주고, 아이가 없을 때 하는 게 살짝 억울한가요? 아이에게 인생의 롤 모델이 되어야 하는 부모이니 아이가 조절력이 생겨 스스로 스마트폰을 잘 사용할 수 있을 때까지만 이렇게 하도록 하겠습니다.

영상은 다른 매체로 보여주기

아이가 초등학생이 되면 연락을 해야 하니 어쩔 수 없이 스마트폰을 사주는데, 어릴 때부터 스마트폰으로 영상을 봤던 아이는 스마트폰이 생기면 너무나 당연히 무한정 영상을 보게 되겠지요. 부모가 학교와 학원까지 쫓아다니며 통제하는 것은 불가능하니 정말로 조절 불가한 상황이 발생하게 됩니다. 그래서 처음부터 스마트폰이 아닌 태블릿 PC나 컴퓨터, 텔레비전으로 영상을 보여주면 스마트폰을 영상을 보는 놀잇감으로 생각하지 않기 때문에 덜 보게 됩니다. 학년이 높아지면 친구들이 하는 것을 보고 서서히 영상도 보고 게임도 하겠지만, 조절력이 있는 상태에서 하는 것과 조절력이 없는 상태에서 하는 것은 분명 다르답니다.

스마트폰 제한적으로 사용하기

스마트폰으로 부득이 영상을 보여주어야 한다면 보는 시간과 장소를 정확히 정하고, 반드시 지키는 것이 중요합니다. 예를 들면 "자동차 타고 할머니집에 갈 때만 보는 거야."입니다. 제한적으로 사용할 경우 일상생활 속에서 무분별하게 사용하는 것을 예방할 수 있습니다. 부모가 원칙을 반드시 지켜야 아이도 지킨다는 것 꼭 기억해 주세요.

쌤에게 물어봐요!

6살 아이입니다. 자기도 전화를 하고 싶다며 스마트폰을 자꾸만 사 달라고 합니다. 어떻게 해야 할까요?

언젠가 스마트폰을 사주게 되므로 안 사준다가 아니라 언제 사주는지 알려주면 됩니다.

스마트폰을 사는 시기와 목적을 알려줍니다.

외부 활동을 시작하면 부모와 연락을 해야 하기 때문에 스마트폰을 사주는 것입니다. 그래서 "초등학교에 다니기 시작하면 엄마 아빠랑 전화해야 하는 일이 생기니까 그때 스마트폰 사는 거야."라고 사는 목적과 시기를 알려주고 반드시 지키면 됩니다.

스마트폰 사용 기능을 꼭 정합니다.

초등학생이 되어 스마트폰을 사주었는데 너무나 무분별하게 사용하면 곤란하겠지요. 스마트폰을 사기 전에 미리 용도와 허용되는 앱에 대해 아이와 명확히 정한 후 스마트폰을 사주어야 합니다. 아이가 잘 지키면 스마트폰을 계속 사용할 수 있으나, 그렇지 않으면 스마트폰을 회수할 수 있습니다. 빼앗아 벌주는 것이 아니라 약속을 지키지 않은 것에 대한 책임주기입니다.

셋 **사회성**

도덕성

- 아이의 고자질은 도덕성 발달의 과정이에요.
- 욕은 언어 습관이 될 수 있어요.
- 아이도 거짓말을 할 수 있어요.

아이의 고자질은 도덕성 발달의 과정이에요.

아이의 도덕성 발달 과정에 특별히 고자질을 많이 하는 시기가 있습니다.

유아기의 아이는 하루에도 몇 번씩 부모나 교사에게 고자질을 합니다. 아이가 고자질을 하면, 고자질을 당한 아이가 쪼르르 달려와 아니라고 자신의 입장에 대해 이야기하는 걸 듣다 보면 어느새 귀찮아지고, 피곤해집니다. 이럴 경우 "너나 잘해."라는 말이 목구멍까지 차오르기도 하고, "너도 저번에 그랬잖아."라고 과거를 소환해 잘못을 들춰내기도 하고, 서로 쳐다보지 말라고 엄포를 놓기도 합니다. 그렇지만 한동안 아이의 고자질은 계속되고, 심지어 형제자매나 친구를 혼을 내야 한다고 강력하게 주장하는 아이도 있습니다. 아이의 도덕성 발달 과정에 특별히 고자질을 많이 하는 시기가 있습니다. 야단치기보다는 이유와 해결책을 찾아 실천하는 것이 좋겠습니다.

고자질을 하는 이유

고자질은 다른 사람을 나쁘게 일러바치는 것이라 좋지 않은 행동입니다. 분명 하지 않아야 한다고 가르쳤으나 고자질을 하는 것은 유아기에 흔한 일입니다. 아이가 이렇게 고자질을 하는 이유가 몇 가지 있습니다.

첫 번째, 규칙은 반드시 지켜야 한다고 생각하기 때문입니다. 유아기 아이는 '타율적 도덕기'에 있습니다. 규칙을 지킬 때 상황에 대한 고려 없이 무조건 지켜야 한다고 생각하고, 특히나 부모나 교사와 같은 권위 있는 사람의 말을 반드시 따라야 한다고 생각합니다. 이로 인해 규칙을 지키는 것에 융통성이 없고, 모두가 지켜야 한다고 생각하며, 안 지키는 아이가 있다면 안절부절못하게 됩니다. 그래서 직접적으로 규칙을 지키지 않는 아이에게 가서 지켜야 한다고 간섭하는 행동을 보입니다.

두 번째, 문제해결에 어려움이 있기 때문입니다. 유아기 아이는 자기중심적인 사고를 합니다. 모두가 자기중심적인 상태이니 양보와 타협은 어렵기 마련이라 문제해결이 쉽지 않습니다. 그래서 권위 있고 해결이 가능한 부모나 교사에게 자신의 억울함을 알리고, 도움을 요청하는 방법으로 고자질을 합니다. 때문에 고자질은 나쁜 것이라고, 하면 안 된다고 가르치면 오히려 도움이 필요할 때 도움을 요청하지 못하는 경우가 생길 수 있어 주의가 필요합니다.

세 번째, 친구와 어울리고 싶은데 그렇지 못하기 때문입니다. 자신이 좋아하는 친구가 있는데, 이 친구가 자신이 아닌 다른 친구와 놀 때 화가 나고, 질투가 나서 그 친구를 고자질하는 경우가 있습니다. 사회성이 발달하는 과정이라 충분히 있을 수 있는 상황이고, 앞으로 어떻게 친구와 노는 것인지를 가르쳐주면 해결할 수 있습니다.

네 번째, 관심을 받고 싶기 때문입니다. 아이는 자신이 규칙을 잘 지키는 착한 아이라는 것을 알리며 관심을 받으려고 노력합니다. 그래서 가끔은 자신의 일은 하지 않고, 다른 아이가 잘못을 하는지에만 관심을 보이는 아이도 있습니다. 아이도 정말 피곤하겠지요. 평소에 관심을 보여 주고, 사랑을 표현해 준다면 충분히 사라질 수 있는 행동입니다.

고자질 해결하기

아이가 고자질을 하지 않고, 자기들끼리 원만히 문제를 해결하고, 잘 지내기 위해서 아이가 달라지면 참 좋겠습니다. 그러나 아직 어려 자신이 해야 하는 행동과 하지 않아야 하는 행동을 모를 때가 있습니다. 그래서 아이는 부모의 대처 행동에 따라 자신의 행동을 결정하게 됩니다. 부모의 대처 행동이 무엇보다 중요한 이유가 이 때문입니다. 아이의 고자질을 해결하기 위해서는 부모가 먼저 해야 하는 행동과 하지 않아야 하는 행동을 알아야 합니다.

부모가 하지 않아야 하는 행동은 첫 번째, 고자질에 대해 "알려줘서 고마워."라고 칭찬을 하지 않습니다. 칭찬을 받은 아이는 자신의 행동이 좋은 것으로 생각해 더욱 고자질이 늘고, 주변 상황을 감시하는 감시자와 같이 행동하게 됩니다.

두 번째, 고자질 내용을 무조건 수용하지 않습니다. 한 아이가 고자질을 하면 고자질을 당한 아이를 불러서 내용을 확인하게 됩니다. 이런 일이 반복되면 아이는 친구를 혼내줄 목적으로 고자질을 계속하게 됩니다. 결과적으로 두 아이는 서로를 경계하고, 질투하고, 미워하게 되어 아이들 간의 관계가 나빠지니 하지 않아야 합니다.

세 번째, 고자질한 아이를 나쁜 아이라고 말하지 않아야 합니다. 아이가 좋지 않은 고자질 행동을 한 것은 맞지만, 아이의 인성 자체가 나쁜 것은 아니므로 아이 자체를 비난하거나 부정할 필요는 없습니다. 그리고 아이가 자신을 고자질쟁이라고 생각하게 되면 자기를 원래 그런 아이라고 생각해 고자질을 더 많이 하게 되니 나쁜 아이라고 낙인찍지 않아야 합니다.

네 번째, 아이들 사이에 직접 개입하지 않습니다. 아이의 문제를 해결하기 위해 부모가 직접적으로 개입해 사과를 시키거나, 도움을 주거나, 혹은 야단을 치게 되면 아이의 고자질이 더 늘게 됩니다. 속상한 아이의 마음은 받아주되 대처 행동은 아이가 스스로 할 수 있도록 도와주어야 합니다.

반대로 부모가 해야 하는 행동은 첫 번째, 아이와 부모의 일을 구분합니다. 아이가 자꾸만 동생을 고자질합니다. 이럴 때 부모가 "동생을 돌보는 건 엄마 아빠의 일이니까 엄마 아빠가 할게. 너는 네가 하고 싶은 놀이를 하면 좋겠어."라고 서로의 역할을 구분해 줍니다. 이러기 위해서는 평소에 부모가 아이에게 동생을 돌보는 것에 대한 의무를 주지 않아야 합니다.

두 번째, 위험한 상황이 발생하거나 도움이 필요한 상황은 알리도록 가르칩니다. 누군가를 혼내주기 위한 고자질은 하면 안 되지만, 위험을 알리고 도움을 요청하는 것은 좋은 행동이고, 고자질이 아니라는 것을 꼭 알려주어 아이 스스로 고자질과 그렇지 않은 행동을 구분할 수 있도록 도와주어야 합니다.

세 번째, 아이가 고자질을 하면 모른 척하고 상황을 살핍니다. 아이가 동생을 고자질했는데 진짜로 문제가 되는 상황이 있을 수도 있으니 무조건 모른 척하는 것은 위험합니다. 이럴 때에는 아이에게 "엄마 아빠의 일이야. 가서 놀아."라고 말한 후 아이가 눈치채지 못하도록 조심히 상황을 살펴보는 것이 좋습니다.

쌤에게 물어봐요!

아이가 말을 너무 안 들어서 아빠한테 일러줄 거라고 했더니 아이가 저에게 고자질은 나쁜 거라고 말하네요. 속으로 뜨끔했습니다. 이러면 안 되는 거죠?

엄마가 실수했네요. 살짝 웃음이 나는 상황이긴 한데 잘 해결해 보겠습니다.

실수를 인정하고 사과합니다.

엄마가 실수를 인정해 주세요. 실수를 인정한다고 해서 권위가 낮아지는 것이 아닙니다. 오히려 실수를 인정하지 않고 핑계를 대면 더 권위가 무너집니다. 실수를 인정하고 사과해 주세요.

아이와 의견을 조율합니다.

엄마가 아이에게 절대로 나쁜 것을 시키지 않을 테니 엄마가 하자는 대로 하면 좋으련만, 현실은 그렇지 않지요? 아이가 많이 자랐기 때문입니다. 작은 일이라도 아이와 대화를 통해 반드시 의견 조율을 해야 합니다. 말 잘 듣는 아이보다 의견을 말하고, 조율할 줄 아는 아이가 더 멋지답니다.

욕은 언어 습관이 될 수 있어요.

욕을 모방할 수 있는 환경에 노출되지 않도록 하는 것이 가장 좋은 예방법입니다.

길거리를 지나가다 보면 깜짝 놀랄 만한 욕을 듣게 되는 경우가 있습니다. 욕하는 아이가 어릴수록 더욱 놀랍니다. 대부분 뜻도 모른 채 욕을 하는데 아이가 욕을 할 때 무조건 화를 내고 못 하게 하면 몰래 더 많이 사용할 수도 있습니다. 그래서 아이의 욕에 대한 바람직한 대처 방법을 알아야 합니다.

욕을 배우는 방법

아이의 모든 학습의 시작은 모방입니다. 누군가 욕을 하는 걸 보고 듣고 모방을 시작하게 되는데, 문제는 모방할 모델들이 정말 많다는 것입니다. 우선 아이가 욕을 하면 가장 먼저 부모가 욕을 하는 건 아닌지 의심을 받게 됩니다. 다행히 부모가 아니라면 텔레비전을 비롯한 다양한 영상매체를 통해 욕을 하는 걸 봤다거나, 길거리에 지나가는 사람이 욕을 하는 걸 들었거나, 친구가 욕을 하는 걸 들었을 때 자연스럽게 욕을 배우게 됩니다. 그 외 욕을 많이 배우게 되는 것은 놀이터의 놀이 기구에 빼곡한 낙서들입니다. 7살 정도의 아이라면 떠듬떠듬 글자를 읽을 수 있어 욕을 한 글자 한 글자 정말 정성스럽게 읽고, 부모에게 무슨 말인지 물어보기도 해 가끔 부모의 얼굴이 화끈거리기도 합니다.

아이는 욕의 뜻을 알고 배우는 게 아닙니다. 욕이 들리는 상황과 욕을 하는 사람의 표정과 행동을 통째로 기억하고 있다가 자기가 비슷한 상황에 놓이게 되면 무의식 중에 툭 하고 욕을 뱉습니다. 아이는 아직 옳고 그름을 판단하는 능력이 부족하기 때문에 복사하듯 모방을 하게 되는 것입니다. 처음에 한두 번은 호기심에 모방을 하다가 어느 순간 습관이 되면 사용하는 횟수가 많아지고, 다른 단어로 표현해도 되는 것을 욕으로 통일해 사용하게 됩니다. 따라서 욕을 모방할 수 있는 환경에 노출되지 않도록 하는 것이 가장 좋은 예방법입니다. 혹 욕에 노출되었다면 욕을 사용하면 안 되는 이유를 정확히 알려주어야 합니다.

욕에 대처하는 방법

무엇이든 처음이 중요합니다. 그래서 아이가 처음 욕을 하는 순간에 잘 대처해야 올바른 언어표현을 가르칠 수 있습니다.

첫 번째, 귀엽다고 웃지 않아야 합니다. 욕은 나쁜 것이라, 하면 안 되는 것이지요. 그런데 의외의 어린아이가 욕을 하는 걸 들어보면 별 감정이 실리지 않아 귀엽게 들리기도 합니다. 하면 안 된다고 말은 하겠지만, 동시에 귀엽다고 웃어주거나 벌써 이렇게 컸다고 신기해하는 부모도 있습니다. 이럴 경우 아이는 욕을 좋은 것으로 생각해 더 많이 사용하게 되니 절대로 욕에 대해 웃는 반응을 보이지 않아야 합니다.

두 번째, 욕에 대해 무시하고 넘어가지 않아야 합니다. 아이가 욕을 하거나 말거나 관심 없이 그냥 지나치는 부모도 있습니다. 이럴 경우 아이는 욕이 나쁜 것이고, 사용하면 안 된다는 걸 배울 수 있는 기회를 놓치게 됩니다. 절대로 무반응으로 지나치지 않아야 합니다.

세 번째, 욕은 나쁜 것이고, 하면 안 되는 것임을 가르쳐야 합니다. 어른은 욕에 대해 설명해 주지 않아도 당연히 나쁜 것임을 알고 있지만, 아이는 모릅니다. 처음 접하는 것을 다 아는 아이는 없으니까요. "욕은 사람을 기분 나쁘게 하는 말이야."라고 분명히 나쁜 것임을 가르쳐 주어야 합니다.

네 번째, 욕을 대신할 올바른 표현방법을 알려줍니다. 욕은 지역의 사투리와 함께 정감을 나누는 말로 사용하거나, 특정 모임 내에서 분위기를 편안하게 전환하는 말로 사용하는 경우가 일부 있습니다. 그러나 보편적으로는 화, 짜증, 분노 등의 부정적인 감정을 표현하는 방법으로 사용하고, 화가 나거나 짜증이 날 때 욕을 한 번 하고 나면 감정이 정화되고 속이 시원해지는 것을 느끼게 됩니다. 이런 이유로 욕을 많이 사용하는데, 욕을 사용하다 보면 인간관계를 비롯해 행동조절에 문제가 생깁니다. 따라서 부정적인 감정을 느낄 때에는 욕이 아니라 정확한 감정의 이름으로 자신의 감정을 표현해 감정을 해소하고 조절할 수 있어야 합니다. "화가 날 때는 욕을 하는 것이 아니고, 화났다고 말하는 거야."라고 제대로 감정을 표현하는 말을 가르쳐주어야 합니다.

다섯 번째, 바른말과 고운말을 사용할 때 칭찬을 합니다. 욕에 대해 야단을 치고 벌을 주는 것보다, 바른말과 고운말에 대해 칭찬하는 것이 욕을 사용하지 않도록 하는 비법입니다. 언제나 칭찬의 효과는 훌륭하답니다.

쌤에게 물어봐요!

드라마에서 주인공이 욕을 하는 장면이 나왔습니다. 아이가 왜 나쁜 욕을 하냐고 물어서 당황했어요. 어떻게 말을 해 줘야 할까요?

솔직하게 잘못임을 알려주면 됩니다.

주인공이 잘못한 것이라고 알려줍니다.

욕을 하는 건 분명 잘못이니까 "화가 많이 나서 욕을 했네. 그런데 화가 나도 욕은 하면 안 되는 거야. 저 사람이 잘못한 거야."라고 말해 주면 됩니다. 가끔 주인공에 감정 몰입을 해 두둔하는 경우가 있는데 절대로 안 됩니다.

화를 말로 표현하는 것을 알려줍니다.

화가 났을 때에는 욕을 하는 것이 아니라 "나 ~ 때문에 화났어. 하지마."라고 감정을 말로 표현하고, 잘못된 행동을 멈출 것을 요구하는 말을 가르쳐주어야 합니다.

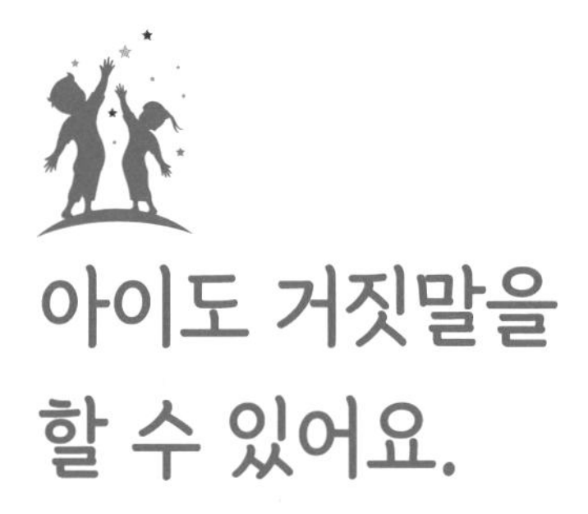

아이도 거짓말을 할 수 있어요.

거짓말은 아이의 인지발달 과정 중의 하나입니다.

아이는 영혼이 맑아서 거짓말을 하지 않는다고 합니다. 이 말을 수정해 조금 더 정확히 말하자면 '아이는 인지능력이 발달 중이라 정교한 거짓말을 하지 못한다.'입니다. '안 한다.'가 아니라 '못 한다.'입니다. 거짓말은 아이의 인지발달 과정 중 하나입니다. 거짓말을 한 아이를 거짓말쟁이라고 비난하기보다는 거짓말을 해야 했던 불편한 마음을 읽어주고, 조금 더 자신을 솔직하게 표현할 수 있는 방법을 가르쳐주는 것이 필요합니다.

거짓말에 대한 부모의 반응

아이의 거짓말에 대한 부모의 반응은 앞으로 아이가 거짓말을 하느냐 하지 않느냐를 결정하게 하므로 매우 중요합니다. 대표적인 부모의 반응에 대해 알아보겠습니다.

첫 번째, 부모가 모른 척 넘어갑니다. 이는 아이의 거짓말이 너무 소소한 일이거나, 아이의 자존심이 상하지 않도록 배려하는 것일 수 있습니다. 혹은 훈육하기 귀찮을 때 하는 반응이기도 합니다. 부모의 의도와는 상관없이 아이는 '거짓말을 해도 괜찮구나.'라는 생각을 하게 되므로 좋은 해결책이 아닙니다.

두 번째, 부모가 용서해 줍니다. 이는 부모가 아이에게 잘 할 수 있는 기회를 주려는 의도가 있거나 혹은 아이의 입장과 상황에 공감이 될 때 나타나는 반응입니다. 이럴 경우 아이는 자신의 거짓말에 대해 잘못인 것을 알 수는 있습니다. 그러나 용서만 받으면 된다고 생각해서 잘못을 하고, 용서를 비는 것을 반복할 수 있어 문제가 됩니다.

세 번째, 부모가 명명백백히 사실관계를 따져 거짓말쟁이라고 합니다. 이는 아마도 다시는 아이가 거짓말을 못 하게 엄하게 야단을 쳐서 행동을 바로 잡겠다는 부모의 의지의 표현일 것입니다. 그런데 아이는 두려움을 느끼게 되면 머릿속이 하얘지며 아무 생각을 못 하는 상태가 됩니다. 따라서 부모의 논리적인 설명이 아이에게 전달되기 어렵습니다. 그리고 거짓말쟁이라고 규정하는 순간 아이는 '난 거짓말쟁이야. 거짓말해야지.'라고, 일명 '삐뚤어질 테야.'라는 생각과 태도를 가지게 됩니다. 따라서 사실관계를 파악하기에 앞서 아이가 거짓말을 한 이유와 아이의 마음을 먼저 살펴보는 것이 좋습니다.

거짓말에 대한 부모의 말

부모가 아이의 거짓말이 의심될 때 가장 많이 하는 말은 "솔직하게 말하면 용서해 줄게."입니다. 이 말이 문제가 되는 이유는 첫 번째, 유아기 아이는 '솔직하게'란 말의 뜻을 잘 모를 수 있습니다. 두 번째, 말만 하면 용서를 해 주겠다는 것이 잘못입니다. 용서란 충분히 책임을 질 때 해 줄 수 있는 것인데, 너무 쉽게 용서를 해 주는 것은 분명 문제가 됩니다. 세 번째, 아이가 거짓말을 한다는 전제하에 이야기를 시작하는 말이라 문제가 됩니다. 그래서 아이의 거짓말이 의심되거나 아이가 거짓말을 했을 때 부모가 해야 하는 옳은 말을 미리 준비하고 있어야 합니다.

첫 번째, "왜 거짓말해?"라는 말은 아이가 거짓말을 한다는 전제하에 이야기를 시작하기 때문에 대화가 쉽게 이루어지기 힘듭니다. 이보다는 "무슨 일이 있었는지 이야기해 줄래?"라고 말하는 것이 좋습니다. 이 말은 아이가 거짓말을 한다는 전제가 없고, 이런 일이 있었을 때에는 그만한 이유가 있었을 거라는 아이에 대한 믿음과 배려가 들어가 있습니다. 그리고 청유형의 말은 아이를 존중하고 편안하게 해 주어 대화가 조금 더 쉽게 이어질 수 있습니다.

두 번째, "진짜야? 다시 말해봐."라는 말은 아이의 말이 사실인지 아닌지 의심이 되거나, 상황이 이해가 안 돼 조금 더 명확히 알고 싶을 때 하는 말입니다. 그런데 이 말은 아이에게 "틀렸어. 다시 말해봐."로 들립니다. 그래서 부모가 듣고 싶어 하는 엉뚱한 말을 하게 됩니다. 또한 아이는 부모가 자신의 말을 믿어 주지 않는 것에 대해 서운해하고 속상해합니다. 따라서 "~라는 거구나." 혹은 "~라는 말이지."라고 이해한 만큼 정리를 해서 말을 하는 것이 좋습니다. 이에 대해 아이는 부모가 이해한 것이 맞다면 이야기를 계속 이어나갈 것이고, 아니라면 다시 말해 줄 것입니다.

세 번째, "이번 한 번만 봐줄게."라는 말은 아이로 하여금 거짓말이 상황에 따라 허용될 수 있다는 생각을 하게 만들어 좋지 않습니다. 따라서 이보다는 "앞으로는 솔직하게 말하는 거야."라고 말해야 합니다. 혹 '솔직하게'라는 표현이 어렵다면 "진짜로 있었던 일만 말하는 거야."라고 더 쉽게 말해 주어야 합니다.

거짓말을 하는 이유와 해결방법

아이가 거짓말을 하는 이유를 파악하면 그에 맞는 해결책도 찾을 수 있습니다. 아이가 거짓말을 하는 대표적 이유는 3가지가 있습니다.

첫 번째, 야단맞을까 봐 무섭기 때문입니다. 아이가 잘못을 했다면 부모가 야단을 칠 수 있습니다. 그런데 그 정도가 심해 아이가 무서움을 느낀다면, 아이는 야단을 맞지 않기 위해 거짓말이 거짓말을 낳아 점점 더 거짓말을 많이 하는 아이로 자라게 됩니다. 또한 아이는 잘못을 하지 않기 위해 노력하기보다는 들키지 않기 위해 노력하게 되어 도덕성의 발달은 여기서 멈추게 됩니다. 따라서 아이에게 옳은 선택과 행동을 기대하기 어렵습니다. 아이가 자신의 잘못에 대해 이야기할 때 조금은 너그럽게 받아주는 아량이 필요합니다. 아량을 베푼다고 해서 모두 용서하고, 아무 일도 없었던 것처럼 지나가는 것은 절대 아닙니다. 아이가 자신의 잘못에 대해 솔직하게 이야기하면 아이의 마음에 공감하며 마음을 편하게 해 준 후 잘못에 대한 책임을 질 수 있게 도와주면 됩니다.

두 번째, 관심을 받고 싶기 때문입니다. 부모가 동생에게 관심을 많이 주는 것이 싫었던 아이가 부모에게 관심을 끌고 싶을 때 가장 많이 하는 거짓말이 할 수 있는데, 못 한다고 말하며 해 달라고 하는 것입니다. 이때 부모가 아이에게 할 수 있다고 격려만 하거나, 할 수 있는데 못 한다고 거짓말을 하냐고 야단을 치면 아이는 자신의 마음을 전달하려 더욱 못 한다고 거짓말을 하게 됩니다. 이보다는 "너도 엄마 아빠가 도와주면 좋겠구나."라고 감정을 먼저 읽어주고 "엄마 아빠가 도와줄게. 한번 해 봐."라고 말하고 하는 것을 지켜보면 됩니다. 아이가 못하는 것이 있다면 그것만 도와주면 되고, 잘하면 "잘하네."라고 웃으며 칭찬을 해 주면 됩니다. 그리고 평소 아이가 하는 것을 잘 지켜보고 칭찬과 격려를 한다면 관심을 끌기 위한 거짓말은 없어집니다.

세 번째, 하기 싫은 것을 하지 않기 위해서입니다. 이를 닦았냐고 물어보면 언제나 아이는 닦았다고 말하고, 부모는 확인하며, 아이가 거짓말을 했다는 것을 밝혀내게 됩니다. 늘 반복되는 일상이 너무 지겹지요. 아이에게 "했어? 안 했어?"라는 말 대신에 아이에게 "이 언제 닦을 거야?"라고 말하는 것이 더 좋습니다. 아이가 이를 닦지 않았다면 언제 닦을 것인지 말을 할 것이고, 이미 닦았다면 아주 당당하게 닦았다고 말하게 됩니다. 처음부터 거짓말을 할 기회를 만들어 주지 않는 것이 중요합니다.

쌤에게 물어봐요!

아이의 거짓말에 대해 처음부터 대처를 잘해야겠다는 생각이 듭니다. 다시는 그러지 못하게 경찰서에 가자고 하는 건 어떨까요? 물론 진짜로 가는 건 아니고요.

거짓말이 나쁜 건 맞지만, 경찰서까지 가자고 하는 건 과한 대처인 듯합니다.

경찰서의 권위를 빌려오지 않아야 합니다.

경찰서를 동원한다는 것은 경찰서의 권위를 빌려오는 것입니다. 한 번 이렇게 무섭게 훈육을 할 경우 다음에 부모가 훈육을 하려고 하면 아이는 부모의 훈육을 무시하게 됩니다. 부모는 분명 경찰서보다 무섭지 않기 때문입니다.

협박은 안 됩니다.

진짜로 경찰서에 갈 것도 아닌데 이렇게 말을 하는 것은 '협박'이지요. 그리고 시간이 조금만 지나도 아이가 협박이라는 것, 빈말이라는 것을 알게 되어 부모의 말을 무시하게 됩니다.

경찰서는 도움을 요청하는 곳입니다.

부모가 없는 상황에서 무슨 일이 생길 경우, 아이가 찾아가야 하는 곳이 바로 경찰서입니다. 도움을 받아야 하는 곳인 경찰서에 대해 무서운 기억이 있다면 절대로 경찰서에서 가서 도움을 요청할 수가 없게 됩니다. 경찰서는 도움을 주는 좋고 안전한 곳이라고 가르쳐주세요.

넷 **생활습관**

가정생활

- 아이의 생활을 일정하게 유지해요.
- 준비된 아침을 맞이해요.
- 평화롭게 아이를 깨워요.
- 바르게 맛있는 밥을 먹어요.
- 옷 입기를 연습해요.
- 화장실 사용 방법을 배워요.
- 스스로 샤워하기에 도전해요.
- 일정한 시간에 잠을 자요.
- 정리를 할 수 있어요.
- 내 물건은 내가 챙겨요.

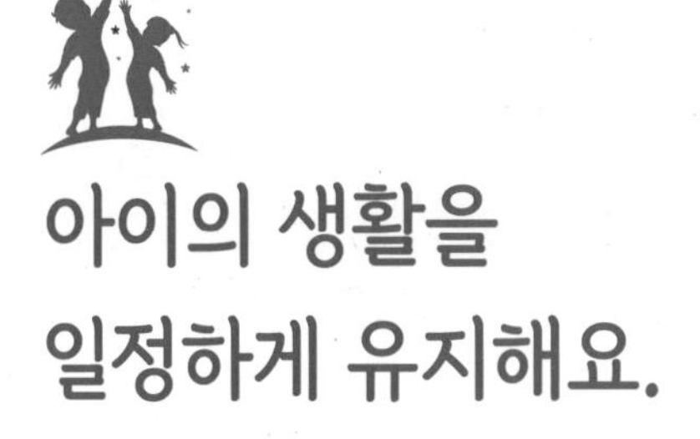

아이의 생활을 일정하게 유지해요.

아이의 생활이 안정될수록 부모의 생활이 안정되고, 힘든 육아도 끝이 보입니다.

'세 살 버릇 여든까지 간다.'라는 말이 있습니다. 유아기에 형성된 습관의 중요성을 말하는 것이고 또한 유아기가 바로 습관을 만드는 시기라는 뜻이기도 합니다. 유아기에 형성해야 하는 생활습관은 앉아서 스스로 밥을 먹고, 스스로 옷을 꺼내어 입고, 혼자서 씻고, 좋아하는 놀이를 찾아서 하고, 부모에게 안녕이라 말하고 스스로 잠자리에 드는 것 등입니다. 가정 내에서 자신에 관한 일을 스스로 하는 것이지요. 아이가 이렇게 스스로 한다는 상상만으로도 즐겁지 않나요? 기쁘게도 이런 날이 곧 옵니다. 특히 부모가 어떻게 하느냐에 따라 그날은 더 빨리 올 수 있습니다.

그날을 빨리 맞이하는 특별한 비법은 첫 번째, 부모가 아이의 하루 생활 패턴을 일정하게 유지해 줍니다. 늘 같은 시간에 일어나고, 같은 시간에 잠이 든다면, 아이의 생활은 규칙적이 됩니다. 규칙적이라는 것은 습관이 되었다는 것을 의미하고, 이는 부모가 노력하지 않아도 아이가 일정한 시간이 되면 자고 일어나는 일을 스스로 자연스럽게 하게 된다는 뜻입니다. 그런데 만약 부모가 일찍 출근하는 날은 아이도 일찍 일어나고, 부모가 늦게까지 집안일을 하는 날은 아이도 늦게까지 잠들지 않는 생활을 한다면, 아이의 생활에는 규칙이라는 것이 없으니 당연히 습관도 만들어지지 않습니다. 이럴 경우 아이는 자는 시간과 일어나는 시간이 일정하지 않아 어떤 날은 잠이 부족해 예민하고, 어떤 날은 자지 않겠다고 떼를 부려 부모와 실랑이를 합니다. 당연히 부모도 예측할 수 없는 아이의 생활 패턴에 지칠 수밖에 없습니다. 그래서 부모의 생활 패턴에 따라 아이의 생활 패턴이 달라지는 것이 아니라, 아이의 발달에 맞는 생활 패턴이 있어야 하고, 이 패턴은 부모가 일정하게 유지해 주어야 합니다.

두 번째, 아이가 스스로 하도록 가르치고 기다려 줍니다. 아이가 밥을 먹고 있습니다. 아이는 자신이 직접 밥을 먹겠다고 하는데, 먹는 것보다 흘리는 게 더 많다 보니 부모가 떠먹여 주는 경우가 많습니다. 이런 상황이 반복된다면 아이는 스스로 밥을 먹는 습관을 형성하기 어려워 계속 부모에게 의존하게 됩니다. 당연히 아이의 자율성이 발달하기 어렵습니다. 아이의 자율성은 3살 즈음부터 발달하는데, 스스로 해 보고 싶은 욕구가 많고, 스스로 잘했을 때 만족감과 자신감을 얻으며, 다른 활동도 스스로 해 보겠다는 의지를 불태우게 됩니다. 이런 과정을 거치며 옷 입기, 양치하기 등 자신이 해야 할 일을 익히게 됩니다. 그래서 제일 좋은 부모는 "해 보고 싶구나. 해 보자. 어려우면 엄마 아빠가 도와줄게."라고 말하며 방법을 가르치고 기다려 주는 부모입니다. 당연히 아이는 많은 시행착오를 거치게 되므로 부모가 뒤처리를 해 주어야 하는 귀찮은 일이 발생할 수 있지만, 아이는 분명 스스로 하는 방법을 익히고 있으니 부모의 인내력과 시간을 투자하기에 충분한 가치가 있습니다.

아이가 스스로 하는 것이 많아진다는 것은 '유아기의 발달을 충실히 이루어 나가고 있다.'는 의미이고, 또한 '부모가 부모역할을 잘했다.'는 의미입니다. 아이의 생활 패턴을 일정하게 유지해 주고, 스스로 할 수 있도록 잘 가르치며 느긋하게 기다려 주도록 하겠습니다. 아이의 생활이 안정될수록 부모의 생활이 안정되고, 힘든 육아도 끝이 보입니다.

쌤에게 물어봐요!

저희 부부는 맞벌이를 하고 있습니다. 저희의 출퇴근 시간이 일정하지 않아 아이도 어린이집에 가는 시간이 늘 다릅니다. 이러면 안 좋은 건가요?

아이의 스케줄은 아이의 생활에 맞추는 것이 좋습니다.

늦어도 9시 30분까지는 등원을 합니다.

어린이집마다 조금씩 다를 수는 있지만, 대개 10시 정도에 정규 프로그램을 시작합니다. 때문에 최소한 30분 전까지는 등원을 마쳐야 합니다. '빨리 가서 뭐 하나.' 싶을 수도 있는데, 정규 프로그램 전에 자유놀이를 하며 아침의 긴장을 풀고, 친구와 우정을 나누며, 하루를 시작하기 위한 준비를 하는 것입니다. 준비가 잘되어야 프로그램에 즐겁게 참여할 수 있습니다.

일정한 스케줄에 맞추어 생활할 때 아이도 안정감을 느낍니다.

어른들은 자신의 스케줄을 알고 있고, 조율이 가능합니다. 그런데 아이의 경우에는 자신의 스케줄을 알고 맞춰 생활하는 것이 아니라 부모가 알려준 대로, 보내준 대로 생활하는 것이지요. 그래서 아무 때나 등원을 하면 매일 새로운 상황에 새롭게 적응해야 하는 것과 같습니다. 당연히 힘들겠지요? 일정한 시간에 등원해 자신의 스케줄을 예상할 수 있도록, 안정감을 느끼도록 해 주세요.

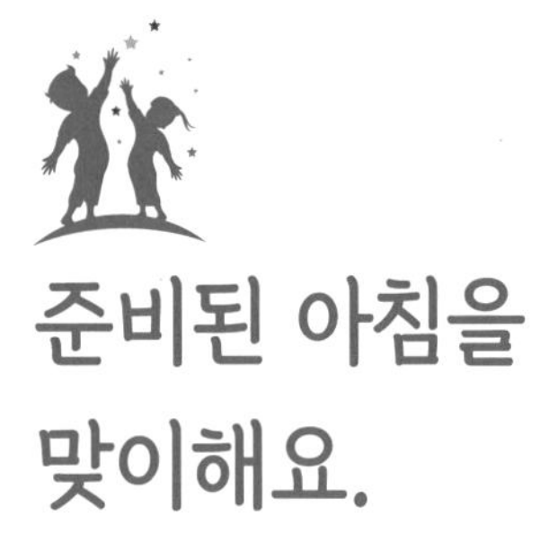

준비된 아침을 맞이해요.

아침을 기분 좋게 맞이해야 하루가 평온합니다.

아침의 흔한 풍경은 부모가 잠자는 아이를 흔들어 깨우며 출근 준비와 아침 식사 준비를 동시에 하는 모습입니다. 특히 부모가 바쁜 날 아이는 더 늦장을 부려 큰소리가 나기도 합니다. 생각만 해도 지치지요? 아침을 기분 좋게 맞이해야 하루가 평온합니다. 이 평온을 위해서 부모는 아이보다 먼저 일어나 아침을 맞이할 준비를 해야 합니다. 부모가 아침에 해야 할 것은 자신의 하루 생활 준비와 아침 식사 준비, 아이 등원 준비입니다.

첫 번째, 자신의 하루 생활 준비입니다. 아침에 출근하는 부모라면 출근 준비를 하면 됩니다. 출근을 하지 않는 부모라도 하루를 시작하는 건 같지요? 기본적인 세안과 옷 갈아입기를 하면 됩니다. 아이를 돌보다 보면 어제나, 오늘이나, 내일이나, 다 똑같이 느껴져 자칫 무기력감을 느낄 수 있으니, 아침이 된 것과 동시에 새로운 날이 시작되었음을 스스로 느낄 수 있도록 하루를 준비합니다.

두 번째, 아침 식사 준비입니다. 아침을 먹지 않으면 공복 상태가 길어져 위에 부담이 될 수 있으므로 간단히라도 음식을 먹는 것이 좋습니다. 특히 아이들의 경우 성장하고 있어 영양이 충분히 공급되어야 합니다. 그런데 아이나 어른이나 아침에는 입맛이 없어 음식을 먹는 것이 참 힘들 때가 있습니다. 억지로 힘들게 먹이려 하기보다는 과자 종류를 제외하고 아이가 먹고 싶은 메뉴로 준비해 먹이는 것이 좋겠습니다.

세 번째, 아이 등원 준비입니다. 부모가 자신의 준비가 끝났으니 지금부터는 여유 있게 아이 등원 준비를 도와줄 수 있습니다. 절대로 등원 준비를 해 주는 것이 아니라 도와주는 것입니다. 아이가 스스로 할 수 있도록요.

이 세 가지의 준비는 반드시 순차적으로 해야 합니다. 만약 동시에 한다면 부모는 마음이 조급해져 예민해지고, 아이는 부모가 살펴주지 않는 그 짧은 시간에 또 놀잇감을 꺼내 놀아 부모를 답답하게 만들기도 합니다. 아이가 깨어 있는 시간은 아이를 양육하는 시간입니다. 따라서 아이가 일어나기 전에 부모 자신의 준비와 아침 식사 준비를 모두 마치고 여유 있게 아이를 깨워주세요. 처음에는 힘들겠지만, 습관이 되면 편해집니다.

쌤에게 물어봐요!

아침에 아이보다 30분 먼저 일어나 준비하는 게 말처럼 쉽지 않아요.

맞아요. 딱 10분만 더 자고 싶은 게 아침이지요. 생각을 조금만 바꿔보겠습니다.

✓ 행복한 아이 얼굴을 떠올립니다.

아침마다 급해서 서두르고, 아이와 싸우는 걸 바라는 부모는 없지요? 여유로운 아침과 행복한 아이의 얼굴을 떠올리며 일어나 보겠습니다.

✓ 달콤한 모닝커피를 떠올립니다.

아이를 등원시킨 후 소파에 앉아 우아하게 혹은 출근한 후 달콤함 커피 한 잔의 여유를 생각하며 이불을 박차고 일어나 보겠습니다.

✓ 긍정의 주문을 외웁니다.

아침에 '일어나야 돼. 더 자면 안 돼.'라고 생각하면 오히려 더 자고 싶어지고 일어나는 것이 힘들어집니다. 이보다는 '등원시키고 또 자야지.' 혹은 '출근할 때 지하철 안에서 잠깐 자야지.'라고 생각하면 훨씬 수월하게 일어날 수 있습니다. 긍정의 주문을 믿어보겠습니다.

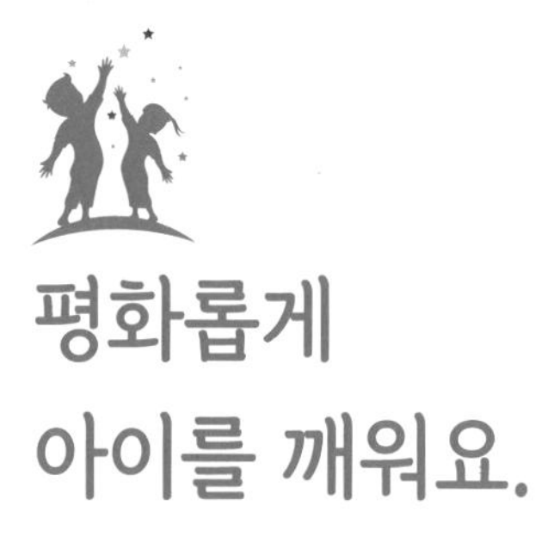

평화롭게 아이를 깨워요.

아이를 편안하게 깨워 하루를 잘 열 수 있도록 도와주어야 합니다.

아이가 스스로 일어나면 좋겠지만, 대부분은 일어나지 않아 전쟁을 치르지요. 아이를 편안하게 깨워 하루를 잘 열 수 있도록 도와주어야 합니다.

첫 번째, 부드럽게 깨웁니다. 부모가 아이에게 가까이 가서 이름을 다정하게 부르고, 부드러운 스킨십을 하며 깨웁니다. 이때 가볍게 마사지를 해 주거나, 살짝 간지럽혀 재미있게 깨우는 것도 좋습니다. 만약 부모가 자는 아이를 큰 소리로 부르거나, 갑자기 흔들어 깨우면 아이는 깜짝 놀라 눈을 뜨는 순간부터 짜증을 냅니다. 그래서 놀라지 않게 부드럽게 깨우는 것이 중요합니다.

두 번째, 아이 옆에 누워서 안아줍니다. 부모가 깨울 때 바로 일어나는 아이는 거의 없습니다. 어른도 알람이 울리자마자 바로 일어나지 못하는 것처럼요. 그리고 아이도 부모에게 잠시 안겨서 어리광을 부리고 싶습니다. 그래서 부모가 아이 옆에 잠시 누워 등을 토닥이며 "사랑한다."는 말을 한 후 아이와 같이 일어나면 됩니다. 절대로 오랜 시간 누워있을 수는 없고, 1분 정도만 누워있습니다. 그리고 아이가 더 누워있으려고 한다면 "이제 일어나야 할 시간이야."라고 말하고 다독이면 됩니다.

세 번째, 일정한 시간에 깨웁니다. 가끔 아침마다 못 일어나는 아이가 안쓰러워 더 재우는 경우가 있습니다. 이럴 경우 일어나는 시간이 일정하지 않아 아침마다 일어나기가 더 힘들어질 수 있습니다. 아침에 더 재우기보다는 저녁에 조금 더 빨리 잠자리에 들도록 지도하는 것이 좋습니다.

네 번째, 아이와 아침 식사 메뉴를 정합니다. 아침에 일어나기 힘들더라도 자신이 먹고 싶은 것이 아침 식사로 준비되어 있다면 조금 더 기분 좋게 일어날 수 있습니다.

다섯 번째, 시간적 여유가 있도록 일어납니다. 아침에는 늘 5분만 더 자고 싶은 것이 사람의 마음이라 시간적 여유가 있도록 일어나는 것이 정말 힘든 일이긴 합니다. 그러나 시간이 없다면 당연히 서두르게 되고, 서두르다 보면 평화로운 아침은 절대로 없습니다. 조금 피곤하더라도 아이와 싸우지 않고 아침 시간을 잘 보내기 위해서 노력해 보겠습니다. 부모도 아이와 기분 좋은 아침을 맞이하면 자신이 멋져 보이고, 부모역할을 잘한 것 같아 만족감을 느껴 부모로서의 자신감이 향상됩니다.

쌤에게 물어봐요!

아이와 함께 아침 메뉴를 정했는데, 아침이 되면 아이가 다른 것을 달라고 합니다. 이 일로 매번 실랑이가 벌어지는데, 어떻게 해야 할까요?

정해진 메뉴를 먹도록 약속을 잘 지키는 것만이 이런 일이 반복되는 것을 예방할 수 있습니다.

감정은 받아주고, 상황은 잘 설명합니다.

다른 메뉴를 먹고 싶다고 하면 "다른 걸 먹고 싶구나. 갑자기 다른 걸 달라고 하면 줄 수 없어. 그건 내일 아침에 먹을 수 있어."라고 상황을 잘 설명합니다.

준비한 메뉴를 먹는 것에 대한 선택의 기회를 줍니다.

아이에게 준비된 메뉴를 먹을 것인지, 아님 먹지 않고 등원을 할 것인지 선택의 기회를 줍니다. 절대로 실랑이하며 억지로 먹이거나, 어르고 달래서 먹이는 일은 없도록 합니다. 약속을 안 지킨 건 아이니까요.

다른 이유가 있는지 살펴봅니다.

아이는 자신의 기분이나 생각을 잘 표현하지 못해 엉뚱한 것을 트집 잡아 실랑이를 하기도 합니다. 다른 이유가 있는 건 아닌지 살펴봐 주세요.

바르게 맛있는 밥을 먹어요.

유아기는 밥과 친해지는 연습을 하는 시기라고 생각하면 됩니다.

모든 부모의 공공의 적, 밥입니다. 어른들은 '다이어트를 하네, 시간이 없네'라고 하며 먹고 싶어도 못 먹는 것이 밥인데, 차려준 밥도 안 먹겠다고 버티는 아이를 보면 참 안타깝고, 한 숟갈이라도 더 먹이려는 부모를 보면 애처롭기까지 합니다. 우선 밥을 잘 먹이기 위해서는 아이가 왜 밥을 안 먹으려 하는지 그 원인부터 알아야 합니다.

첫 번째, 배가 안 고픕니다. 아이마다 먹는 양이 다르고, 소화에 필요한 시간이 달라 식사 시간에 배가 고프지 않을 수 있습니다. 또한 간식을 먹어서 배가 고프지 않을 수도 있습니다. 그래서 아이의 먹는 양을 파악해 적절하게 먹도록 해야 합니다.

두 번째, 아이의 예민한 감각입니다. 아이는 입 안에 들어온 음식의 맛, 질감, 냄새가 조금만 이상하거나 마음에 들지 않으면 먹지 않습니다. 그래서 뱉거나, 삼키지 않고, 물고만 있습니다. 아이도 참 고역이 아닐 수 없습니다. 그렇다고 해서 늘 좋아하는 것만 먹이면 편식을 하게 되니 좋은 방법이 아니지요. 아이에게 새로운 음식을 조금씩 맛보게 해 맛을 느끼고 익숙해질 수 있도록 시간을 주어야 합니다. 익숙해지면 예민함이 줄어들어 잘 먹게 됩니다.

세 번째, 스트레스로 인한 식욕부진입니다. 스트레스를 받으면 식욕이 떨어지는 어른이 있지요? 아이도 마찬가지입니다. 아이는 어린이집이나 유치원이 가기 싫다거나, 자기가 좋아하는 친구가 다른 아이랑 논다거나, 동생이 생겼다거나 할 때 스트레스를 받습니다. 그리고 부모의 불화에 대한 불안으로 스트레스를 받기도 합니다. 이러한 스트레스로 인해 입맛이 없을 수 있으므로 아이가 밥을 안 먹을 때에는 무조건 먹이려고 하기보다는 아이의 생활을 살펴보고, 스트레스가 있는 건 아닌지 확인하고, 도움을 주는 것이 필요합니다.

네 번째, 잘못된 식습관입니다. 떠먹여 주기, 쫓아다니며 먹이기, 영상물 보여주며 먹이기, 아이 먼저 혼자 먹이기 등의 잘못된 식습관으로 인해 밥을 안 먹으려 하기도 합니다. 그래서 처음부터 밥을 많이 먹이기 위해 노력하는 것이 아니라 조금 먹더라도 바르게 먹는 방법을 알려주어야 합니다. 바르게 먹는 것은 일정한 시간에, 일정한 장소에 앉아서, 감사한 마음으로 골고루 먹으며, 특히 가족과 함께 즐겁게 먹는 것입니다. 이를 위해서는 빨리 많이 먹이겠다는 생각을 버리고, 맛있고 즐겁게 먹겠다는 생각을 하는 것이 좋습니다.

다섯 번째, 밥에 대한 싫은 기억입니다. 보통 밥을 안 먹으면 부모가 어르고 달래서 먹이다가 인내심이 한계에 다다르면 야단을 치며 먹이게 됩니다. 아이가 밥을 먹기 싫다고 해도 마치 벌을 주는 것처럼 다 먹이지요. 밥에 대한 좋지 않은 기억은 계속 밥을 거부하게 만든답니다. 무서워서 눈치를 보며 먹는 밥은 체하게 되어 결코 아이의 건강에 이바지할 것 같지 않으니 기분 좋게 밥을 먹도록 하는 노력이 필요합니다.

유아기에 밥을 많이 먹고, 잘 먹는 아이는 거의 없습니다. 그저 밥과 친해지는 연습을 하는 시기라고 생각하면 됩니다. 아동기가 되면 성장에 필요한 에너지가 많아지고, 활동량도 많아져 자연스럽게 밥을 잘 먹게 됩니다. 그때가 되면 아이는 부모를 볼 때마다 가장 먼저 밥을 찾게 될 것입니다. 그 즐거운 날을 상상하며 오늘은 적당히 기쁘게 먹이는 것만 하겠습니다.

바르게 밥 먹기

스스로 숟가락 젓가락 사용하기

1. 아이가 좋아하는 캐릭터가 그려져 있는 예쁜 숟가락과 젓가락을 발달 단계에 맞게 준비합니다.
2. 아이가 스스로 숟가락과 젓가락을 사용할 때마다 칭찬합니다.
   "우와~ 숟가락으로 밥 잘 먹네. 오늘은 젓가락으로 반찬을 먹었네. 최고!"
3. 아이가 밥을 흘릴 때에는 너그럽게 이해해 주고, 닦는 방법을 가르쳐줍니다.
   "밥 흘렸구나. 다 먹고 닦으면 돼. 맛있게 먹자."
4. 아이가 밥을 흘릴 때마다 야단을 치면 아이가 눈치를 보거나 과하게 깔끔 하려 노력하게 되어 일상생활에 불편을 느끼게 됩니다.

앉아서 먹기

1. 밥을 먹을 때에는 반드시 정해진 자리에 앉아서 먹습니다.
2. 아이가 자리에서 일어나면 불러서 다시 앉힙니다.

3. 절대로 부모가 밥을 들고 아이를 따라다니며 먹이지 않습니다. 부모가 따라다니며 밥을 먹일 경우 아이는 밥은 원래 움직이며 먹는 것으로 생각하게 됩니다.
4. 밥 먹는 자리 주변에 놀잇감이 없도록 잘 정리하고, 밥에 집중할 수 있도록 합니다.

부모와 아이가 함께 밥 먹기

1. 아이는 부모가 밥을 먹는 모습을 보며 밥 먹는 방법을 배웁니다.
2. 밥을 먹을 때 자연스럽게 대화를 하며 소통의 시간으로 활용합니다.
3. 아이가 어린 경우에는 대화보다는 아이가 밥 먹는 것에 대한 관심을 표현하면 됩니다.
   "얌얌. 꿀꺽. 우와 잘 먹네. 멸치도 입으로 들어가고 싶대."
4. 대화가 있는 밥상이라면 절대로 영상물이 끼어들 틈이 없습니다. 영상물에 집중시키면 밥을 순간적으로 잘 먹을 수는 있지만, 그건 밥을 먹는 것이 아니라 무의식 중에 씹어 삼키는 것일 뿐입니다.

아이가 밥을 먹지 않으면 정리하기

1. 아이가 밥을 먹지 않으면 앞으로 발생할 수 있는 상황을 알려줍니다.
   "밥을 그만 먹으면 이따가 배가 고플 수 있어. 더 먹으면 좋겠어."
2. 아이가 그래도 밥을 그만 먹겠다고 하면 화내지 말고 정리합니다.
   "그만 먹고 싶구나. 그래 오늘은 여기까지만 먹자."
3. 화를 내며 정리를 하면 아이가 밥을 더 먹겠다고 울기도 하는데, 이는 밥이 정말 먹고 싶은 것이 아니라 부모가 화를 내는 것이 무서워서 하는 행동일 뿐입니다.

간식 먹기

1. 밥은 안 먹고, 간식을 달라고 할 때에는 간식을 먹는 규칙을 알려줍니다.
   "간식은 밥 먹고 나서 먹는 거야."
2. 절대로 간식으로 배를 채우지 않도록 합니다.
3. 아주 조금의 간식으로도 배가 고프지 않을 수 있으니 아이의 먹는 양을 확인해야 합니다.
4. 아이가 간식을 달라고 떼를 써도 일관성을 유지합니다.
   "간식 먹고 싶구나. 간식은 밥 먹고 먹는 거야."
5. 간식을 먹기 위해 아무 때나 밥을 달라고 할 때에는 밥을 주지 않습니다.

쌤에게 물어봐요!

7살 아이입니다. 밥을 너무 안 먹어서 걱정입니다. 달래보고, 화를 내보고, 요리를 같이 하면 잘 먹을까 같이 요리도 해 보고, 여러 가지 방법을 다 해 봤는데 효과가 없었습니다. 결국은 제가 숟가락으로 떠먹이면 겨우 몇 숟갈 먹습니다. 어떻게 해야 할까요?

정말 많은 방법으로 밥을 먹이려 노력했는데, 결과가 좋지 않아 안타깝습니다.

아이가 하루 먹는 양을 확인해 봅니다.

아이가 필요한 최소한의 양만 먹는 것 같습니다. 어쩌면 그 정도의 양이 아이가 한 번에 먹을 수 있는 양일 수 있습니다. 그리고 밥 이외에 다른 것을 먹어 양을 채웠을 수도 있습니다. 아이의 먹는 양을 살펴보고, 아주 조금씩 양을 늘려 가는 것에 중점을 두는 것이 좋을 것으로 보입니다. 그리고 영양제 등으로 영양을 보충해도 좋겠습니다.

배고프게 합니다.

그동안 써 왔던 방법은 모두 밥을 먹이려는 방법이었습니다. 당연히 배가 안 고프니 밥은 더 안 먹게 됩니다. 지금부터는 배가 고파지게 하는 방법을 찾아야 합니다. 운동을 많이 시키거나 간식을 아예 주지 않는 것이 배를 고프게 하는 것입니다. 밥을 안 먹으려고 할 때 최소한 떠먹이지만 않아도 분명 다음번 밥 먹는 시간에는 배가 조금은 더 고플 것입니다.

옷 입기를 연습해요.

4살부터는 아이가 스스로 코디를 시작합니다.

패셔니스타가 자라고 있는 곳, 바로 집입니다. 아이가 입고 있는 옷을 보면 3살까지는 정말 귀엽고 깜찍하고 너무나 예쁜데, 4살부터는 좀 이상한 경우가 많습니다. 왜일까요? 4살부터는 아이가 스스로 코디를 시작하기 때문입니다. 그런데 코디를 처음부터 잘하기는 어렵지요. 일단 계절부터 안 맞고, 색깔은 딱 고집하는 한 가지 색이 있고, 상의와 하의의 어울림 따위는 절대 신경 안 쓰지요. 그냥 자기 눈에 예뻐 보이고, 몸이 편한 것을 입습니다. 옷 때문에 싸우는 것도 하루 이틀이지, 이제부터는 그만 싸우고 아이에게 옷 입는 것을 잘 가르쳐주도록 하겠습니다.

옷은 꼭 입는 것

옷 입기에서 가장 중요한 것은 '어느 곳에서든 옷을 입고 있어야 한다.'는 것을 아는 것입니다. 그런데 옷 입는 것 자체를 싫어하는 아이가 있습니다. 외출을 할 때는 겨우 옷을 입지만 집에 돌아오면 다 벗어버리기 일쑤입니다. 이런 행동의 이유는 열이 많아 덥거나, 옷이 불편하거나, 옷을 벗고 있는 것이 습관이 된 경우가 대부분입니다. 이럴 경우에는 외출복과 실내복을 구분해 입혀 옷을 입고 있는 것이 최대한 편안하도록 배려해 주어야 합니다. 또한 아이가 편하다고 해서 그냥 벗겨 놓는 일은 절대로 없어야 합니다. 지금은 어리고 집에 있는 시간이 많아 괜찮지만 조금 더 자라서 외부에서 생활할 일이 많아질 경우 아이가 불편해질 수 있습니다.

상황과 계절에 맞게 입기

이제 옷을 입어야 한다는 것을 알았으니 상황과 계절에 맞게 입는 방법을 알려줄 때입니다. 아이가 스스로 옷을 꺼내 입도록 가르치는 것이 제일 좋은데, 이렇게 하면 한여름에도 겨울 코트를 가지고 오거나, 겨울에 레이스 치마를 입겠다고 꺼내 오는 경우가 있습니다. 설명과 설득을 통해 아이가 다른 옷을 꺼내 입게 할 수 있지만, 더 좋은 방법은 옷장에 지금 계절에 입을 수 있는 옷만 정리해 두고 그 안에서 선택하도록 지도하면 됩니다. 혹시 계절에 맞지 않는 옷을 입고 싶다고 꺼내달라고 하면 안 된다고 말리는 것이 아니라 "그 옷 입고 싶구나. 그건 여름옷이야. 여름에 입고 지금은 여기 옷장에서 골라보자."라고 올바른 행동을 긍정문으로 가르쳐주면 됩니다. 그래도 아이가 꼭 입어야겠다면 "집에서는 입을 수 있어. 생각해봐."라고 허용할 수 있는 범위를 정확히 알려주고, 허용 범위 내에서 아이가 선택할 수 있도록 도와주면 됩니다.

옷 사기

옷을 살 때에는 아이와 의논을 잘해야 합니다. 부모의 의견이 많이 반영돼 산 옷은 아이가 입지 않을 가능성이 많습니다. 그래서 옷을 사러 갈 때 부모는 아이에게 "치마 한 개 살 거야. 바지 한 개 살 거야."라고 품목과 개수를 알려주고, 아이가 스스로 고를 수 있도록 기회를 주는 것이 좋습니다. 처음에는 잘 고르지 못하고, 자기에게 어울리지 않고, 몸에 맞지 않은 옷을 고르지만, 선택의 기회가 많을수록 자기에게 맞는 옷을 잘 고르게 됩니다.

옷을 고를 때에는 첫 번째, 아이의 취향을 존중해야 합니다. 옷을 사다 보면 특정한 색깔이나 디자인을 고를 때가 있습니다. 여자아이일 경우 분홍색의 레이스 치마가 대부분이지요. 가끔은 부모가 다른 색깔도 입어보자며 다른 색을 권하지만, 아이가 흔쾌히 수용하지 않을 때가 더 많지요. 그냥 좋아하는 분홍색 입게 두면 좋겠습니다. 조금 더 자라 10살 정도가 되면 자연스럽게 무채색으로 취향이 달라지니 예쁜 분홍색 옷을 입고 싶을 때 많이 입도록 두어도 좋겠습니다.

여자아이와 다르게 남자아이는 파란색을 많이 선호합니다. 특히 붉은색 계열의 색은 여자색이라고 싫어하는 아이도 있습니다. 이럴 때에는 "색깔에는 여자색, 남자색이 없어. 너가 입고 싶은 색을 입으면 돼."라고 불필요한 성별 구분은 하지 않도록 지도해 주세요. 사소한 것부터 여자와 남자를 구분하면 그 틀 속에 갇혀 스스로 제한을 두게 되니 좋지 않습니다.

두 번째, 성별에 맞게 입힙니다. 반드시 성별을 구분해 옷을 입힐 필요는 없지만, 기본적으로 성별에 맞게 입혀야 합니다. 예를 들어 딸을 낳고 싶었는데 계속 아들만 낳은 부모가 있습니다. 그래서 막내아들을 딸같이 키우고 싶다며 머리를 기르고, 치마를 입히는 경우가 있습니다. 이러면 안 된다는 뜻입니다. 아이가 스스로 자신의 스타일을 만들어 가는 것은 좋지만, 부모의 의견대로 성별을 무시하고 입힌다면 아이가 정체성에 혼란이 생길 수 있습니다.

세 번째, 입기 쉬운 옷을 입힙니다. 아이가 스스로 화장실에 다니게 되는데, 너무 힘든 단추나 지퍼가 있다면 옷에 실수를 하는 경우가 생길 수 있습니다. 단추나 지퍼를 사용하는 것과 리본을 묶을 수 있는 시기는 아이마다 너무나 달라 특정할 수는 없습니다. 아이에게 옷을 입힐 때마다 하는 방법을 보여주면 어느 순간 아이가 스스로 할 수 있게 되니 억지로 가르치기보다는 아이가 한 번씩 시도할 때마다 칭찬해 주도록 하겠습니다. 참고로 초등학교를 다니는 아이도 단추나 지퍼가 없는 고무줄 바지를 선호한답니다.

늘 어린 줄로만 알았는데 어느 날 옷을 고르는 모습을 보면 참 귀엽고 재미있습니다. 아이의 취향과 의견을 존중하고 옷 입기를 잘 가르쳐주는 부모가 되면 좋겠습니다.

옷 물려받기

매일 자라는 아이라 작년에 입은 옷은 벌써 작아져 올해는 입히지 못할 경우가 많습니다. 잘 자라는 것은 고맙지만, 계절마다 옷을 다시 사는 건 부담이 될 수밖에 없습니다. 그래서 형제자매나 사촌들에게서 옷을 물려받게 됩니다. 부모에게는 경제적 부담을 덜 수 있어 좋은 일인데, 아이에게는 좋은 일이 아닐 수 있습니다. 그래서 아이의 마음을 살피는 몇 가지 배려가 필요합니다.

첫 번째, 물려받은 옷에 대한 선택권을 줍니다. 아이는 새 옷을 사서 입고 싶은데 매번 물려받기만 하면 속이 상합니다. 그리고 물려받은 옷이 자신의 취향에 맞지 않는다면 더욱 싫겠지요. 물려받은 옷을 무조건 입히는 것이 아니라 자신의 취향에 맞는 옷을 골라서 입을 수 있도록 선택권을 주는 것이 좋습니다.

두 번째, 형이나 언니의 옷을 물려받습니다. 보통 형이나 언니의 옷을 물려받지만, 가끔 같은 나이의 키가 큰 친구나 사촌으로부터 옷을 물려받는 경우가 있습니다. 싫은 내색 없이 옷을 입는 아이도 있지만, 자신의 키가 작다는 것을 인식하고 속상해하거나 싫어하는 아이도 있습니다. 가능하면 형과 언니의 옷을 물려받으면 좋겠습니다.

세 번째, 자존심이 상하지 않도록 합니다. 옷을 물려준 아이가 옷을 물려받은 아이에게 헌 옷만 입는다고 핀잔을 주거나, 자신은 늘 새 옷만 입는다고 자랑을 하는 경우가 있습니다. 이럴 경우 옷을 물려받은 아이가 자존심이 상합니다. 자존심 상하지 않도록 잘 배려해 주세요.

쌤에게 물어봐요!

아침마다 옷으로 투정을 부립니다. 자기가 좋아하는 옷인데도요. 어떻게 해야 할까요?

아침마다 답답하겠군요. 어쩌면 옷이 문제가 아닐 수 있습니다.

아이의 일상을 살펴봅니다.

아이는 아침에 기분이 안 좋거나, 부모에게 서운하거나, 등원을 하기 싫거나, 몸의 컨디션이 안 좋거나 할 때 엉뚱하게 옷을 가지고 투정을 부리기도 합니다. 옷 말고 다른 문제가 있는 것은 아닌지 살펴봐 주세요.

저녁에 미리 입을 옷을 준비해 놓고 잡니다.

정말로 옷 선택에 어려움이 있다면 전날 자기 전에 미리 내일 입을 옷을 준비해 두고 잡니다. 그리고 반드시 “지금 고른 옷을 꼭 입고 갈 거야.”라고 약속을 하고 지킵니다.

마음이 바뀔 때에는 원복을 입고 간다고 약속합니다.

저녁에 분명 옷을 골라 놓고 아침에 입고 가겠다고 약속을 했지만, 아침에 마음이 바뀔 수 있습니다. 이럴 때를 대비해 미리 보험을 하나 들어 두어야 합니다. “골라 놓은 옷이 아침에 입기 싫으면 무조건 원복을 입고 가는 거야.”라고 약속을 합니다. 약속을 지켜 아이가 자신의 선택에 신중을 기할 수 있도록 도와주세요. 부모가 충실히 약속을 지킬 때 아이도 약속을 지킨답니다.

화장실 사용 방법을 배워요.

5살 이상이 되면 스스로 화장실을 사용할 수 있도록 가르쳐야 합니다.

유아기 아이는 기저귀를 떼고 화장실을 사용하게 됩니다. 4살 이하의 아이는 부모와 함께 사용하겠지만, 5살 이상이 되면 스스로 화장실을 사용할 수 있도록 가르쳐야 하며, 이를 위해서 몇 가지 꼭 지켜야 하는 것이 있습니다.

첫 번째, 안전입니다. 화장실을 사용할 때 미끄러져 넘어지는 일이 종종 발생합니다. 그래서 아이는 화장실에서 반드시 발에 맞는 유아용 슬리퍼를 신어야 하고, 바닥이 미끄럽지 않게 물기를 정리해야 하며, 미끄럼방지 스티커를 붙이는 것도 좋습니다.

두 번째, 문을 닫고 사용합니다. 화장실에서 용변을 보는 것은 굉장히 개인적인 일이고, 옷을 벗고 하는 것이기 때문에 다른 사람이 보지 않도록 문을 닫는 것임을 알려주어야 합니다. 그리고 다른 사람이 화장실에 있을 때에는 문을 열지 않아야 하고, 화장실에 들어가기 전에는 반드시 노크를 해야 한다는 것도 가르쳐주어 실수하지 않도록 해야 합니다.

세 번째, 대변 뒤처리를 배웁니다. 아이가 보이지도 않는 항문을 감각에 의존해 닦기란 쉽지 않습니다. 그래서 대변 뒤처리를 하는 것은 8살 정도가 되어야 할 수 있는데, 그냥 할 수 있게 되는 것이 아니라 아주 많은 반복 연습이 필요합니다. 그래서 아이가 7살 정도가 되면 대변을 본 후 뒤처리하는 것을 가르쳐주어야 합니다. 처음에는 부모가 아이의 손을 잡고 대변을 볼 때마다 닦는 연습을 시켜주어야 합니다. 그리고 휴지에 그어진 칸을 기준으로 휴지는 몇 칸을 사용해야 하는지 설명해 주고, 사용할 때 휴지를 구겨서 사용하는 것이 아니라 접어서 사용하는 것까지 구체적으로 알려주어야 합니다.

네 번째, 변기 뚜껑을 닫고 물을 내립니다. 변기 물이 내려갈 때 세균이 변기 밖으로 많이 퍼지게 되므로 반드시 변기 뚜껑을 닫고 물을 내리도록 가르쳐주어야 합니다.

다섯 번째, 손을 씻습니다. 손 씻기를 귀찮아하고, 중요하게 생각하지 않는 아이가 많습니다. 손에 묻은 세균이 보이는 것이 아니기 때문입니다. 화장실을 사용하고 나올 때에는 반드시 비누를 사용해 손을 씻을 수 있도록 가르쳐야 합니다.

유아기의 아이는 화장실을 사용할 때 집에서는 부모가 도와주고, 어린이집이나 유치원에서는 교사가 도와주어 불편함이 없습니다. 그러나 초등학교에 가면 온전히 스스로 해야 하는 것이라 힘들 수 있습니다. 유아기부터 화장실 사용을 잘 가르쳐 초등학교에 갈 때 불편하지 않도록 해주세요.

쌤에게 물어봐요!

대변을 본 후 뒤처리하는 것을 가르쳐주려고 하는데, 아이가 더럽다며 하려고 하지 않습니다. 저도 아이가 닦으면 깨끗하지 않을 것 같아 해 주게 됩니다. 아이가 스스로 하게 하려면 어떻게 해야 할까요?

시간이 걸리더라도 뒤처리 방법을 설명하고 가르쳐주어야 합니다.

아이가 스스로 하게 합니다.

아이는 자기가 하지 않으면 부모가 해 준다는 것을 이미 알고 있습니다. 이럴 경우 아이는 절대로 하지 않으려고 하니 반드시 아이가 닦도록 해야 합니다.

손 씻기를 가르칩니다.

대변 뒤처리 후 손을 씻으면 손이 깨끗해진다는 것을 알려줍니다.

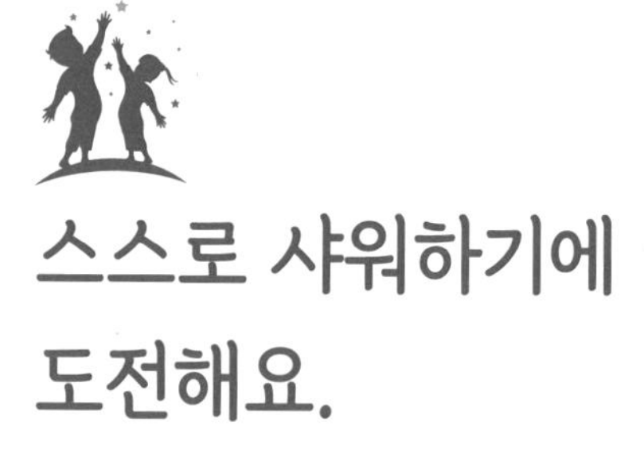

스스로 샤워하기에 도전해요.

샤워하기에서는 누가, 어떻게, 언제까지가 중요합니다.

샤워하기는 생활습관 만들기 중 하나이지만 중요한 성교육이기도 합니다. 그래서 샤워하기에서는 누가, 어떻게, 언제까지가 중요합니다.

첫 번째, '누가'입니다. 샤워는 부모 중 한 사람이 도와주면 됩니다. 그런데 아이가 성교육을 받고 와서 남녀를 구분하게 되어 자신의 몸을 이성의 부모가 보는 것에 대해 창피해하거나, 부모가 이성의 자녀를 도와주는 것이 불편하다면 반드시 동성의 부모가 샤워를 도와주어야 합니다.

두 번째, '어떻게'입니다. 샤워를 계속 도와줄 수는 없지요? 그래서 샤워하는 방법을 잘 알려주어야 합니다. 칫솔에 적당히 치약을 짜서 입 안 구석구석 잘 닦고 물로 헹구기, 세수할 때 비누를 사용하고 잘 헹구기, 머리를 감을 때 샴푸를 적당히 짜서 두피까지 잘 감고 헹구기, 몸에 비누 거품을 묻히고 잘 문지른 후 헹구기 등에 대해 말보다는 시범을 보이며 가르쳐주는 것이 효과적입니다. 그리고 특히 성기 부분은 다른 사람이 만지거나 보면 안 된다고 성교육 시간에 배웁니다. 이를 반영해 스스로 씻을 수 있도록 가르쳐주는 것이 좋습니다. 그다음에 중요한 것이 샤워를 마친 후 알몸 상태로 욕실 밖으로 나오지 않는 것입니다. 물론 아이가 아주 어릴 때에는 괜찮습니다만, 5살 정도부터는 수건으로 몸을 가리거나, 팬티 정도는 입고 나올 수 있도록 가르치는 게 좋습니다. 아이는 아무렇지 않겠지만 아이를 바라보는 가족은 불편할 수 있습니다. 특히 남자 동생이 알몸으로 집안을 돌아다닐 때 누나가 불편할 수 있고, 가끔은 누나가 동생에게 '변태'라고 말할 수도 있습니다. 아무것도 모른 채 갑자기 변태가 되면 동생도 무척 당황스럽겠지요. 그리고 지금의 습관이 아동기까지 이어지기 때문에 샤워 후 최소한의 옷을 입고 욕실 밖으로 나올 수 있도록 가르쳐주어야 합니다.

세 번째, '언제까지'입니다. 처음에는 부모가 100% 도움을 주겠지만, 서서히 아이가 스스로 하는 범위를 늘려 8살 정도가 되면 혼자 샤워를 할 수 있도록 지도해야 합니다. 8살 정도가 되면 아이가 성에 대해 알게 되면서 자신의 몸을 누군가에게 보여주는 게 싫고 창피할 수 있는데 샤워를 혼자 못해 도움을 받는다면 샤워를 할 때마다 마음이 많이 불편합니다. 또한 다 큰 아이의 샤워를 부모가 도와주려고 하면 부모도 무척이나 힘들고, 아이는 자기가 못해서 부모가 도와준다는 생각을 하며 괜히 자신감이 떨어지고, 자존심이 상할 수 있습니다.

쌤에게 물어봐요!

7살 아들과 5살 딸을 키우고 있습니다. 샤워 전에 욕조에서 둘이서 물놀이를 하고 샤워를 합니다. 계속 같이 샤워를 해도 될까요?

계속해도 될 때와 분리해야 될 때가 있습니다.

유아기에는 성에 대해 관심을 표현할 때 분리합니다.

두 아이 모두 유아기이므로 성에 대해 별 관심이 없다면 같이 해도 괜찮습니다. 그러나 한 아이가 성에 대해 관심을 보이기 시작해 몸을 유심히 쳐다보거나, 만져보려 한다면, 분리해 샤워를 하는 것이 좋습니다.

아동기에는 아들과 딸을 반드시 분리해 샤워합니다.

아동기에 접어들면 몸의 경계를 세워야 하는 시기이고, 스스로 샤워를 하는 시기입니다. 아들이 내년에 8살 아동기에 접어들게 되므로 슬슬 분리해 샤워하는 것을 시도해 볼 시간입니다. 분리해 샤워하는 이유를 잘 설명해 주세요.

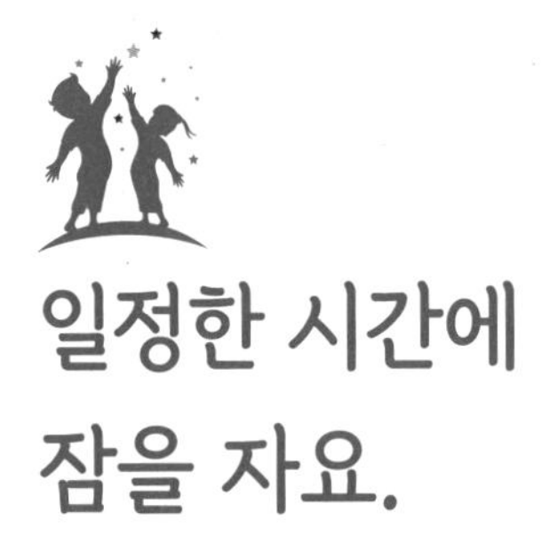

일정한 시간에 잠을 자요.

편안히 잘 수 있는 분위기를 만들어 주어야 합니다.

아이가 잠드는 시간이 부모의 퇴근 시간입니다. 그런데 잠이 들기까지 일이 참 많습니다. 아이가 초롱초롱한 눈으로 잠이 오지 않는다고 할 때도 있고, 졸려서 눈을 비비면서도 안 자려고 노력할 때도 있습니다. 게다가 잠투정까지 하면 대략 난감이지요. 아이가 아직 자신의 신체가 보내는 신호를 잘 알아차리지 못하고, 어떻게 대처해야 하는지 몰라서 그렇습니다. 그래서 부모는 안 잔다고 야단을 치는 것이 아니라 편안히 잘 수 있는 분위기를 만들어 주어야 합니다.

잠자는 신호 주기

아이에게 '잠자는 신호'를 정확히 주는 것이 중요합니다. 잠자는 신호는 잠을 자기 전에 일정한 순서에 맞춰 활동하게 해 아이 몸이 자연스럽게 잠을 청할 수 있게 만드는 것입니다. 예를 들면, 7시에 저녁을 먹고, 8시에 샤워를 하고, 9시에 잠들기 등입니다. 저녁 시간을 일정한 패턴으로 보내며 아이에게 시간대별로 무엇을 해야 하는지 알려주는 것입니다. 아이는 자신이 무엇을 해야 할지 모를 때 욕구에 충실하게 놀이를 계속합니다. 이렇게 되면 부모 입장에서는 분명 잘 시간인데 아이는 계속 놀고 있으니 갈등이 생기는 것입니다. 자는 시간을 잘 알도록 알려주어야 합니다.

그런데 문제는 9시에 자기로 했으나, 9시에 바로 자지 않는다는 것입니다. 물을 마셔야 한다, 화장실을 다녀와야 한다며 이불을 벗어나야 하는 이유가 참 많습니다. 그래서 부모는 아이에게 자기 전에 해야 할 일을 미리 할 수 있도록 시간을 주어야 합니다. 8시 40분 정도가 되면 "9시 되면 잘 거야. 지금 물 마시고, 화장실 다녀와."라고 예고를 하고 아이에게 시간을 줍니다. 그리고 9시가 되면 "이제 불 끄고 잘 거야. 아침에 일어나서 만나자."라고 말하고 잠을 자기 시작합니다. 이때 바늘 시계를 보여주며 9시를 눈으로 볼 수 있도록 해주면 아이가 자야 하는 시간을 스스로 확인할 수 있고, 시계를 보는 방법을 익히게 되니 꼭 시계를 활용해 보면 좋겠습니다.

불을 끄고 자려고 해도 더 놀고 싶어 하는 아이가 많습니다. 괜히 부모에게 말을 걸고, 평소에는 하지도 않던 친구 이야기를 하지요. 이때 같이 이야기하기보다는 "이야기하고 싶구나. 이야기는 자고 일어나서 내일 아침에 하자."라고 지금은 이야기하는 시간이 아니라 자는 시간임을 잘 알려주어야 합니다. 아이가 놀이를 좋아하니 "지금부터 말 안 하는 게임을 하는 거야. 시작."이라고 놀이로 잠을 유도하는 것도 좋습니다. 그러나 아이는 이런 부모의 노력에도 불구하고 계속 말을 할 것입니다. 이때 부모는 "이제 잘 자. 안녕."이라고 말을 하고, 더 이상 반응을 보이지 않아야 아이가 놀이를 포기하고 잠을 자게 됩니다.

잠잘 때 듣는 이야기

잠을 자려고 누운 시간은 편안하고 감성이 풍부해지는 시간입니다. 이 시간에 부모와 아이가 도란도란 나누는 이야기는 아이를 정서적으로 더욱 안정되게 합니다. 그런데 어떤 이야기를 해야 할지 고민되지요? 자려고 누웠을 때 아이의 자존감을 높이고, 부모의 사랑을 듬뿍 줄 수 있는 '탄생신화 이야기'를 해 주면 좋겠습니다. 단군 할아버지만 탄생신화가 있는 것이 아니랍니다. 우리 아이도 이 세상에 오기까지 아주 많은 역사가 있으니 이걸 모으면 탄생신화가 되는 것입니다. 탄생신화는 '태몽이야기, 태명이야기, 탄생이야기'로 구성됩니다.

첫 번째, 태몽이야기입니다. 태몽은 아이를 가질 때 부모가 꾸는 꿈이지요. 이 꿈을 통해 아이가 오는 것을 예측하고, 앞으로 어떤 아이로 자랄 것인지 기대하게 됩니다. 태몽이야기는 부모가 꾼 태몽을 이야기로 꾸며서 들려주는 것입니다. 꿈이야기이니 조금 환상적으로 동화처럼 꾸며 이야기하는 것이 재미있습니다.

두 번째, 태명이야기입니다. 아이가 뱃속에 있을 때 불렀던 태명에 대해 들려주는 것입니다. 누가 지었고, 어떤 의미가 담겨 있는지, 이름에 담겨 있는 의미대로 잘 자랄 거라는 기대감을 이야기해 주면 됩니다.

세 번째, 탄생이야기입니다. 탄생이야기는 아이가 태어난 날의 이야기입니다. 주목적은 아이가 태어났던 날 부모가 얼마나 행복하고 기뻤는지, 부모가 아이를 얼마나 사랑하는지를 전달하는 것입니다. 이때 절대로 해서는 안 되는 말이 진통에 관한 이야기입니다. 진통에 대해 이야기를 하면 아이가 출산에 대한 막연한 공포심을 가지게 되고, 자신에 대해 태어날 때부터 엄마를 아프게 한 나쁜 아이라고 생각해 죄책감을 가질 수 있으니 주의해야 합니다.

이 탄생신화는 불을 끄고 고요한 상태에서 소곤소곤 작은 소리로 아이에게 전해주어야 합니다. 너무 박진감 넘치게 이야기를 하면 아이의 잠이 모두 달아나겠지요? 늘 자기 전에 해주는 탄생신화 이야기는 그 자체로 좋은 잠자기 신호가 됩니다.

태몽이야기

파~란 빛깔 바다에 햇살이 부서져 바다가 반짝반짝하는 날이었어.
엄마가 커~다란 돛단배를 타고 바다를 지나고 있었지.
그런데 저 멀리 환한 빛이 바다에 떠 있는 거야.
너무 신기하고 궁금해서 엄마가 배를 타고 얼른 가보았어.
그곳에는 아~주 아주 커다란 연꽃이 있었어.
바다에 연꽃이라니 너무 신기했어.
엄마가 연꽃 안을 들여다보았는데, 어머! 세상에! 연꽃 안에 아기가 잠들어 있는 거야.
아기가 얼마나 사랑스럽던지.
엄마가 얼른 아기를 안아서 찌찌를 먹여줬지.
그러다 잠이 깼는데 아기를 안았을 때 보드랍고 포근한 느낌이 계속 생각났어.
그리고 며칠 후 **이가 엄마한테 왔어.
그래서 **이는 연꽃 왕자님이야.
사랑해.

태명이야기

**이가 엄마 뱃속에 있을 때 '요술'이라고 불렀어.
엄마랑 아빠랑 누나가 같이 지었는데, 요술처럼 신기하고, 재밌고, 재능이 많은 아이로 자라라는 뜻이야.

탄생이야기

옛날에 엄마랑 아빠가 결혼을 했어.
엄마랑 아빠는 누나를 낳고 살고 있었는데 또 아기를 기다렸지.
어느 날 엄마랑 아빠가 사랑을 해서 아빠 아기씨 정자가 엄마 몸속에 들어왔어.
정자가 엄마 아기씨 난자를 만나 뽀로롱~ 아기가 생겼지.
그 아기는 엄마 뱃속에서 열 달 동안 심장이 콩콩 뛰고 손도 꼼지락 발도 꼼지락.
잘 자랐어.
엄마 배가 점점 불러오던 어느 날, 엄마랑 아빠랑 누나는 아기가 너무 보고 싶은 거야.
그래서 우리 모두 엄마 배를 쓰다듬으며 "아기야. 보고 싶어. 이제 엄마 아빠 누나 만나자."라고 말했어.
그랬더니 아기가 엄마 아빠 누나 말을 들었나 봐.
며칠 후 아기가 "응애"하고 태어났어.
아빠가 탯줄을 자르고 아기를 엄마한테 안겨줬어.
엄마가 아기를 안고 "안녕. 엄마야. 태어나줘서 고마워. 사랑해."라고 말하고 뽀뽀를 해줬지.
세상에 아기가 엄마 목소리를 알았는지 울음을 뚝 그쳤어.
얼마나 보드랍고 따뜻하고 사랑스러웠는지 몰라.
그 아기가 바로 **이야.
사랑해.

자는 공간 분리하기

부모와 분리되어 잠을 자야 하는 나이가 정해져 있는 것은 아닙니다. 각자의 상황에 따라 분리를 하면 되는데, 네 가지 꼭 지켜야 하는 것이 있습니다.

첫 번째, 아이가 혼자 잘 수 있을 만큼 성장해야 합니다. 아이가 엎드려 자거나, 바로 누워서 자도, 호흡에 어려움이 없어야 합니다. 그리고 대소변을 가릴 수 있어 자는 동안 불편하지 않아야 합니다. 마지막으로 가장 중요한 것은 혼자 자는 것이 무섭지 않아야 합니다. 몸과 마음이 이렇게 성장하지 않았을 때 분리해 자면 가장 편안해야 하는 시간에 아이가 위험하거나 불편할 수 있습니다.

두 번째, 아이 방을 준비합니다. 아이가 준비된 자신의 방에서 놀이를 하며 방에 익숙해지는 시간이 필요합니다. 그래야 혼자 잘 때 무섭지 않습니다.

세 번째, 아이와 분리해 자는 날을 정합니다. 어느 날 갑자기 혼자 자라고 하면 아이는 무섭고, 부모가 자신을 사랑하지 않는다고 생각할 수 있습니다. 날짜를 아이와 함께 정해 눈으로 볼 수 있도록 달력에 표시를 해 두고 아이가 마음의 준비를 하도록 배려합니다.

네 번째, 아이가 부모와 같이 자길 원하면 부모가 아이 방에 가서 잡니다. 부모의 흔한 실수는 분리해 자다가도 아이가 원하면 언제든 부모 옆에서 잘 수 있게 하는 것입니다. 이럴 경우에는 분리가 어려울 수 있습니다. 그래서 아이가 자기 방에서 자는 것이 익숙해지고, 부모와 함께 자고 싶은 욕구를 동시에 충족하기 위해서는 부모가 아이의 방에 가서 자는 것이 더욱 효과적입니다. 이때 일주일 중 같이 자는 날을 부모와 아이가 함께 정하고 실천하는 것이 중요합니다. 같이 자는 날은 일정한 횟수로 정해도 되고, 요일로 정해도 됩니다. 그리고 아이가 서서히 자기 방에서 자는 것이 익숙해지면 부모는 재워주고 부모의 방으로 가면 됩니다.

부모와 아이가 분리되어 자는 시기가 너무 늦어지면 아이가 부모에 대한 의존성이 커져 아이에게 좋지 않습니다. 그리고 다 큰아이가 옆에 있다면 부부만의 시간을 보내기 어렵습니다. 아이가 정서적인 독립을 하고, 서로의 사생활 보호를 위해서 아이의 몸과 마음을 잘 준비해 자는 공간을 분리해 주세요.

쌤에게 물어봐요!

아이가 혼자서 잘 잤는데, 동생이 태어난 이후 갑자기 아기가 되어 같이 자자고 합니다. 같이 재우자니 아기가 잠드는 것을 자꾸 방해하고, 새벽에 아기가 깨어 울면 큰아이가 시끄럽다며 짜증을 냅니다. 어떻게 해야 하나요?

두 아이를 키우는 것이 쉽지 않지요. 아이의 마음을 먼저 살핀 후 행동을 잘 고쳐주도록 하겠습니다.

✓ 첫째의 마음을 읽어줍니다.

동생은 부모와 함께 잠을 자는데, 자기만 혼자서 자면 서운하고 질투가 날 수 있습니다. "너도 엄마 아빠랑 같이 자고 싶구나."라고 감정을 읽고 인정해 주세요. 마음을 알아준다고 해서 문제가 바로 해결되는 것은 아니지만, 대화를 통해 해결할 수 있는 준비를 하게 됩니다.

✓ 상황을 설명해 주고, 선택의 기회를 줍니다.

다 같이 잘 때 해야 하는 행동과 발생할 수 있는 문제에 대해 미리 설명해 줍니다. "아기를 재울 때 조용히 가만히 있어야 해. 그리고 새벽에 아기가 깨서 울면 시끄러울 수 있어. 괜찮겠니?"라고 물어봅니다. 아이가 괜찮다고 하면 같이 잘 수 있습니다. 만약 약속과는 다르게 아이가 아기 재우는 것을 방해하거나, 새벽에 시끄럽다고 짜증을 내면 자기 방에서 자는 것으로 책임을 주어야 합니다.

✓ 부모와 같이 자는 날을 정합니다.

혼자 잘 자던 아이도 갑자기 부모와 자고 싶은 날이 있습니다. 그런데 아무 날에나 같이 자자고 하면 떼쓰는 아이가 되고, 부모는 자신의 스케줄이 있으니 조율이 어렵습니다. 따라서 사전에 미리 정한 날만 같이 자는 것이 좋습니다. 그런데 그날의 기분에 따라 마음이 달라질 수 있으니 딱 정해진 요일이나 날짜에 같이 자는 것이 어려울 수도 있습니다. 이럴 경우에는 부모와 아이가 같이 자는 횟수만 정해 놓은 후 날짜는 아이가 자신의 상황에 맞추어 선택할 수 있도록 해주는 것이 좋습니다. 단, 아이는 같이 자고 싶은 날짜에 대해 반드시 부모의 동의를 구해야 합니다.

정리를 할 수 있어요.

정리하는 방법을 가르쳐야 합니다.

아이가 있는 집은 늘 어수선할 때가 많습니다. 부모가 아무리 치워도 아이는 끊임없이 놀이를 하며 물건을 바닥에 늘어놓으니까요. 놀이는 할 줄 알지만, 아직 정리는 못 하기 때문이므로 정리하는 방법을 가르쳐야 합니다.

정리하는 시간 정하기

아이는 자동차 놀이를 하다가 비행기 놀이가 하고 싶으면 자동차를 바닥에 그냥 두고 비행기를 가지고 와서 놀이를 합니다. 과자를 먹으며 그림을 그리다가도 인형 놀이가 하고 싶으면 그냥 인형 놀이를 하러 갑니다. 부모의 눈에는 아이가 방을 마구 어지르는 것 같지만, 아이는 자신의 욕구에 충실히 놀이를 하고 있을 뿐입니다. 당연히 어지럽힌다고 야단을 치거나 놀이를 못 하게 하는 것은 좋은 해결 방법이 아닙니다. 가장 좋은 방법은 정리하는 시간을 정하고, 그 시간에 정리를 하는 것입니다. 만약 시간을 정하지 않고 부모가 정리를 해야 한다고 생각했을 때 아이에게 정리를 시키면 아이는 부모가 자신의 놀이를 방해한다고 생각해 화를 내고 정리를 하지 않으려고 합니다. 그리고 정리를 하기 싫으니 아예 놀잇감을 꺼내려고 하지 않는 아이도 있습니다. 잘 놀고 잘 정리할 수 있도록 가르쳐주세요.

정리하는 방법 가르치기

정리의 기본은 모든 물건들이 제자리로 돌아가는 것입니다. 그러기 위해서는 아이의 물건이 늘 일정한 공간에 있어야 하고, 이를 아이가 알고 있어야 합니다. 정리하기 위한 수납함이나 선반을 준비해 물건들의 제자리를 가르쳐주세요. 처음에는 아이가 한두 개만 정리하고 부모가 대부분의 물건들을 정리하겠지만, 아이가 정리하는 것에 익숙해지면 서서히 아이가 정리하는 비중을 늘려 혼자 할 수 있도록 지도합니다. 그리고 부모는 아이가 정리를 잘 했을 때 반드시 칭찬해 주어야 하고, 혹 정리가 미흡할 때는 지적하기보다 "이것도 제자리에 넣어줘." 라고 완곡하게 표현해 주는 것이 좋습니다.

쌤에게 물어봐요!

아이가 팔이 아프다고 하거나 졸리다며 정리를 안 하려고 핑계를 댑니다. 어떻게 해야 할까요?

요런 저런 핑계를 대는 아이를 보면 귀엽기도 한데 반복되면 짜증이 나지요. 정리에 대한 책임을 정확히 주도록 하겠습니다.

정리하지 않은 것에 대한 책임을 줍니다.

아이가 정리를 하지 않으려고 할 때 "엄마 아빠가 정리하면 내일은 이 놀잇감 놀이는 쉬어야 해."라고 말합니다. 이를 통해 아이가 정리할 것인지, 정리하지 않은 책임을 질 것인지 선택하면 됩니다. 절대로 감정을 실어서 무섭게 혹은 짜증을 내며 말할 필요는 없습니다.

절대로 지키지 못할 말은 하지 않습니다.

아이가 정리를 너무 안 하면 화가 난 부모는 놀잇감을 버리겠다고 협박을 할 때가 있습니다. 진짜로 쓰레기봉투에 넣기도 하고요. 그런데 결국은 부모가 놀잇감을 아이에게 돌려주는 경우가 대부분입니다. 이럴 때 부모의 권위가 낮아집니다. 절대로 버리겠다는 지키지 못할 말은 하지 않아야 합니다.

내 물건은 내가 챙겨요.

스스로 필요한 물건을 준비하고, 잃어버리지 않고 잘 챙겨오는 습관을 만들어야 합니다.

어린이집이나 유치원만 다녀도 아이가 가방에 자기의 물건을 넣어서 다닙니다. 그래서 자신의 물건을 잃어버리지 않고 잘 사용하고 가지고 올 수 있도록 물건을 챙기는 연습이 필요합니다. 보통 등원할 때 부모가 가방에 필요한 물건을 넣어주는데, 이럴 경우 아이는 스스로 가방을 정리하고 물건을 챙기는 것이 어렵습니다. 해 보지 않았으니까요. 이제 부모가 직접 물건을 챙겨주기보다는 식탁이나 소파 테이블에 준비물을 올려놓고 "오늘 필요한 수첩이랑 물통 가방에 넣자."라고 말해 아이가 스스로 물건을 가방에 넣도록 합니다. 그리고 하원 후에는 "수첩이랑 물통 꺼내서 가지고 와줘."라고 말해 아이가 스스로 물건을 꺼내놓도록 합니다. 이 과정을 통해 아이는 자기에게 필요한 물건을 알고 챙길 수 있고, 책임감이 생깁니다.

또 아이는 외출을 하거나 여행을 갈 때 꼭 필요하지 않는 놀잇감들을 가지고 가려는 경우가 있습니다. 이럴 때 못 가져가게 하는 부모와 가져갔다는 아이의 실랑이가 벌어지기도 합니다. 이제는 못 가져가게 하는 것이 아니라 가지고 가고 싶은 자신의 행동에 책임을 지도록 가르쳐 보겠습니다. 부모가 아이에게 평소에 메고 다니는 가방을 가지고 오게 합니다. 그리고 아이에게 "가지고 가고 싶은 물건은 이 가방에 넣는 거야. 그리고 네가 메고 다니는 거야."라고 말하고 그대로 실천합니다.

이런 과정을 통해 아이는 상황에 따라 필요한 물건이 무엇인지 알게 되어 불필요한 물건을 가지고 다니지 않으며 자신의 물건을 잃어버리지 않고 잘 챙겨오는 습관이 만들어집니다.

쌤에게 물어봐요!

아이는 외출을 할 때 자기 가방에 놀잇감을 챙깁니다. 그리고 메고 다니겠다고 약속을 합니다. 그런데 결국은 저나 아내가 들고 다니게 되는데, 어떻게 해야 할까요?

한두 번은 아이 가방을 들어줄 수 있지만, 반복되면 싫을 것 같습니다. 행동에 책임을 주면 됩니다.

가방을 가지고 가지 않습니다.

그동안 여러 번 가방을 메고 다니겠다는 약속을 지키지 않은 것을 상기시켜줍니다. 그래서 가방을 가지고 가지 않는다고 말해 줍니다.

부모의 가방에 놀잇감을 넣지 않습니다.

가방을 가져가지 못 하게 하면 아이는 꼭 부모의 가방에 자기의 놀잇감을 넣으려고 합니다. 이때는 단호하게 "엄마 아빠 가방에는 놀잇감을 넣을 수 없어."라고 말하고 약속을 지킵니다.

넷 **생활습관**

어린이집, 유치원 생활

- 가정 밖의 생활이 시작됐어요.
- 어린이집과 유치원은 다르지만 비슷해요.
- 등원 전 준비가 필요해요.
- 등원 후 적응을 도와요.
- 교사와 신뢰로운 관계를 맺어요.

가정 밖의 생활이 시작됐어요.

아이의 첫 사회생활 시작을 축하하고 응원하면 좋겠습니다.

높아진 교육적 욕구와 또래들을 만나 사회성이 향상되길 기대하는 마음, 맞벌이로 인한 돌봄의 공백 등의 이유로 가정을 벗어나 교육기관을 이용하는 연령이 점점 낮아지고 있습니다. 문화센터나 학원 등을 다니는 아이가 많아지고 있지만, 부모가 가장 중요하게 생각하는 교육기관은 단연코 어린이집과 유치원입니다.

부모는 신중에 신중을 기해 교육기관을 선택하고, 아이에게 등원에 대해 설명하고, 필요한 물품들을 챙기며 참 많은 준비와 배려를 합니다. 이런 과정을 거치며 아이가 교육기관에 다닐 만큼 성장한 것에 대한 기쁨도 있지만, 너무 이른 나이에 교육기관에 가야 할 경우 괜히 아이에게 미안하고 안쓰러운 마음이 들기도 합니다. 가정에서 지내는 것과 교육기관에서 지내는 것은 모두 장단점이 있습니다. 어떤 선택을 했더라도 분명 아이와 부모를 위한 최선의 선택이었을 것입니다. 이점은 절대로 의심하지 않았으면 좋겠습니다. 그래야 조금 더 편안하게 부모와 아이 모두 교육기관에 적응할 수 있습니다.

부모의 감정은 고스란히 아이에게 전달됩니다. '아이가 잘 적응할까?'라고 걱정하고 불안해하기보다는 '잘 적응할거야.'라는 기대감으로 아이의 첫 사회생활 시작을 축하하고 응원하면 좋겠습니다.

쌤에게 물어봐요!

아이가 어린이집에 입학하자마자 감기로 며칠 동안 쉬었습니다. 다시 등원을 해야 하는데 안 가겠다고 떼를 부립니다. 부적응이 생긴 걸까요? 어떻게 해야 할까요?

적응도 하기 전에 쉬기부터 했으니 당연히 가기 싫을 것 같습니다.

적응을 도와줍니다.

처음으로 등원을 하는 것과 마찬가지일 것입니다. 어린이집의 하루 생활에 대해 잘 말해 주고, 안심을 시켜 잘 보내주세요. 하원 후 칭찬과 격려를 통해 용기도 주세요.

면역력을 높여줍니다.

어린이집에 처음 가게 되면 감기를 자주 앓게 됩니다. 면역력을 높일 수 있도록 영양 관리를 잘해 주면 좋겠습니다.

어린이집과 유치원은 다르지만 비슷해요.

기관마다 지향하는 방향에 따라 특화된 프로그램이 있고, 교육 방법이 다릅니다.

어린이집은 7살 이하의 모든 영유아가 다닐 수 있는 보육 중심의 기관으로 보건복지부 소속입니다. 그리고 보건복지부장관이 수여하는 보육교사 자격증을 취득해야 교사로 활동할 수 있습니다. 유치원은 5부터 7살까지의 유아가 다닐 수 있는 교육 중심의 기관으로 교육부 소속이며, 교사 또한 교육부장관이 수여하는 유치원 정교사 자격증을 취득해야 합니다. 이렇게 어린이집과 유치원은 설립 목적과 소속 정부 기관이 다릅니다.

그러나 보육과 교육을 분리해 생각하기 어렵기 때문에 기관마다 비중을 두는 정도의 차이는 있겠으나, 보육과 교육이 모두 이루어진다고 할 수 있습니다. 그리고 2012년부터 어린이집과 유치원을 다니는 5부터 7살까지의 아이는 모두 누리과정에 맞추어 동일한 교육을 받고 있어 교육내용의 기본적인 차이는 없습니다. 다만 기관마다 지향하는 방향에 따라 특화된 프로그램이 있고, 교육 방법이 다릅니다.

또한 단순히 말해 어린이집과 유치원으로 분류되지만, 설립 목적과 대상, 운영방침에 따라 등원 일수, 등하원 시간, 지불해야 하는 비용 등 세부적인 사항에는 차이가 있습니다. 그래서 기관을 선택할 때에는 단순히 어린이집이라서, 유치원이라서 선택하기보다는 부모의 양육관과 교육관, 부모와 아이의 생활 패턴, 아이의 발달 정도, 아이의 흥미와 특징 등을 고려해 선택하는 것이 중요합니다.

쌤에게 물어봐요!

어린이집에 다니더라도 7살이 되면 학습 때문에 유치원에 가야 한다고 하던데 그런가요?

나이별로 어떤 기관을 꼭 가야 한다는 것은 없습니다.

아이에게 필요한 보육 및 교육적 활동을 기준으로 기관을 정합니다.

어린이집과 유치원 모두 7살 아이들이 다니는 곳입니다. 아이 연령에 맞추어 기관을 선택하기보다는 기관에서 중점을 두는 보육과 교육내용이 내 아이에게 맞는지, 필요한지를 기준으로 선택하는 것이 바람직합니다.

아이의 적응 정도를 살펴봅니다.

아이의 적응 여부가 제일 중요합니다. 따라서 기관을 옮길 때에는 아이가 새로운 기관과 또래들에게 적응할 준비가 되어 있는지 확인이 필요합니다.

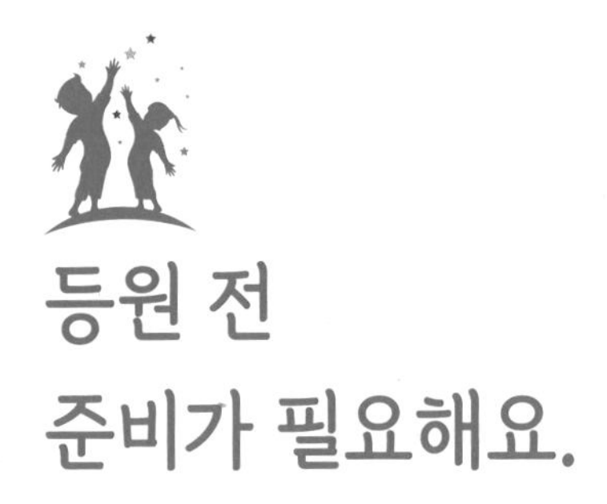

등원 전
준비가 필요해요.

아이의 적응을 돕기 위해 등원 전 준비가 필요합니다.

아이가 처음부터 부모와 잘 분리되고 선생님과 친구와 잘 지내면 좋겠지만, 그렇지 못한 아이가 대부분입니다. 그리고 처음에는 잘 적응하는 것 같지만 뒤늦게 부적응을 경험하는 아이도 있고, 잘 다니던 아이가 교육기관을 바꾸면서 다시 힘들어 하는 경우도 있습니다. 그래서 아이의 적응을 돕기 위해 등원 전 준비가 필요합니다.

교육기관 상담 시 아이와 함께 방문하기

아이가 다닐 교육기관을 선택할 때 부모만 가서 상담을 받고 오는 경우가 많습니다. 아무래도 아이가 옆에 있으면 상담에 방해가 되고, 아직 아이가 어리므로 선택과 결정을 대부분 부모가 하기 때문입니다. 그러나 교육기관은 부모가 다닐 곳이 아니라 아이가 다닐 곳이기 때문에 함께 방문하는 것이 좋습니다. 꼭 아이가 선택에 대한 의견을 내기 위한 목적이 아니라 앞으로 교육기관에 입학하고, 다니게 될 것이라는 사실에 대해 미리 알려주는 목적이 큽니다. 아이가 자신에게 일어날 일에 대해 미리 알고 마음의 준비를 하도록 배려하는 것입니다.

입학상담을 하기 위해 교육기관에 처음 방문하는 아이에게 "이제 우리 선생님과 친구들이랑 재밌게 놀려고 어린이집(유치원)에 다닐 거야. 오늘은 어린이집(유치원)이 어떤 곳인지 구경하러 가자."라고 설명해 줍니다. 그리고 "엄마 아빠가 상담을 받을 때 옆에 앉아 있어야 해. 상담 끝나면 선생님께 허락을 받고 교실 구경을 할 거야."라고 아이가 무엇을 해야 하는지 정확히 알려주어야 합니다.

다니던 기관을 바꿀 때에는 "이제 더 많이 자랐으니까 친구들이 더 많은 곳으로 가려고 해.", "이사를 가게 되어서 다른 어린이집(유치원)을 다니게 되었어."라고 설명을 해주고 함께 기관을 방문합니다. 혹 다니던 기관의 문제로 인해 다른 기관을 알아보아야 하는 경우라도 아이에게 기관의 문제점에 대해 자세히 설명할 필요는 없습니다. 자세한 설명이 오히려 아이에게 불안을 유발할 수 있습니다.

오리엔테이션 참석하기

입학할 교육기관이 결정되면 입학 전에 실시하는 오리엔테이션에 꼭 참석합니다. 오리엔테이션은 아이가 자신이 배정된 반을 확인하고, 교사와 인사를 하는 적응을 위한 첫 과정입니다. 그리고 준비된 프로그램에 부모와 함께 참여하며 긴장을 푸는 과정입니다. 오리엔테이션 날에는 대개 교사의 안내에 따라 설명을 듣고 프로그램에 참여만 하는 경우가 많은데, 이보다는 조금 더 적극적으로 기관을 탐색해야 할 필요가 있습니다. 물론 3월 한 달 동안 아이의 적응을 돕기 위해 교사가 생활하는 방법에 대해 설명하고 가르치겠지만, 아이는 입학하는 첫날부터 부모와 분리되어 생활해야 하므로 첫날 당황하지 않도록 미리 연습해 보는 것이 좋습니다.

첫 번째, 아이와 부모가 기관 현관에서 인사를 해 봅니다. 집 앞에서 등원 차량에 오르며 부모와 아이가 인사를 할 수도 있지만, 오리엔테이션 날에는 반드시 기관 현관문 앞에서 인사를 하는 연습을 합니다. 아이에게 부모와 분리되어 혼자 들어가야 함에 대해 상징적으로 가르치기 위함입니다. 인사를 할 때에는 "오늘 친구들과 선생님이랑 재밌게 놀고 와."라고 하루에 대한 기대감을 심어주고, 재밌는 곳에 간다는 것을 인식하게 해줍니다. 더불어 "우리 ~시에 ~에서 만나자."라고 다시 만나는 것에 대해 알려주며 안심을 시킵니다. 또한 인사를 할 때 "친구들과 싸우지 말고 선생님 말씀 잘 들어."라고 말해 아이를 잠재적 문제아로 만들지 않아야 합니다. 그리고 "엄마 아빠 없어도 잘 할 수 있지? 괜찮지?"와 같은 불안을 유발하는 말은 절대로 해서는 안 됩니다.

두 번째, 기관 현관에서 교실까지의 동선을 따라 이동해 봅니다. 현관에서 신발을 벗고 자기의 신발장 자리에 신발을 정리한 후 뛰지 않고 걸어서 교실까지 갑니다. 그리고 교실에 도착하면 가방과 외투를 제자리에 정리합니다. 어른에게는 별일 아니지만, 아이에게는 어려울 수 있습니다. 자세히 설명하고 가르치며 아이가 스스로 할 때 칭찬의 말로 자신감을 가질 수 있게 도와주세요.

세 번째, 화장실 사용을 해 봅니다. 급할 때 실수하지 않도록 화장실 위치와 사용 방법을 꼭 알려줍니다. 그리고 반드시 교사에게 "선생님, 화장실 가고 싶어요."라고 말을 하고, 도움을 받는 방법을 알려주어야 합니다. 교사가 아이를 잘 살펴야겠지만 아이 스스로 자신이 생활하는 방법을 익히는 것이 중요합니다.

교육기관 일정에 생활 패턴 맞추기

집에서는 늘 자고 싶은 시간에 자고, 일어나고 싶은 시간에 일어나고, 먹고 싶을 때 먹던 아이가 갑자기 교육기관의 일정에 맞추려고 하면 힘들어집니다. 그래서 집에서부터 교육기관의 일정에 맞추어 생활하는 습관을 만들어 주는 것이 좋습니다. 한 번에 기계처럼 정확히 시간을 맞추기는 어려우니 입학 전에 서서히 생활 패턴을 맞추어야 합니다. 유아기에 맞춰진 일정한 생활 패턴은 초등학교를 다닐 때에도 도움이 됩니다.

가정에서부터 맞추어야 하는 생활 패턴은 최소 등원 1시간 전에 일어나기, 등원 시간에 맞추어 등원하기, 정해진 점심시간에 밥 먹기, 낮잠 시간 맞추기, 내일 상쾌한 아침을 위해 일정한 시간에 잠자기 등입니다. 생활 패턴 맞추기를 통해 아이의 몸이 자연스럽게 기관의 일정에 적응할 수 있도록 도와줍니다.

준비물 챙기기

오리엔테이션에서 입학할 때 필요한 준비물을 안내받게 됩니다. 부모와 아이가 준비물을 함께 준비하며 어떤 상황에서 사용하는지, 왜 필요한지 등에 대해 이야기를 해 아이가 교육기관에서의 생활에 대해 마음의 준비를 하도록 돕습니다. 특히 모든 물건에 이름을 써서 아이가 자기 물건을 잘 사용하고, 잘 보관할 수 있게 도와주어야 하며, 가능하다면 이름을 아이와 함께 써보는 것도 재미있습니다.

실내에서 사용하는 물건에는 알아보기 쉬운 곳에 이름을 적으면 되는데, 가방이나 원복과 같이 외부에서도 사용하는 물건은 겉에서 보이지 않는 곳에 이름을 써야 합니다. 아이는 자신의 이름을 친근하게 불러 주는 사람에 대해 경계를 풀게 되는데, 만약 범행 의도를 가진 사람이 가방에 적힌 이름을 부르며 의도적으로 접근할 경우 아이가 위험해질 수 있기 때문입니다. 그리고 가방 주머니에 아이의 이름과 연락처를 적은 메모를 넣어두면 위급한 상황 발생 시 도움을 받을 수 있습니다.

쌤에게 물어봐요!

아이와 오리엔테이션에 참석했는데 전혀 아무것도 하지 않으려 하고, 제 옆에 딱 붙어 있으려 합니다. 복직을 앞두고 있는데 아이가 어린이집에 적응을 못 하면 어떡하나 걱정이 됩니다.

아이마다 적응에 필요한 시간이 있습니다. 조금 기다려 주는 것이 좋을 것 같습니다.

집에서부터 조금씩 부모와 분리되는 연습을 합니다.

부모로부터 분리되지 않으려 하는 것은 불안을 느낀다는 뜻입니다. 새로운 공간과 낯선 사람에 대한 당연한 반응입니다. 적응을 위해서는 가정에서부터 조금씩 분리 연습이 필요합니다. 부모와 아이가 거실에 같이 있다가 부모가 옆 방에 휴지를 가지러 갈 때에도 "옆 방에 가서 휴지 가져올게."라고 말을 하고 가야 합니다. 이런 짧은 순간의 분리되는 경험이 쌓이면 아이가 분리에 대해 불안하지 않게 됩니다. 그리고 주말에 아빠와 아이가 집에 있고 엄마가 1시간 정도 외출을 한다거나, 아이가 부모 없이 조부모와 시간을 보내는 등의 안전한 분리 경험을 반복해 주세요. 이때 분리와 다시 만나는 것에 대해 정확히 알리고 지키는 것이 중요합니다.

아이에게 시간을 주고 기다립니다.

아이마다 적응에 필요한 시간이 다릅니다. 부모가 불안한 표정을 감추고, 아이를 안심시키며, 아이가 적응할 때까지 잘 기다려 주어야 합니다. 부모가 불안해하면 아이는 더욱 불안해져 분리가 어려워집니다.

등원 후 적응을 도와요.

부모가 의도하지는 않았으나 아이의 부적응을 부추기는 경우가 있어 주의가 필요합니다.

아침부터 아이가 부모와 떨어지려 하지 않고, 등원을 거부하면 참 난감합니다. 무슨 일이 있는 건 아닌지 걱정이 되고, 함께 하지 못해 안쓰럽기도 하고, 반복되는 일상에 지치기도 합니다. 그런데 부모가 의도하지는 않았으나 아이의 부적응을 부추기는 경우가 있어 주의가 필요합니다.

등원 이유 정확히 설명하기

아이가 등원 거부를 할 때 부모가 가장 흔하게 하는 말이 "네가 어린이집(유치원)을 가야 엄마 아빠도 회사를 가지. 엄마 아빠가 회사에 가야 너 좋아하는 간식을 사고, 놀잇감을 사주지."입니다. 이 말을 아이가 이해해 주면 좋겠지만, 오히려 "나도 안 가고 엄마 아빠도 회사 가지 마."라고 말하는 아이가 의외로 많습니다. 그래서 아이에게 해야 하는 말은 "엄마 아빠랑 놀고 싶구나."라고 감정을 읽어주는 것입니다. 그리고 "지금은 선생님과 친구랑 같이 노는 시간이야."라고 상황을 설명합니다. 마지막으로 "엄마 아빠랑은 저녁에 같이 놀자."라고 아이의 욕구를 해결하는 방법을 알려줍니다. 여기서 중요한 것은 부모의 일정 때문에 아이가 교육기관에 가는 것이 아니라, 아이가 자신의 일정에 맞추어 생활하기 위해 교육기관에 가는 것임을 알려주는 것입니다. 그렇지 않으면 아이는 부모 때문에 자신이 피해를 본다는 생각을 하게 되어 부모에게 보상을 요구하기도 합니다. 물론 부모가 먼저 아이를 설득하기 위해 달콤한 보상을 제시하는 경우도 있습니다.

부모가 이렇게 긴 설명과 보상을 하는 것의 가장 큰 이유는 아이의 발달 과정에 맞추어 교육기관에 보내기보다는 부모의 직장생활이나 건강, 동생 돌보기 등과 같은 다른 이유로 일찍 교육기관에 보내게 된 것에 대한 미안한 마음이 들기 때문입니다. 또 주변 사람들이 어린아이가 어린이집에 가는 걸 보면 “어린데 벌써 가네.”라고 말하며, 부모의 죄책감을 더하기도 합니다. 미안함이 커지면 부모 역할을 하는 것이 더 어려우니 이제는 생각을 조금만 바꿔보겠습니다. 몇 살에 교육기관을 가던지 그 모든 것은 부모가 아이를 위해 선택한 최선의 방법임을 인정하고, 부모 자신을 조금 더 너그럽게 대해 주면 좋겠습니다.

일정한 공간에서 인사하고 분리하기

아이의 습관 형성에는 일관성이 가장 중요합니다. 그래서 등원 시 부모와 인사하고 분리되는 공간을 늘 일정하게 유지해야 합니다. 그렇지 않고 부모의 상황에 따라 다른 공간에서 인사를 하고 분리를 하게 되면, 아이 역시 자신의 마음에 따라 차량 탑승 여부를 결정하려고 하거나 부모에게 교육기관까지 데려다 달라고 떼를 쓰게 되어 등원할 때마다 실랑이를 할 수 있습니다.

가끔 부모와 아이의 노력에도 불구하고 아이가 적응에 어려움을 보일 때 부모가 교실 안까지 동행하는 경우가 있습니다. 물론 교사와 협의를 해 선택한 차선책이겠지만, 사실 그리 좋은 방법은 아닙니다. 교실은 아이가 교사와 친구들과 함께하는 공간인데, 이 공간에 부모가 들어가게 되면 아이는 부모에 대한 의존성이 더 커질 수 있어 분리되어 적응하기까지 시간이 오래 걸릴 수 있습니다. 그리고 교사가 진행해야 하는 하루 일정에 차질이 생길 수 있고, 함께 있는 다른 아이들도 부모를 보고 싶게 만들어 부적응을 연쇄적으로 일으킬 수 있습니다. 그래서 정말 아이가 힘들어한다면 부모는 교실 앞까지 동행해 배웅해 준 후 돌아가는 것이 좋습니다. 그래야 아이가 교실에서는 부모가 아닌 교사를 의지하고 도움을 받으며 적응을 할 수 있습니다.

하루 일과에 대한 기대감 주기

등원 전에 하루 일과에 대해 아이와 이야기를 나눕니다. 아이가 특별히 좋아하는 프로그램을 한다거나, 맛있는 간식이 나온다면, 아이에게 미리 이야기해 일과에 대한 기대감을 높여 등원을 수월하게 할 수 있습니다. 그리고 일과를 미리 아는 것 자체가 마음의 준비를 하게 해 프로그램 참여도를 높일 수 있고, 긴장감을 낮춰주는 효과가 있습니다.

일정한 시간에 약속된 사람과 하원하기

하원은 공식적인 하루 일과의 마무리입니다. 등원을 일정한 시간에 하는 것과 동일하게 하원도 일정한 시간에 해야 아이가 마무리를 위한 마음의 준비를 할 수 있습니다. 그런데 부모의 갑작스런 일정 변동으로 인해 약속한 시간에 아이를 데리러 가지 못할 때가 있을 수 있습니다. 이럴 경우 부모는 교사에게 미리 전화로 상황을 알리고, 교사를 통해 아이에게 부모가 몇 시에 데리러 올 것인지에 대해 알려야 합니다. 보통 부모가 교사에게 전화를 하는 경우는 많지만, 교사가 아이에게 알리지 않아 아이가 불편한 마음으로 부모를 기다리는 경우가 많습니다. 그리고 또 중요한 한 가지는 하원을 같이 하기로 약속한 사람이 반드시 아이와 함께 하원을 해야 한다는 것입니다. 분명 하원할 때 엄마가 데리러 오겠다고 했는데, 갑자기 할머니가 데리러 온다고 하면 아이의 기분이 상합니다. 할머니가 싫어서 기분이 상하는 것이 아니라, 엄마가 오기로 한 약속을 지키지 않았기 때문에 기분이 상하는 것입니다. 아이와 한 약속을 잘 지키는 것이 적응을 돕는 지름길입니다.

쌤에게 물어봐요!

아이가 아침마다 등원을 거부하고 있어 유치원이 얼마나 재미있는 곳인지에 대해 설명을 해주었습니다. 그런데 아이가 자기는 집에 있을 테니 아빠인 저더러 재밌게 유치원에 다녀오라고 합니다. 어떻게 해야 할까요?

아이의 주관이 정말 뚜렷하군요. 근본적인 해결책을 찾아 보도록 하겠습니다.

각자의 할 일이 있음을 정확히 알려줍니다.

아빠는 회사에, 아이는 유치원에 가는 것임을 꼭 알려주세요. 각자가 연령과 역할에 맞게 해야 하는 것이 있음을 알려주어야 억지를 쓰지 않는답니다.

유치원에서의 생활을 살펴봅니다.

유치원에서 어려움이 있는 건 아닌지 먼저 살펴봐 주세요. 아이에게 물어보아도 말을 안 할 때가 있으므로 특별히 요즘 달라진 점이 있는지 살펴주고, 담임 선생님과 이 점에 대해서 상담을 해주세요. 문제 파악이 우선입니다.

유치원과 아이의 성향이 맞는지 확인합니다.

만약 유치원 생활 자체에 대한 문제가 없다면, 유치원 프로그램이 아이의 성향과 맞지 않을 수도 있습니다. 이 점에 대해 파악이 필요하고, 정말로 성향의 문제라면 유치원을 바꿔보는 것도 방법입니다.

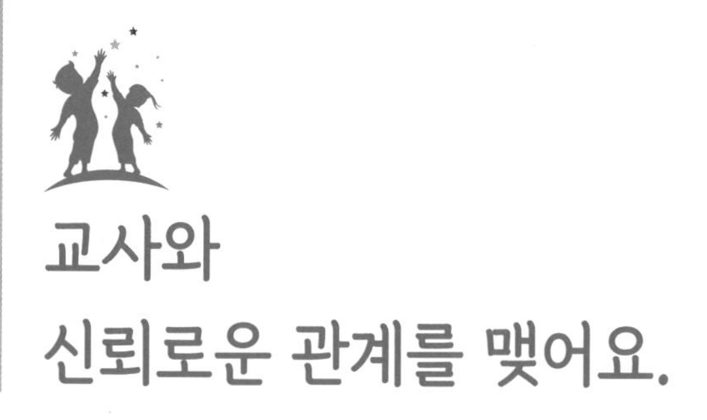

교사와
신뢰로운 관계를 맺어요.

교사와 신뢰관계를 맺는 것은 어쩌면 부모가 교육기관에 적응하는 첫걸음인지도 모르겠습니다.

뉴스를 통해 보도되는 교육기관 내 학대 사건들을 보면 아찔해질 때가 있습니다. 괜히 교사에 대한 불신이 커지기도 하지요. 뉴스에 보도되는 건 분명 일부 교사에 해당합니다. 만약 좋은 교사에 대한 보도를 한다면 아마 하루 종일 보도해도 다 못할 만큼 많을 것입니다. 교사와 신뢰관계를 맺는 것은 어쩌면 부모가 교육기관에 적응하는 첫걸음인지도 모르겠습니다.

교사와 아이에 대한 정보 주고받기

교사가 아이를 잘 돌보고 가르치기 위해서는 아이에 대해 잘 알아야 합니다. 교사가 아이를 빠르게 파악하는 것을 돕기 위해서는 부모가 먼저 아이에 대한 정보를 정확히 전달하는 것이 중요합니다. 그런데 가끔 교사가 아이에 대해 잘 파악하고 있는지를 알아보기 위해 일부러 정보를 알리지 않는 부모가 있는데, 아이의 안전하고 즐거운 생활을 위해 이러지 않아야 합니다.

이와 반대로 부모도 교사로부터 아이에 대한 정보를 잘 받아야 합니다. 집에서의 모습과 교육기관에서의 모습이 다른 아이가 의외로 많기 때문입니다. 집에서는 스스로 하는 게 부족해 늘 걱정했으나 교육기관에서는 친구를 도와줄 정도로 잘하는 아이도 있고, 적응을 잘할 거라고 생각했는데 의외로 불편함을 호소하는 아이도 있습니다. 그리고 부모는 자신이 알고 있는 아이의 모습과 다른 모습에 대해 인정할 수 있어야 하고, 인정할 때 부모와 교사는 조금 더 솔직하고 원활하게 아이에 대한 정보를 공유하며 더 좋은 방향으로 지도를 할 수 있습니다.

아이에 대한 이야기는 반드시 아이가 없는 공간에서 이루어져야 합니다. 만약 아이가 옆에 있을 때 아이에 대한 부정적인 이야기를 하게 되면 아이가 '나는 나빠.'라고 생각하게 되고, 긍정적인 이야기를 하게 되면 '꼭 그렇게 해야 해.'라고 생각하게 되어 아이가 불편해집니다.

교사에 대한 예의 지키기

교사의 지도 방법이 늘 옳을 수는 없습니다. 잘 지도하고자 하는 마음은 같다고 해도 지도 방법이 다를 수 있기 때문입니다. 혹 교사의 지도 방법이 부모의 생각과 다르다면 교사와 면담을 신청하고, 단둘이 만나서 이야기를 해야 합니다. 만약 아이 앞에서 교사에 대한 험담을 하게 되면 아이가 교사를 신뢰하지 못하고, 권위를 인정하지 않으려 합니다. 그리고 아이가 교사와 부모 사이에서 눈치를 보기도 합니다. 이럴 경우 아이는 교사로부터 제대로 지도를 받기 어려우므로 주의해야 합니다.

교사에 대한 문제에 대해서는 교사와 일차적으로 면담을 해 문제 해결을 위한 노력을 하는 것이 좋습니다. 만약 해결이 안 되거나, 조금 더 현명한 해결법이 필요할 경우에는 교육기관장과 해결을 위한 노력을 하는 것이 좋습니다. 그런데 문제가 생길 경우 급한 마음에 교육기관장부터 찾게 되는 경우가 있습니다. 이럴 경우 서로 감정적으로 얽히거나 상황 파악에 오류가 생길 수 있어 해결이 더욱 복잡해지고 어려워질 수 있습니다.

정해진 시간에 상담하기

소소한 아이의 일상부터 문제행동 해결에 이르기까지 아이에 대해 상담할 일이 많습니다. 그럴 때마다 교사에게 전화나 톡을 하게 되면 교사의 업무에 차질이 생겨 아이들 지도에 어려움이 있고, 교사도 신중히 상담할 시간적 여유가 부족합니다. 궁금하겠지만 잠시 마음을 내려놓고, 반드시 상담 신청을 하고, 약속된 시간에 상담을 해야 합니다. 그리고 반드시 상담은 정규 수업이 끝난 후부터 퇴근 전에 해야 합니다. 비상상황 외에는 퇴근 후 교사의 개인 전화로 연락을 하는 일은 절대로 없어야 합니다. 교사도 퇴근 후 잘 쉬어야 내일 아이를 기쁘게 맞이할 수 있답니다.

쌤에게 물어봐요!

아이의 말로는 선생님이 자기와 친구를 때렸다고 합니다. 아이 말만 믿을 수는 없지만 정확한 상황을 알아보기 위해 CCTV를 보여달라고 하고 싶은데, 어떻게 말을 해야 할지 모르겠어요.

마음이 많이 불편하겠습니다. 정확한 상황 파악이 되어야 해결을 할 수 있으니 차근히 문제 해결을 위해 노력해 보도록 하겠습니다.

✓ 상황 파악을 위해 CCTV 공개를 요청합니다.

부모로서 아이의 일을 파악하는 것은 당연한 의무입니다. 다만 교사의 입장도 있다는 것을 이해해 주면 좋겠습니다. CCTV 공개 요청이 문제가 아니라 요청 시 부모나 교육기관장의 태도가 문제가 될 때가 있습니다. 부모가 흥분된 상태로 공개를 요청하게 되면 교사를 잠재적 가해자로 보는 시각이 깔려 있어 교사에게 상처가 되기 때문입니다. 흥분을 가라앉히고 의심해서가 아니라 사실 확인을 위해 정중히 공개를 요청해야 합니다.

✓ 부모와 교사의 해결 과정을 아이에게 알리지 않습니다.

단순한 해프닝으로 마무리된다면 좋겠지만, 그렇지 않을 때도 있습니다. 가장 중요한 것은 아이를 보호하는 것입니다. 보통 아이에게 문제가 생길 경우 아이가 겪은 1차적인 문제보다 대처하는 과정에서 부모와 교사의 잘못된 행동 등이 아이에게 2차적인 가해를 할 때가 있습니다. 아이에게 1차적으로 가해진 문제에 대해서 도움을 주어 치유의 과정을 거치는 것은 당연하겠지만, 해결 과정의 복잡하고 힘든 일만큼은 아이에게 전달되지 않도록 잘 보호해 주어야 합니다.

다섯 **인지**

뇌

- 뇌는 사용하는 만큼 발달해요.
- 전두엽의 발달이 중요해요.
- 우뇌가 좋아하는 자극이 필요해요.

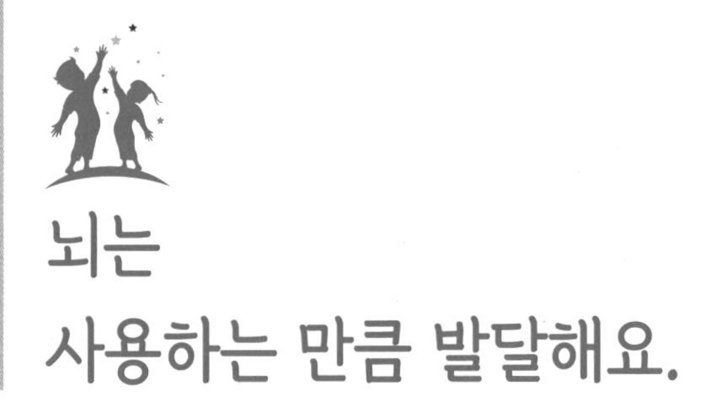

뇌는 사용하는 만큼 발달해요.

아이의 학습능력을 향상시키려 노력하기보다는, 아이의 전반적인 발달을 안정되게 이루기 위해 뇌를 이해하는 것이 좋겠습니다.

조기교육에 대한 관심이 높아지면서 아이의 '뇌발달'의 중요성이 더 많이 강조되고 있습니다. 뇌발달, 정말 중요하지요. 그런데 학습적인 부분에서만 중요한 것이 아니라 아이의 감정, 생각, 행동, 조절력 등 전반적인 발달에 중요한 영향을 미치는 것이 바로 '뇌'입니다. 그래서 아이의 학습능력을 향상시키려 노력하기보다는, 아이의 전반적인 발달을 안정되게 이루기 위해 뇌를 이해하는 것이 좋겠습니다.

뇌는 신경세포인 뉴런으로 구성되어 있고, 뉴런의 끝부분에 있는 시냅스를 통해 뉴런 간에 신호를 전달해 우리가 생각과 행동을 할 수 있게 됩니다. 그래서 뉴런과 시냅스의 발달이 중요합니다. 뇌는 신기하게도 신경세포를 필요한 만큼 만드는 것이 아니라 과잉적으로 먼저 만들어 놓습니다. 그리고 세 돌 즈음에 한 번, 사춘기에 한 번 사용하지 않는 불필요한 신경세포들을 제거합니다. 뇌가 최상의 상태를 유지해 가장 효율적으로 움직이기 위해 불필요한 신경세포를 잘라내는데, 일명 가지치기라고 합니다. 따라서 뇌를 발달시키기 위해서는 뇌를 많이 사용해야 하고, 발달된 뇌를 유지하기 위해서도 뇌를 많이 사용해야 합니다.

뇌가 발달하기 위해서는 자극이 필요합니다. 뇌가 좋아하는 자극은 반복적이고, 능동적이며, 긍정적인 자극입니다. 쉽게 말하면 스스로 즐겁게 특정한 행동을 반복할 때 발달하게 되는 것입니다. 아이가 하는 활동 중 즐겁게 스스로 하며 반복하는 것이 바로 '놀이'입니다. 그래서 뇌를 발달시키기 위해서는 학습을 하는 것이 아니라 놀이를 해야 합니다. 이를 위해서 부모는 안전하고 즐거운 놀이 환경을 만들어 주어야 합니다.

쌤에게 물어봐요!

아이의 뇌가 잘 발달하고 있는지 확인하는 방법이 있을까요?

아이의 발달 정도를 살펴보면 확인할 수 있습니다.

아이 성장 발달은 뇌발달의 결과물입니다.

아이의 성장 발달은 모두 뇌가 관장합니다. 따라서 아이의 인지, 언어, 신체움직임, 놀이를 관찰해 또래와 비슷하다면 정상적으로 발달을 하고 있다는 뜻입니다.

검사를 통해 알아볼 수 있습니다.

전문적인 검사를 통해서 아이의 뇌발달 정도를 파악할 수 있습니다. 그러나 유아기 아이의 경우 검사의 결과에 영향을 미칠 여러 정서 · 행동적인 요인들이 있어 검사가 아주 정확하게 진행되기 어렵고, 아이 또한 불필요한 스트레스 상황에 노출될 수 있으므로, 아주 특별한 이유가 있는 경우 외에는 굳이 검사를 할 필요는 없을 것으로 생각합니다.

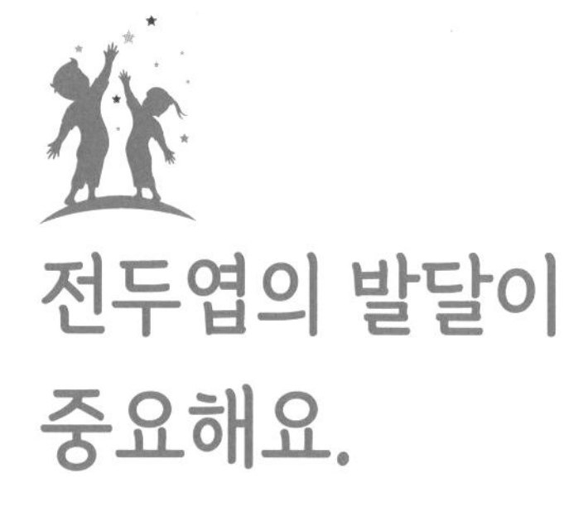

전두엽의 발달이 중요해요.

전두엽은 유아기에 가장 집중적으로 발달합니다.

뇌는 사람의 감정과 사고, 행동을 관장할 때 특정한 부분만 사용하는 것이 아니라 전체적인 상호작용을 통해 기능을 하고, 일생 동안 발달과 퇴화를 반복합니다. 그러나 부분마다 관장하는 기능과 특히 더 발달하는 시기가 있습니다. 이를 잘 알고 있다면 아이를 더 잘 이해할 수 있고, 교육이나 양육을 할 때 기준으로 삼을 수 있습니다.

뇌는 전두엽, 두정엽, 측두엽, 후두엽으로 구분하고, 이를 모두 대뇌피질이라고 합니다. 전두엽은 이마부터 정수리까지의 뇌를 말하고, 유아기에 가장 집중적으로 발달합니다. 전두엽은 감정, 사고, 도덕성, 집중력에 이르기까지 종합적인 사고를 담당하기 때문에 전두엽이 발달하는 유아기가 정말 중요하다고 하는 것입니다. 두정엽은 정수리부터 조금 뒤쪽까지의 뇌로 감각처리, 집중, 언어발달에 관여하고, 측두엽은 머리의 양쪽 옆부분에 위치하며 언어기능, 청각 · 지각처리, 장기기억, 정서를 관장합니다. 두정엽과 측두엽은 아동기 즉, 초등학교에 다니는 시기에 가장 많이 발달합니다. 후두엽은 뒷머리 쪽에 위치하고 사춘기에 발달하는데, 시각 정보를 처리하는 역할을 합니다. 그래서 사춘기 아이는 외모와 유행에 더욱 민감하게 반응하는 것입니다.

유아기에 전두엽의 발달이 중요하다는 것을 알았으니 전두엽을 발달시키는 특별한 방법을 찾고, 실천하고자 하는 부모가 많겠지요? 그러지 않길 바랍니다. 뉴스에 나오는 흉악범들을 보면 "불행했던 어린 시절로 인해 전두엽의 발달이 안되어 성격이 이상해졌다."라고 말을 합니다. 즉, 유아기에 제대로 된 양육을 받지 못해 사람과의 감정 교류를 하는 방법을 잘 모르고, 잘못을 했을 때 옳은 판단과 행동을 가르쳐 주는 사람이 없었기 때문에 반사회적인 행동을 하게 된 것입니다. 다시 말하면, 올바른 감정 교류와 옳은 판단, 행동을 가르쳐 주는 것이 전두엽을 발달시키는 자극이라는 뜻입니다. 따라서 아이를 대할 때 부모로서 부끄럽지 않고 미안하지 않게, 보편적인 배려와 존중만 해주어도 전두엽에 필요한 자극은 그 안에 모두 들어 있습니다. 너무 특별하게 무언가를 하려고 하기보다는 일상적인 좋은 돌봄을 통해 꾸준히 자극을 주는 것이 좋겠습니다.

부모가 제공해야 하는 돌봄은 첫 번째, 아이를 대할 때 안정된 정서 상태를 유지하는 것입니다. 아이는 부모가 보인 감정을 그대로 기억하고 있다가 비슷한 상황이 되면 똑같이 표현합니다. 부모의 정서 상태가 기준이 되고, 그 기준에 맞추어 감정을 조절하고 표현하게 되므로 부모의 평소 정서 상태가 중요합니다.

두 번째, 아이에게 상황에 대해 설명을 해주고, 함께 해결책을 찾는 것입니다. 문제 상황에 대해 서로 의견을 주고받는 그 자체가 사고력이 발달하는 과정입니다. 이때 이해를 돕기 위한 설명을 하는 것이지, 절대로 설득해 부모의 의견을 따르도록 하는 것은 아닙니다. 부모가 설득을 하려고 하면 아이는 더 이상 부모와의 대화를 좋아하지도, 들으려고 하지도 않는답니다.

세 번째, 아이에게 올바른 행동을 가르칩니다. 올바른 행동을 가르쳐 주는 것은 도덕적으로, 사회적으로 허용되는 행동 규준을 전달하는 것입니다. 아이가 자신의 행동을 스스로 조절할 수 있도록 행동을 정확히 가르쳐 주세요.

특별한 것보다는 일상적인 좋은 돌봄을 통해 아이의 전두엽뿐만 아니라 아이와 부모의 안정된 정서적 관계까지 잘 맺기를 바랍니다.

쌤에게 물어봐요!

아이가 소파에서 떨어지면서 이마를 찧었습니다. 외상은 없고, 병원에서 괜찮다고 하는데, 이런 경우에도 뇌발달에 나쁜 영향을 미치나요?

그렇지 않습니다.

병원 진단을 신뢰합니다.

외상이 없고, 무엇보다 병원에서 진료도 보셨으니 아이는 괜찮을 것 같습니다. 걱정하지 않아도 됩니다.

안전사고에 유의합니다.

유아기 아이의 안전사고가 가장 많이 발생하는 곳은 놀랍게도 집입니다. 어린아이일수록 집에 머무는 시간이 길고, 집 밖에 비해 부모가 아이를 덜 눈여겨보기 때문입니다. 가정 내에서 조금 더 안전하게 생활할 수 있도록 배려해 주세요.

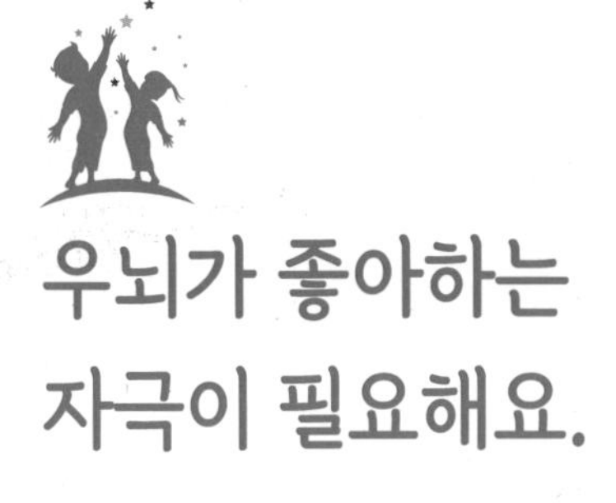

우뇌가 좋아하는 자극이 필요해요.

유아기에 발달하는 우뇌는 스스로 경험하는 감각자극을 통해 발달합니다.

뇌는 우뇌와 좌뇌로 구분합니다. 우뇌의 특징을 단어로 말하자면 '감성적, 직관적, 시각적, 공간적, 종합적, 창의적'입니다. 그리고 좌뇌의 특징을 나타내는 단어로는 '이성적, 논리적, 언어적, 수리적, 분석적, 합리적'이 있습니다. 단어를 나열해 보니 그 특징이 바로 느껴지지요? 우뇌는 시공간 능력과 감정을 관장하고, 움직임으로 경험하는 감각자극을 통해 발달합니다. 반면 좌뇌는 언어적 능력과 계산 능력 등을 관장하고, 언어자극을 통해 발달합니다.

이른 시기의 학습지와 같은 교육이 아이의 뇌를 망친다는 말 많이 들어보았을 것입니다. 이른 시기 즉, 유아기는 우뇌가 발달하는 시기인데 좌뇌가 잘 수용하는 학습지와 같은 자극으로 학습해 효과가 없기 때문입니다. 유아기의 아이가 학습지를 한다면 당연히 재미가 없고, 어려울 것이니 학습지를 하는 동안 짜증을 내며, 하지 않으려 할 것입니다. 하지만 부모는 포기하지 않고 학습시키려 해 아이는 학습에 대해 거부감이 커지고, 부모와의 정서적인 관계마저 틀어지게 됩니다. 이런 과정과 결과를 조금 과장해 뇌를 망친다와 같은 자극적인 표현이 나타나게 된 것입니다.

유아기에 발달하는 우뇌는 스스로 경험하는 감각자극을 통해 발달합니다. 그래서 어린이집과 유치원에서 체험활동을 많이 하는 것입니다. 그리고 유아 관련 학습 회사 등에서도 종이 학습지 외에 교구를 통해 학습하려는 프로그램이 많이 개발되고 있는 것이지요. 이에 발맞추어 가정에서도 우뇌가 좋아하는 자극을 통해 교육한다면 더욱 효과적일 것입니다. 그렇다고 해서 우뇌를 자극하기 위해 특별한 교육프로그램에 참여하라는 뜻은 절대 아닙니다. 우뇌가 좋아하는 자극이 바로 '놀이'이기 때문입니다. 아이가 자유롭게 탐색하고 놀며 뇌를 비롯한 전반적인 정서와 행동의 발달이 이루어지도록 배려해 주면 좋겠습니다.

쌤에게 물어봐요!

5살 아이입니다. 뭘 같이 하려고 하면 저에게 해 보라 하고, 자기는 구경만 합니다. 어떻게 해야 할까요?

아이와 재밌게 놀고 싶을 텐데, 안타까운 마음이 듭니다.

아이의 자신감을 살펴봅니다.

아이는 호기심은 있으나 자신이 잘하지 못할 것 같은 생각이 들 때 구경만 하는 경우가 있습니다. 자신감이 부족하지 않은지 살펴봐 주세요. 만약 자신감이 부족하다면 평소에 칭찬과 격려를 많이 해주어 자신감을 갖도록 해주면 됩니다.

아이가 스스로 선택하고 놀도록 기회를 주세요.

아이가 부모에게 해 보라고 할 때 "**이가 하고 싶을 때 하자. 엄마 아빠가 기다릴게."라고 말하고 기다려 주며 아이가 스스로 선택하고 직접 놀도록 기회를 주세요.

다섯 **인지**

학습

- 학습능력보다 학습태도가 더 중요해요.
- 부모의 불안을 해결해요.

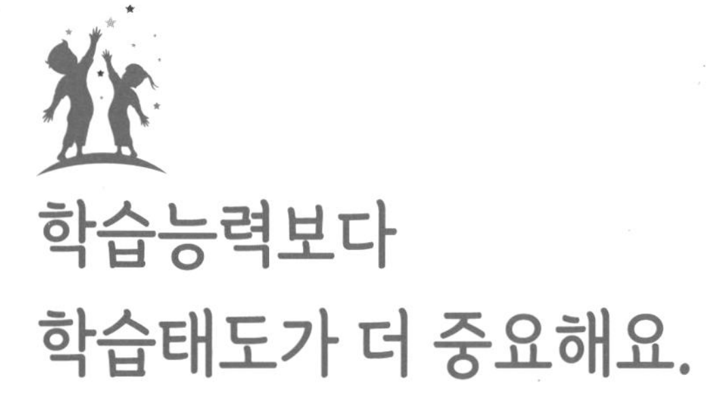

학습능력보다 학습태도가 더 중요해요.

학습을 잘하기 위해 유아기에 준비해야 하는 태도는 '이해하고 행동하기, 즐겁게 스스로 하기, 집중하고 성취감 느끼기'입니다.

학습은 배워서 익힌다는 뜻입니다. 아이는 아직 어리고 모르는 것이 많으므로 배워야 하는 것이 많습니다. 그래서 학습을 해야 하는 것도 참 많습니다. 그런데 '학습을 수학, 국어, 영어와 같이 지식을 익히는 것이나 성적과 관련된 것으로만 축소해서 생각하는 건 아닌가?'라는 의문이 듭니다. 유아기에 무엇을 학습해야 하는지, 어떻게 학습해야 하는지 알아보도록 하겠습니다.

4~5살만 되어도 학습지를 통해 한글과 수학 공부를 하는 경우가 있습니다. 학습지라 해도 유아용이라 그림이 알록달록 예쁘고, 아이가 좋아하는 스티커 붙이기가 많고, 내용도 그리 어렵지 않아 하려고 마음만 먹으면 10분 이내로 뚝딱해낼 수 있는 정도입니다. 그런데 학습지를 시작한 아이에 대해 "너무 잘해요."라고 말하는 부모는 거의 없습니다. 대부분 "하면 잘하는데, 안 하려고 해요."라고 합니다. 왜 이럴까요? 아이는 아직 학습에 대해 흥미가 없거나, 학습하는 방법이 자기와 맞지 않기 때문입니다. 그럼 아이에게 문제가 있는 걸까요? 아닙니다. 아이는 아직 학습할 연령이 되지 않았을 뿐입니다.

유아기는 본격적인 학습을 하는 시기가 아니라, 놀이를 통해 즐거움을 느끼고, 새로운 것에 대한 호기심을 가지며, 스스로 해 보고 싶은 동기를 가지는 시기입니다. 즉, 새로운 것을 하고 싶고, 배우고 싶은 태도를 익히는 시기입니다. 이 태도는 본격적으로 학습을 시작하는 아동기가 되면 학습태도로 나타나게 됩니다. 학습을 잘하기 위해 유아기에 준비해야 하는 태도는 '이해하고 행동하기, 즐겁게 스스로 하기, 집중하고 성취감 느끼기'입니다.

이해하고 행동하기

어린이집이나 유치원에서 프로그램을 할 때 아이가 교사의 말을 이해하고 상황에 맞는 행동을 한다면, 안전하고 즐겁게 프로그램에 참여할 수 있습니다. 프로그램의 대부분이 놀이 중심이기 때문에 잘 참여만 한다면 재밌게 놀면서 새로운 것을 배우게 됩니다. 그런데 교사의 말을 이해하지 못하거나, 이해를 했다고 하더라고 자기 마음대로 하려는 아이도 있습니다. 이럴 경우 놀이를 통한 학습은 고사하고 프로그램 진행을 방해하게 되어 또래들로부터 미움을 사기도 합니다. 그래서 이해하고 행동하는 것은 학습태도의 하나이지만, 기본적인 생활태도로도 중요합니다.

이해력을 발달시키기 위한 방법으로는 첫 번째, 대화가 중요합니다. 대화는 한 가지 주제를 가지고 함께 이야기 하는 것으로 상대의 말을 이해하고, 그에 대한 나의 생각을 말하는 것입니다. 이 과정에서 자연스럽게 여러 가지 감정을 주고받아 상황에 대한 이해뿐만 아니라 그 상황에 대한 상대와 나의 감정을 알게 되기 때문에 이해력을 키우기 위해서는 대화가 중요합니다. 대화를 할 때에는 부모와 아이가 한 번씩 번갈아 가며 하는 것이 중요합니다. 대화를 했다고는 하지만 만약 부모가 계속 말을 하고 아이는 '예, 아니오'만 했다면 대화라고 하기 어렵습니다. 이런 일방적인 부모의 말하기는 아이로 하여금 듣기 싫고, 할 말 없는 상태로 만들기 때문에 주의해야 합니다.

두 번째, 책 읽기가 중요합니다. 책은 밥 먹을 때, 화장실 갈 때, 친구와 싸웠을 때, 선생님과 수업을 할 때 어떻게 해야 하는지와 같은 일상생활에서 해야 하는 것을 알려줍니다. 그리고 멀리 있는 아프리카에는 숲이 우거진 밀림이 있고 밀림에는 야생동물이 산다는 등의 보지 못한 신기한 풍경들을 알려주고, 바닷속 인어공주 이야기를 들려주며 상상하게 만듭니다. 이처럼 책은 대화와는 다르게 아주 다양한 내용을 재미있게 전달해 줍니다. 또 아이의 연령에 맞는 표현으로 되어 있어 쉽게 이해할 수 있습니다. 따라서 책을 많이 읽으면 배경지식들을 재미있고 체계적으로 습득할 수 있어 이해력이 발달하게 됩니다.

유아기의 아이는 책을 읽는다기보다는 읽어주는 것을 듣는다는 표현이 더 맞습니다. 아이가 글자를 모르니 읽을 수 없고, 글자를 알아서 책을 읽을 수 있다고 해도 한 글자씩 더듬더듬

읽는 경우가 많고, 띄어 읽기가 안되어 문맥을 이해하기 어렵습니다. 그리고 읽었다고 해도 단어의 뜻을 모를 경우도 많기 때문에 실제로 읽었으나 이해하기 어려울 때가 많습니다. 그래서 부모가 읽어주어야 하기 때문입니다. 책을 읽어줄 때는 가르치려 하기보다는 재밌게 읽고, 읽은 후 잠깐 서로의 감상 정도만 나누어 책 읽기가 부담스럽지 않도록 해주세요. 특히 아이가 부모가 읽어주는 것을 듣다가 자기만의 상상의 나래를 편다면, 멈추게 하지 말고 재밌게 들어주는 것도 책에 대한 재미를 느끼게 해준다는 것을 꼭 기억해 주세요.

대화와 책 읽기를 통해 이해력이 발달했다면 아이는 그만큼 상황에 적절한 행동을 할 수 있게 됩니다. 부모가 시켜서 하는 것이 아니라 자기 스스로 해야 하는 행동을 알고 할 수 있게 되는 것입니다. 이때 부모가 해야 하는 중요한 역할은 아이가 상황에 맞는 행동을 했을 때 칭찬을 해주는 것입니다. 보통 처음으로 하는 행동에 대해서는 칭찬을 잘하지만, 여러 번 반복하게 되면 당연히 하는 것으로 생각해 칭찬을 하지 않는 경우가 많습니다. 칭찬은 아이가 잘한 행동, 스스로 한 행동을 더 자주 하게 만드니 칭찬하는 것을 꼭 기억해 주세요.

칭찬하기

1. 칭찬할 상황이 생기면 즉시 합니다. 시간이 지난 후 칭찬을 하게 되면 아이가 칭찬을 받는 이유를 모를 수 있습니다.
2. 구체적으로 칭찬합니다.
   "잘했네." 보다는 "정말 깨끗하게 정리했구나. 너무 잘했어."라고 해야 아이가 칭찬받는 이유를 정확히 알 수 있습니다.
3. 새롭게 잘한 일에 대해 칭찬을 합니다.
4. 늘 하던 것이라도 스스로 했다면 칭찬합니다.
5. 부모가 시켜 억지로 했더라도 아이가 했다면 칭찬합니다.

즐겁게 스스로 하기

즐기는 사람을 이길 수는 없지요. 즐거움은 세상 가장 강력한 동기이기 때문입니다. 아이가 블럭을 쌓고 무너뜨리기를 합니다. 3개, 5개, 7개. 위로 점점 더 많이 쌓으니 블럭 쌓기가 점점 더 재미있어집니다. 이번엔 옆으로도 쌓아 보고 싶어졌습니다. 옆으로 쌓았더니 이번엔 근사한 성이 되었습니다. 이렇게 아이가 재미를 느끼면 놀이가 점점 더 풍성해지고, 또 다른 새로운 것에 대한 호기심이 생겨 다른 놀이도 해 보게 됩니다. 학습도 이와 동일합니다.

유아기의 아이에게 부모가 제일 열심히 가르치는 것이 한글이 아닐까 생각합니다. 시간을 정해 놓고 아이를 억지로 앉혀서 가르치려니 여간 힘든 것이 아닙니다. 그런데 한글 공부를 시키지 않았는데, 어느 순간 책을 줄줄 읽는 아이가 있습니다. 부모가 아이에게 늘 자기 전에 책을 한 권씩 읽어줬던 것입니다. 책이 재미있어진 아이는 낮에도 읽어 달라고 하더니 혼자서도 읽으려고 합니다. 처음에는 그림을 보고 읽는 척을 하더니 다음에는 부모가 읽어준 내용을 기억해 읽는 척을 하다가 마침내 스스로 글자를 익혀 책을 읽게 되었습니다. 집에 있는 책을 다 읽은 후 다른 책도 읽고 싶다고 합니다. 즐거움을 느끼게 되니 스스로 하게 되고, 더 많은 책을 읽게 된 것입니다.

이와 같이 즐겁게 스스로 하도록 하는 방법은 첫 번째, 부모와 아이가 함께 놀이를 합니다. 놀아봐야 즐거움을 느낄 수 있는데, 아이가 가장 즐거움을 많이 느끼는 것은 부모와 함께 노는 것이기 때문입니다. 짧은 시간이라도 아이와 집중해서 재밌게 노는 것이 중요합니다.

두 번째, 재밌게 놀면서 아이가 스스로 익히도록 배려를 합니다. 주사위 놀이를 하면서 부모는 아이에게 수에 대해 열심히 알려주었습니다. 아이는 주사위를 몇 번 던져보더니 흥미를 잃고 다른 곳으로 가버렸습니다. 아이는 그냥 재밌게 놀고 싶었는데, 부모가 설명을 하니 재미가 없어졌기 때문입니다. 만약 이와 반대로 그냥 재밌게 주사위 놀이를 했다면, 아이가 여러 번 했을 것이고 자연스럽게 수를 익혔을 것입니다. 아이가 놀면서 스스로 익히도록 배려해 주세요.

세 번째, 아이의 새로운 도전에 관심을 보여주세요. 아이가 새로운 것을 만들고 그릴 때마다 관심을 보여주면, 그 자체로 즐거움을 느끼고 자신이 하는 것이 가치로운 일이라 생각해 더 자신 있게 하게 됩니다. 반대로 새로운 것을 하려고 할 때마다 집을 어지럽힌다거나 쓸데없는 짓을 한다며 못 하게 하면, 위축감을 느끼고 동기가 저하되니 주의해야 합니다.

네 번째, 부모의 즐거움을 말해 주세요. 아이에게 가장 영향을 많이 미치는 사람이 부모라는 거 다들 알고 있지요. 부모가 새롭게 도전을 하고 그 도전의 즐거움을 말해 준다면, 아이는 도전에 대한 걱정이 사라지고 호기심과 용기를 가지게 됩니다. 이렇게 되면 새로운 공간이나 새로운 놀이를 할 때 망설이지 않고 스스로 도전하게 됩니다.

아이는 초등학교에 입학하면서부터 긴 시간 동안 학습을 하게 됩니다. 초등학교 때는 부모가 가르쳐 줄 수 있지만, 중학생 이상이 되면 가르쳐주기 어렵습니다. 이때부터는 온전히 아이 스스로 학습을 해야 합니다. 아이가 지치지 않고 스스로 자신의 학습을 잘 할 수 있도록 유아기에는 즐겁게 스스로 하는 태도만 만들어 주겠습니다.

집중하고 성취감 느끼기

한 가지에 몰입해 오래 유지하는 것이 '집중력'입니다. 집중력 또한 유아기에 길러야 하는 학습태도 중 한 가지입니다.

집중력을 길러주려면 첫 번째, 아이의 정서가 안정되어야 합니다. 불안하고, 조급하고, 걱정되고, 두려움을 느낄 때 차분히 한 가지에 집중하는 것은 절대 불가능하지요. 화장실이 급할 때 안절부절못하는 것과 같습니다. 평소 아이의 감정을 잘 읽어주고, 부부싸움과 같은 두려운 상황에 노출되지 않도록 해 정서적인 안정감을 유지할 수 있게 도와주어야 합니다.

두 번째, 환경이 정돈되어야 합니다. 어린이집이나 유치원에 가보면 음악영역, 미술영역 등으로 활동 영역을 구분하고, 그 안에 활동에 필요한 교구를 준비해 둡니다. 이렇게 환경이 정리되면 그곳에서 무엇을 해야 하는지 알고 그 활동을 할 수 있고, 활동을 하는 동안 짧든 길든 집중을 하게 됩니다. 반대로 온통 물건이 뒤섞여 있다면 아이가 해야 할 것을 찾을 수 없고, 할 수 있는 공간도 없습니다. 따라서 부모는 아이가 무언가를 하며 집중할 수 있도록 공간을 잘 정돈해 주어야 합니다. 아이가 정리를 함께 할 수 있다면 더없이 좋습니다.

세 번째, 좋아하는 것이 많아야 합니다. 공만 좋아하는 아이라면 공놀이에만 집중을 하겠지만, 공도 좋아하고 그림그리기도 좋아하는 아이라면 공놀이를 할 때에도, 그림그리기를 할 때에도 집중을 합니다. 집중도 경험을 통해 더 오래 지속하게 되므로 좋아하는 것이 많다면 그만큼 집중하는 시간이 길어지는 것입니다.

네 번째, 완성에 대한 성취감을 느껴야 합니다. 아이가 한 가지에 집중하고 완성했을 때 스스로 해냈다는 성취감을 느끼게 되면, 다음에도 끝까지 하려는 행동을 보이게 됩니다. 아이가 성취감을 느낄 수 있도록 충분히 몰입하게 해주고, 칭찬과 격려를 아끼지 않아야겠습니다. 특히 아이가 만든 작품을 전시해 주는 것이 아주 좋은 방법입니다.

유아기의 집중력은 10분 내외입니다. 물론 자기가 좋아하는 놀이를 할 때에는 30분씩 집중을 하기도 합니다. 집중력을 길러주기 위해 오래 앉혀 두는 연습을 하는 경우가 있는데, 이는 오히려 앉아 있는 것을 싫어하게 하므로 주의해야 합니다. 만약 아이가 산만해서 문제가 되더라도 "왜 이렇게 산만해?"라고 야단을 치거나 산만한 아이로 평가하지 않아야 합니다. 아무리 산만해도 조금은 집중하는 시간이 있으니까요. 무조건 산만하다고 하지 말고 "색종이 접기를 할 때는 진짜 집중을 잘하는구나." 혹은 "어제는 책을 반만 보더니 오늘은 한 권 다 읽었네." 라고 짧게라도 집중한 시간을 칭찬하고 격려하며 집중 시간을 늘리면 됩니다.

쌤에게 물어봐요!

칭찬을 너무 많이 해도 안 좋다고 하던데, 정말인가요?

많이 하는 것이 문제가 되는 것은 아니고 잘못하면 문제가 될 수 있습니다.

과장된 칭찬을 하지 않아야 합니다.

아이가 그린 그림에 대해 "꽃을 정말 잘 그렸구나."라고 칭찬하는 것은 일반적인 칭찬입니다. 그런데 "진짜 잘 그렸네. 천재네."라고 칭찬을 하는 것은 과장된 칭찬이라 좋지 않습니다. 이럴 경우 칭찬에 대한 부담이 생겨 좋지 않습니다.

비교하는 칭찬을 하지 않아야 합니다.

밥을 잘 먹는 아이에게 "밥을 잘 먹는구나."라고 하는 칭찬은 좋습니다. 그러나 "형보다 밥을 더 잘 먹네."라고 비교하는 칭찬은 좋지 않습니다. 괜히 비교당하는 아이를 기분 나쁘게 하고, 아이들의 경쟁을 부추기게 되기 때문입니다.

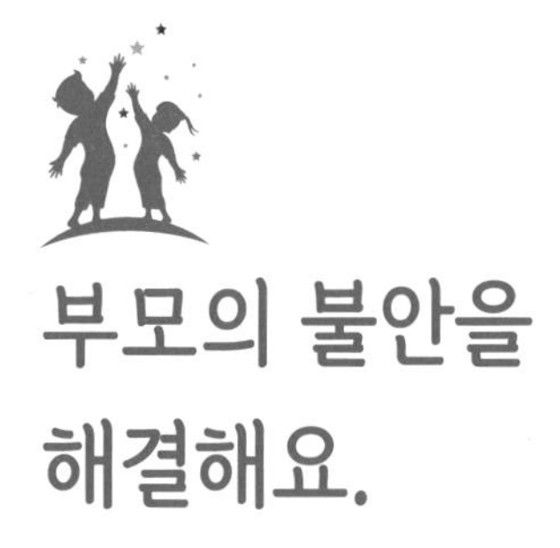

부모의 불안을 해결해요.

부모의 불안과 걱정을 기대로 바꿔보도록 하겠습니다.

학습은 아이가 하는 것인데 지켜보는 부모가 더 불안해하고, 걱정하며, 가끔은 아주 의욕적일 때도 있습니다. 모두 다 아이가 학습을 잘하길, 학습으로 인해 덜 힘들어하길, 친구보다 못해서 속상한 일이 없길 바라는 부모의 마음입니다. 그런데 부모의 불안과 걱정은 아이를 기다려주지 못하고, 채근하게 만들고, 심지어 아이도 불안하고 걱정하게 만들어 아이의 자신감을 바닥으로 떨어지게 합니다. 이제는 부모의 '못 하면 어떡하지?'라는 불안과 걱정을 '잘할 수 있을 거야.'라는 기대로 바꿔보도록 하겠습니다.

가장 좋은 조기교육은 안정된 정서발달

아이를 키우다 보면 자꾸만 옆집 아이와 비교하게 됩니다. 옆집 아이보다 발달이 좀 빠르다 생각하면 조금은 안심이 되고 우쭐해지기도 하고, 늦다고 생각하면 불안해지고 뭔가 더 해주려고 하다 보니, 부모도 아이도 스트레스를 받게 됩니다. 특히나 '조기교육'이 중요하다는 말까지 자꾸만 들리니 첫 아이를 키우는 부모는 정보가 없고 막연해 더 불안해지기 마련입니다.

'조기교육'이란 유아기에 아이의 재능을 발견해 개발하는 것을 말합니다. 즉, 재능이 발견되어야 비로소 할 수 있는 것입니다. 그런데 재능이 발현되는 시기는 아이마다 다르고, 언제쯤

인지 아무도 모른답니다. 그러니 행여나 아이의 재능을 몰라 놓칠까 봐 불안한 마음에 거꾸로 재능을 발견하기 위해 이것저것 시켜 보아야 한다고 하는 사람도 많습니다. 그래서 아직 어린데 미술, 음악, 영어, 체육 등 많은 것들을 시키게 되고, 초등학교 입학이 가까워져 오면 국어와 수학 등도 시키게 됩니다. 그러다 보니 조기교육이 미리 당겨서 배우는 선행학습처럼 변질된 것이 사실입니다.

유아기의 아이는 씨앗과 같습니다. 아직 싹을 틔울 준비가 안 되었는데, 밖에서 씨앗의 껍질을 벗기면 안 되는 것이지요. 씨앗이 무르익어 뽁하고 새싹이 나올 때까지 기다려주어야 합니다. 이를 아이의 발달 속도에 맞추어 키운다고 합니다. 아이의 발달 속도는 모두 다르니 옆집 아이와 비교하면 안 되는 것입니다. 그리고 아이가 발달해 가는 것은 누가 시켜서 되는 것이 아닙니다. 그러나 부모가 함께 하는 것은 맞습니다. 때에 맞추어 맛있는 밥을 같이 먹고, 같이 자고, 같이 놀며 아이가 좋아하는 것이 무엇인지 살펴보고, 가끔 아이가 엉뚱한 행동을 하면 바른 행동을 알려주는 과정 모두가 아이의 발달을 부모가 함께 하는 것입니다.

지식은 아이가 스스로 채웁니다. 놀면서요. 부모는 아이가 충분히 놀며 즐거움을 느끼고, 새로운 것에 대한 두려움 없이 도전할 수 있도록 안정된 정서적 환경을 만들어 주어야 합니다. 굳이 부모로서 아이의 조기교육에 이바지하고 싶다면 이런 정서적인 환경을 만들어 주는 것을 목표로 삼길 바랍니다.

초등학교 1학년 1학기 교과서 확인하기

초등학교 입학을 앞둔 부모의 걱정을 들어보면 "선행학습이 되어 있다고 생각해서 어려운 것부터 바로 한대요", "처음에는 쉬운 것 같지만 갑자기 어려워져요.", "읽고 쓰기는 다 떼고 입학한대요."라는 말을 합니다. 그런데 실제로 초등학교 교과서를 살펴보는 부모는 그리 많지 않습니다. 불안할 경우 실체를 들여다보는 것이 불안을 극복하는 가장 좋은 방법입니다. 그래야 대처도 할 수 있으니까요. 아이 학습이 불안하고 걱정된다면 초등학교 1학년 1학기 교과서를 꼭 한 번 살펴보길 바랍니다. 교과서는 학교에서 받기 전에는 보기 어려우니 가까운 서점에 가서 문제집을 통해 확인할 수 있습니다.

초등학교 1학년 1학기 교과서는 국어, 수학, 봄, 여름, 안전한 생활로 나뉩니다.

국어는 자음과 모음으로 글자가 만들어지는 원리를 가장 먼저 배웁니다. 이때 획순에 맞게 쓰기와 칸 안에 맞추어 쓰기 등을 배웁니다. 그리고 기본적인 읽기와 인사말, 그림일기 쓰기에 대한 내용을 배우고, 받아쓰기 시험을 보며 쓰기 연습을 합니다. 받아쓰기 내용은 교과서에 있는 단어와 문장이며, 집에서 미리 연습할 수 있도록 안내문이 나옵니다. 숙제만 잘해도 받아쓰기 시험 정도는 문제없습니다.

수학은 9 이하의 숫자로 덧셈과 뺄셈의 기초를 다지고, 도형의 특징을 알고 분류하는 것에 대해 배웁니다. 그리고 크다 작다, 많다 적다, 무겁다 가볍다와 같이 비교의 개념을 배운 후 여름방학을 하기 직전에 50까지의 수를 가지고 순서대로 나열하기와 묶음수에 대해 배웁니다. 유아기 아이에게 미리부터 100까지의 수를 가르치고, 구구단을 외우게 할 필요가 전혀 없다는 것입니다.

봄과 여름은 예전 바른 생활, 슬기로운 생활, 즐거운 생활을 묶어 놓은 것으로 계절에 맞추어 배웁니다. 2학기에는 가을과 겨울을 배웁니다. 그리고 마지막 안전한 생활은 말 그대로 안전에 대해 배웁니다.

1학년 1학기 교과서를 살짝 구경을 했는데, 어렵다는 생각이 안 들지요? 기초는 이미 집에서 선행으로 했으니 어려운 것부터 한다는 생각도 안 들지요? 초등학교 교과서는 초등학교 아이가 학년별로 이해하고 배울 수 있는 정도의 수준과 내용으로 구성되어 있습니다. 수업 시간에 집중 잘하고, 교사의 지시에 따라 과제를 수행할 수 있는 정도만 되면 학습 부진은 있을 수 없는 일입니다. 미리 걱정하고 불안해하지 않길 바랍니다.

선행학습은 흥미와 자신감을 가질 정도로만 하기

초등학교 입학을 앞두고 선행학습을 해야 하나, 말아야 하나 고민을 많이 하게 됩니다. 굳이 학습을 어릴 때부터 할 필요는 없다는 생각과 아무것도 모르고 학교에 가면 아이가 얼마나 힘들까라는 생각이 머릿속에서 줄다리기를 할 것입니다.

학교에 입학을 하기 전에 국어와 수학에 대한 선행학습을 한 아이가 있습니다. 부모는 아이가 학교에 가면 학습이 쉬우니 잘 하겠지라고 생각을 했습니다. 그런데 아이는 학교에서 하는 수업 내용이 다 아는 것이라 시시하고 재미가 없어 딴짓을 했고, 급기야 교사에게 산만하다는 지적을 받게 되었습니다. 선행학습의 부작용을 보여주는 단적인 예입니다.

그래서 선행학습을 꼭 해야 한다면 "다 알아. 시시해. 지겨워."라고 할 정도로 시키면 안 되고, "나 아는데. 할 수 있어."라고 자신감과 흥미를 가지고 적극적으로 학습에 임할 수 있는 정도로만 시켜야 합니다. 그러기 위해서는 선행학습을 시켜야겠다고 마음먹고 학습지를 사서 책상에 앉혀서 시키는 것은 좋지 않습니다. 학습지로 집에서 이미 실컷 했는데 학교에서 또 반복하면 너무 지겨우니까요. 이보다는 놀이 속에서 아이가 스스로 기본적인 글자와 수에 대한 개념만 형성할 수 있게 해 주면 됩니다.

아이가 시장 놀이를 하며 '과자가 5개 있었는데 내가 2개 팔아서 이제 3개 남았다.'는 것을 경험한 후 교과서에서 '5−2=3'을 배우면 내가 알던 것을 숫자와 기호로 나타낼 수 있다는 것을 알게 되고, 신기할 것이며, 이해 또한 잘되니 자신감을 가지게 됩니다. 또 책에서 봤던 글자를 수업시간에 획순에 맞추어 칸 안에 쓰기를 한다면 자신의 늘 삐뚤빼뚤했던 글자가 책에서 본 글자처럼 가지런하게 쓰여지는 과정이 신기해 재미를 느끼게 됩니다.

즉, 유아기에 즐겁게 놀이를 하며 익혔던 것들을 수업 시간에 다시 만나게 되면 아는 사람을 만난 듯이 반갑고, 알고 있는 만큼 자신감을 가지게 되는 것입니다. 꼭 선행학습을 해야 한다면 딱 요만큼만 하면 좋겠습니다.

쌤에게 물어봐요!

7살 아이입니다. 학습지를 처음 사 줬더니 너무 좋아하며 하루에 한 권을 다 해 버렸습니다. 기초라서 내용이 쉽거든요. 학습지를 더 사줄까 하는 욕심이 생기지만, 또 저러다 갑자기 지겨워져 안 하려고 하면 어쩌나 하는 생각이 듭니다. 어떻게 해야 할까요?

아이가 새로운 학습지 놀이에 푹 빠졌군요. 부모로서는 행복한 순간이지요. 지금과 같은 재미를 계속 느낄 수 있도록 지도해 주면 좋겠습니다.

하루에 해야 하는 학습 분량을 아이와 정합니다.

아이가 집중을 잘 할 수 있는 시간은 10분 내외이고, 정말로 길다면 20분 정도입니다. 이 시간 안에 할 수 있는 만큼의 최소한의 분량으로 목표량을 정하는 것이 좋습니다. 딱 재미있을 때 끝내서 '공부가 재밌구나. 내일 또 해야지.'라고 생각할 수 있도록이요.

성취감을 느끼게 해 줍니다.

아이가 학습지를 다 하고 나면 반드시 칭찬으로 스스로 해냈다는 생각을 하게 해 주세요. 성취감은 강한 동기가 되어 스스로 하는 아이로 만들어 줍니다.

틀린 것에 대해 격려합니다.

학습지가 늘 쉽지는 않겠지요. 하다가 어렵거나 틀린 문제가 있으면 반드시 "아~ 이거 어려웠구나." 혹은 "이거 헷갈렸구나."라고 마음을 먼저 다독여 주고, 다시 가르쳐 주세요. "잘하면서 왜 틀렸어?"는 칭찬 같지만 칭찬이 아닙니다.

다섯 **인지**

책 읽기

- 즐거운 책 읽기를 해요.
- 다양한 책을 읽어요.

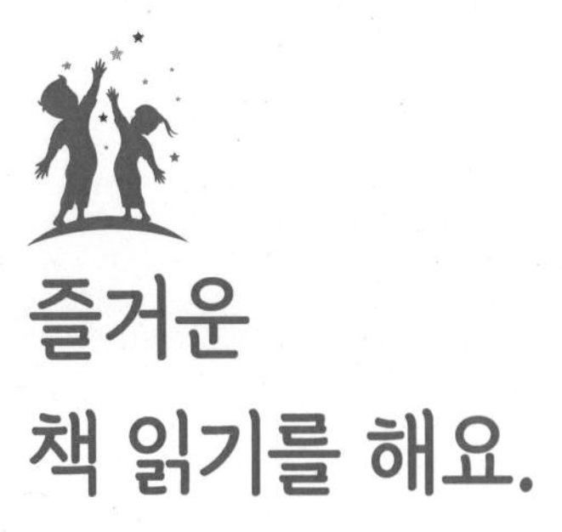

즐거운 책 읽기를 해요.

즐거운 책 읽기를 계속하려면 몇 가지 주의해야 할 것이 있습니다.

아이가 거실에 앉아 책을 보며 까르르 웃는 모습, 상상만 해도 행복해집니다. 단순히 책을 읽을 수 있다는 것 외에도 집중력이 자랐다는, 등장인물들의 감정을 이해할 수 있다는, 스스로 책을 읽고 싶다는 욕구가 생겼다는 의미니까요. 즐거운 책 읽기를 계속하려면 몇 가지 주의해야 할 것이 있습니다.

부모가 먼저 읽은 후 읽어주기

책에는 등장인물들의 대사가 있고, 상황을 설명하는 글이 있고, 의성어와 의태어로 강조된 부분도 있습니다. 그런데 책을 처음부터 끝까지 같은 목소리와 같은 속도로 읽어주면 아이가 설명하는 부분인지 대화인지, 등장인물 중 누구의 말인지 이해하기 어렵고 재미가 없습니다. 그래서 아이에게 읽어주기 전에 부모가 책을 먼저 읽어야 합니다. 책을 읽으며 등장하는 인물의 목소리를 바꾸어 준비하고, 어느 부분에서 힘을 주어 읽어야 할지, 긴장감은 언제 조성해야 할지 정한 후 읽어주어야 재미있게 읽어줄 수 있습니다. 또한 가끔 동화책 중에서도 내용이 왜곡된 것이 있어 부모가 먼저 읽고 내용을 확인할 필요가 있습니다.

잠자기 전에 읽을 권 수 정하고 읽기

낮에는 책에 관심도 없던 아이가 자려고 하면 책을 엄청 꺼내 옵니다. 책이니 안 읽어줄 수 없고, 읽어주자니 부모는 너무 졸리고, 아이는 듣는 둥 마는 둥 합니다. 이런 상황이라면 아이는 책을 진짜로 읽고 싶다기보다는 자지 않기 위한 핑계를 대는 정도에 불과합니다. 그래서 미리 읽을 책의 권수를 정하고, 약속한 만큼만 읽어주어야 합니다. 아이가 더 읽어 달라고 하면 "안 돼."가 아니라 "더 읽고 싶구나. 오늘 2권 읽기로 한 거 다 읽었어. 더 읽고 싶은 건 내일 읽자."라고 읽고 싶은 마음만 받아 주고, 약속한 대로 내일 읽으면 됩니다.

책을 읽은 후 느낀 점 말하기

책을 읽어주고 난 후 아이가 이해했는지 정말 궁금해지지요? 그래서 아이가 이해했는지, 기억하고 있는지 알아보기 위해 내용에 대한 질문을 하게 됩니다. 이런 질문은 아이에게 시험을 보는 것처럼 부담스러워져 책 읽기가 싫어집니다. 절대로 내용에 대한 질문은 하지 않도록 하겠습니다. 대신에 책을 다 읽은 후 부모가 먼저 느낀 점을 이야기해 주세요. 부모의 느낀 점을 듣고 자란 아이는 '책을 읽으면 자신의 느낌을 말하는 거구나.'를 배워 어느 순간 자기도 느낀 점을 말하게 된답니다. 그리고 나중에 학교에 다닐 나이가 되었을 때 말로 하던 감상을 글로 쓰면 논술이 되는 것이지요. 강요가 아니라 자유롭고 즐거운 느낌 말하기 시간을 가지면 좋겠습니다. 단, 독서 선생님과의 수업은 예외입니다. 독서 선생님의 목적은 학습이니 당연히 책을 읽은 후 아이에게 질문을 할 수 있습니다.

책을 활용한 다양한 놀이하기

아이는 책을 읽으면 가장 인상적인 장면을 역할놀이로 해 보고자 합니다. 역할놀이를 할 수 있다는 것은 책을 잘 이해했고, 기억하고 있다는 의미이기도 합니다. 그 외에도 책에서 본 음식을 만들어 먹어 본다거나, 책의 한 장면의 분위기를 음악으로 표현하고 율동을 만들어 보는 것도 좋은 독후 활동입니다. 우뇌가 발달하는 유아기에는 책으로 봤던 것을 감각적인 활동을 통해 몸으로 느낄 때 그 내용을 더 잘 이해하게 됩니다. 또한 자신이 생각한 대로 이야기를 바꾸어 보며 대리만족을 느끼고, 창의력과 상상력을 키워갑니다.

아이의 상상속으로 들어가기

책을 읽다 보면 한 권을 읽었을 뿐인데 시간이 20분 이상 훌쩍 지나갈 때가 있습니다. 장면마다 상상의 나래를 펴는 아이 때문이지요. 아이가 장면마다 떠오르는 이야기가 있다면 같이 상상속으로 들어가 이야기 나누고, 서로의 느낌을 표현하는 것은 좋습니다. 단, 부모가 장면마다 떠오르는 이야기를 한다면, 아이의 책 읽기를 방해하는 것이니 하지 않아야 합니다. 그리고 아이가 책 내용과 전혀 상관없는 이야기를 한다면, 지금 책을 읽고 싶지 않은 것이니 잠시 멈추었다가 다시 읽고 싶을 때 읽어주면 좋겠습니다.

무서운 내용과 그림이 그려진 책 읽지 않기

동화책 중에 무서운 내용이나 그림이 있는 것이 있습니다. 대표적인 것이 전래동화입니다. 권선징악의 주제로 이야기가 전개되는데 호랑이라던가, 잡아먹는다와 같은 표현이 아이에게는 무섭게 느껴집니다. 무서운 내용을 보게 되면 밤에 잠을 잘 때나 화장실을 갈 때 힘들어지므로 보지 않는 것이 좋습니다. 아이 중에는 무서워하면서도 보는 경우가 있는데, 이럴 때에는 부모가 조금 더 크면 보자고 다독여 주면 좋겠습니다.

쌤에게 물어봐요!

부모가 책을 읽으면 아이도 책을 좋아한다고 해서 저희 부부는 거실에서 책을 읽는 모습을 보여주고 있습니다. 그런데 아이는 자기 책이 아니라 저희가 보는 책을 읽어달라고 합니다. 읽어줘야 하나요?

아이가 호기심이 많군요. 부모의 책을 읽어줄 수도 있고, 안 읽어줄 수도 있습니다.

읽어주고 싶다면 읽어줍니다.

아이가 부모의 책을 읽어달라고 하면 "이 책이 궁금하구나."라고 감정을 받아 줍니다. 그리고 "어렵고 재미없을 수 있는데 괜찮겠어?"라고 아이의 의견을 물어본 후 아이가 괜찮다고 하면 읽어주면 됩니다.

읽어주기 싫다면 거절합니다.

아이에게 부모의 책을 읽어주고 싶지 않다면 "이 책은 엄마 아빠 거야. 혼자 읽고 싶어. 방해받고 싶지 않아."라고 거절의 이유를 말하고 거절할 수 있습니다.

다양한 책을 읽어요.

얼마나 재밌고 즐겁게 읽었는지도 중요합니다.

유아기에는 그림만 있는 책부터 시작해 그림과 글자가 함께 있는 책을 보게 되는데 읽을 수 있는 책의 종류가 정말 많습니다. 생활습관을 익히는 생활동화, 세계적으로 유명한 명작동화, 과학의 원리를 쉽고 재밌게 알아가는 과학동화, 수의 개념을 형성하는 수학동화, 음악가와 음악에 대해 이야기하는 음악동화, 미술사조와 화가에 대한 이야기를 하는 미술동화, 오래전부터 내려오는 이야기를 전하는 전래동화, 위대한 인물의 일생을 담은 위인전, 각 나라의 고유한 문화를 전하는 문화동화, 직업을 알려주는 직업동화 등 다양한 책들이 있습니다. 이 많은 책들을 다 읽어주려니 벌써 마음이 바빠집니다.

책은 얼마나 많이 읽었는지, 얼마나 다양한 주제를 읽었는지도 중요하지만, 얼마나 재밌고 즐겁게 읽었는지도 중요합니다. 특히 습관을 형성하는 유아기 아이에게는 처음 책을 어떻게 읽었는지에 따라 책을 좋아하고 가까이할 수도, 아니면 재미없어하고 싫어할 수도 있기 때문입니다.

전집과 낱권

책을 살 때 낱권으로 사야 하나, 40~50권씩 되는 전집을 사야 하나 고민이 됩니다. 전집은 책 편식을 하지 않고 골고루 볼 수 있는 것이 가장 큰 장점입니다. 그런데 최대의 단점은 아이가 사 놓은 책을 안 읽을 수도 있다는 것입니다. 그렇다고 낱권으로 사려고 하니 매번 서점에 갈 수도 없고 불편한 점이 있습니다. 정답은 아이의 연령과 책을 읽어주는 부모의 습관, 책을 읽는 아이의 습관에 있습니다.

보통 4살까지의 책은 스스로 읽기보다는 부모가 읽어주면 듣는, 감각놀잇감 정도로 생각합니다. 그 연령에 맞는 전집을 사서 다양하게 읽어주고, 놀잇감으로 활용해 놀면 좋겠습니다. 5살 이상이라면 이제 아이가 자신의 의견을 표현할 수 있습니다. 이 시기부터는 책을 살 때 아이를 데리고 서점에 직접 가서 몇 권을 읽어 본 후 그중에서 마음에 드는 책을 사는 것이 가장 좋습니다. 전집으로 사도 되고 낱권으로 사도 되는데, 책을 좋아하고 골고루 읽는 아이라면 낱권은 너무 감질나므로 전집이 좋겠습니다. 그런데 책을 그리 좋아하지는 않지만, 부모가 읽어주면 잘 듣는 아이일 경우에는 부모가 열심히 읽어줄 자신이 있다면 전집을 사고, 그렇지 않다면 낱권 또는 10권 정도로 수가 적은 전집을 사길 권합니다. 부모가 의욕적으로 읽어주려 책을 샀으나 읽어주지 못해 책꽂이를 볼 때마다 책이 밀린 숙제처럼 느껴지면 안 되니까요. 전혀 책에 관심이 없는 아이라면 전집은 전시물이 될 수 있으니 낱권으로 사는 것이 바람직합니다.

그림과 글

책에는 글과 그림이 있는데, 아이가 먼저 관심을 보이는 것은 글이 아니라 그림입니다. 아동기 이상이 되면 글로 이해하니 글이 더 중요할 수 있지만, 유아기는 글을 잘 모르므로 그림으로 이해하는 경우가 더 많습니다. 그래서 그림이 정말 중요합니다. 유아기 책을 보면 직접 그린 그림이 있는가 하면 폐품을 활용해 배경을 입체적으로 만들어 사진으로 찍어 놓은 것도 있고, 닥종이로 인형을 직접 만들어서 표현하는 것도 있고, 점토로 미니어처 세상을 만들어 표현한 책도 있고, 유명한 화가의 화풍으로 표현한 책도 있습니다. 아이에게는 그림도 재미를 줄 수 있기 때문에 책을 고를 때에는 다양한 재료와 표현 방법들을 만날 수 있도록 준비하는 것이 좋습니다.

그림 위에 올려진 글은 한 줄부터 여러 줄까지 길이가 점점 길어집니다. 아이가 집중할 수 있는 길이의 글을 선택하는 것이 좋은데 아무리 짧은 글이라도 아이가 끝까지 다 읽지 않을 수 있습니다. 이럴 때에는 부모가 짧게 중심 내용만 전달되도록 축약해 재미있게 표현해도 좋습니다.

쌤에게 물어봐요!

초등학교에 다니는 첫째에게 저 대신에 동생에게 책을 읽어주라고 했습니다. 첫째의 읽기 연습에 도움이 되고, 둘째에게 책을 읽어줄 수 있어 좋겠다고 생각했는데, 첫째가 "아빠 너무 해."라고 말하며 너무 싫어합니다. 제가 잘못한 건가요?

아빠의 바람과는 완전 다른 결과가 나타났네요. 좋은 방법을 찾아보겠습니다.

첫째의 마음을 헤아려 봅니다.

첫째는 아빠가 해야 할 일을 자기에게 시켰다고 생각합니다. 당연히 싫겠지요. 첫째가 스스로 동생에게 책을 읽어준다면 좋겠지만, 그렇지 않다면 시키는 것은 좋지 않습니다.

첫째도 둘째도 아빠가 책을 읽어줍니다.

책을 읽어주어야 한다면 첫째도 둘째도 아빠가 읽어주면 좋겠습니다. 아이들은 자기들끼리 하는 것보다 아빠와 하는 것을 더 좋아하니까요.

여섯 **성**

이해하는 성

- 성교육을 해야 하는 때가 있어요.
- 성교육의 핵심은 '내 몸은 내 거'예요.
- 남녀의 다름과 예절을 익혀요.
- 자위는 자연스러운 거예요.
- 스킨십 예절을 배워요.
- 음란물로부터 보호해요.
- 또래 성폭력 예방도 필요해요.

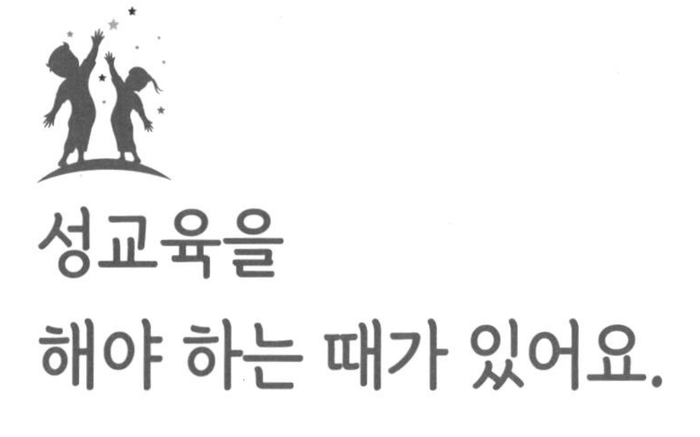

성교육을 해야 하는 때가 있어요.

아이를 잘 관찰해 숨겨져 있는 호기심과 질문을 찾아야 하고, 스스로 질문을 할 수 있는 분위기를 만들어 주어야 합니다.

성교육을 해야 한다는 것은 알고 있지만, 언제 해야 할지 막막하기만 합니다. 그래도 요즘은 어린이집, 유치원 등에서 성교육을 하고 있어 아이는 부모가 가르쳐 주지 않아도 성에 대한 기본적인 내용을 알고 있습니다. 그리고 집에 돌아와서 갑자기 뭔가 더 알고 싶을 때 느닷없이 질문을 하는 것입니다. 때문에 질문을 할 때 가르쳐주면 "아~"하고 빠르게 이해를 합니다. 그래서 억지로 성교육을 하기 위해 시간을 내는 것이 아니라 평소에 아이가 질문을 하는 순간이 가장 좋은 성교육 시간임을 기억하고 잘 활용해야겠습니다.

그런데 관심이 없는 아이도 있고, 뭐가 뭔지 하나도 모르니 질문을 하려는 생각조차 없는 아이도 있고, 궁금하지만 질문을 하지 않는 아이도 있고, 궁금증을 스스로 해결하는 아이도 있습니다. 마냥 질문을 할 때까지 기다릴 수 없는 이유입니다. 그래서 아이를 잘 관찰해 숨겨져 있는 호기심과 질문을 찾아야 하고, 스스로 질문을 할 수 있는 분위기를 만들어 주어야 합니다.

관찰하기

아이에게 성교육을 하기 위해서는 아이의 관심이나 발달 정도를 알고 있어야 합니다. 그러기 위해서는 부모가 아이의 행동과 말을 잘 관찰하는 것이 중요합니다.

5살 아이가 있습니다. 어느 날 인가부터 계속 자신의 음경을 만지작거리며 노는 것을 부모가 보았습니다. 이 아이는 자위를 시작했으니 부모에게 자위가 무엇인지, 왜 하는 것인지, 언제 어떻게 하는 것인지 물어볼까요? 그렇지 않지요. 아이는 자신의 몸에 대해 관심을 가지기 시작했고, 좋은 느낌을 주는 자극을 찾았을 뿐 이것이 무엇인지, 좋은 것인지 나쁜 것인지에 대해 개념조차 없기 때문에 질문을 해야 할 이유는 더더욱 없을 것입니다. 이처럼 아이가 성에 관한 행동을 할 때가 바로 성교육을 해야 하는 때입니다.

아이가 자위를 하는 것을 처음 봤다면 "만지는 건 괜찮지만, 아프게 하면 안 돼." 정도로 가볍게 말해 줄 수 있습니다. 그리고 다음에 또 거실에서 자위를 하는 걸 봤다면 "사람들이 몸을 만지는 걸 보면 안 돼."라고 말해 줄 수 있습니다. 자연스러운 분위기로 하나씩 천천히 알려주어야 합니다.

그 외 아이가 텔레비전을 보거나, 일상생활 속에서 봤던 것들에 대해 무심히 툭 던지는 말이 있습니다. 이럴 경우에는 "그거 봤구나." 혹은 "그거 궁금하구나."라고 감정을 읽은 후 설명을 해 주면 됩니다. 아이가 무심히 말을 했으니 부모도 무심히 말을 해 주어야 합니다. 이러기 위해서는 마음의 준비와 함께 성지식을 잘 준비해야 합니다.

성교육 책 읽기

부모가 아이에게 책을 읽어주는 것은 자연스러운 일이고, 일상적인 일입니다. 자연스럽게 하는 것이 가장 중요한 성교육을 책 읽기를 통해 한다면, 보다 편안하게 접근할 수 있습니다. 책 읽기의 좋은 점은 새로운 것을 알 수 있다는 것과 더불어 읽다 보면 자연스럽게 새로운 호기심이 생기고, 궁금해 질문을 한다는 것입니다. 그래서 성교육을 해야 하는 시기인데 아이가 전혀 관심이 없다면 책을 함께 읽으며 성교육 시간을 가져보는 것도 좋습니다.

보통 성교육 책이라고 하면 정자와 난자가 만나 아기가 되는 이야기가 주를 이룹니다. 그리고 남자와 여자의 몸이 다르다는 이야기, 남자와 여자가 서로 지켜야 하는 예절 이야기가 있습니다. 그 외 꼭 포함되어야 하는 주제가 존중과 배려, 양성평등입니다.

성에 관련된 모든 생각과 행동에는 기본적으로 타인에 대한 존중과 배려가 있어야 합니다. 존중과 배려가 없는 성에 관한 생각과 행동은 성폭력이기 때문입니다. 그래서 성교육에 관한 책에 존중과 배려의 내용이 포함되어야 합니다. 나에 대한 존중과 배려는 나를 성폭력의 위험에 노출되지 않도록 지키는 것이고, 타인에 대한 존중과 배려는 내가 타인에게 성폭력을 하지 않도록 성도덕 기준을 세우고 나의 조절 능력을 키우는 것입니다. 그래서 존중과 배려에 관한 내용도 성교육 책에 속합니다. 다행히 유아용 책의 거의 대부분은 존중과 배려의 내용을 담고 있어 굳이 힘들게 찾을 필요 없이 가정에 있는 책을 잘 읽어주기만 하면 됩니다.

양성평등 주제도 꼭 다루어야 합니다. 왜냐하면 서로가 편하고 행복하기 위해서입니다. 흔히들 양성평등은 여자를 위한 것이라고 오해를 하는 경우가 있습니다. 양성불평등은 여자에게 남자보다 능력이 열등하다고 말하고, 여성다움을 강조합니다. 남자에게는 강함을 요구하고, 남자다움을 강조합니다. 따라서 여자에게는 기회를 박탈하고 분노하게 하며, 남자에게는 부담을 주고 감정 표현을 못 하게 합니다. 따라서 양성평등은 남녀 모두에게 필요한 것이며, 특히 성교육은 남자와 여자에 대해 하는 교육이므로 당연히 양성평등이 포함되어야 합니다. 양성평등은 서로의 차이를 인정하고 서로를 존중하고 배려하는 것의 시작입니다.

쌤에게 물어봐요!

자연스럽게 성교육을 해야 한다고 다짐은 하지만 너무 어렵습니다. 제가 당황스러워 설명이 안 돼요.

부모가 처음이니 당황스러울 수 있습니다. 지금부터 준비를 하면 됩니다.

✓ 성교육 책을 통해 이론 공부를 합니다.

아는 만큼 당황하지 않고 잘 설명할 수 있습니다. 미리 성교육 책을 통해 성에 대한 지식을 준비해 주세요.

✓ 질문을 받으면 심호흡을 합니다.

느닷없는 질문에 당황했을 때에는 심호흡을 하며 잠시 마음을 진정합니다. 당황해서 아무 말이나 해 버리면 성교육을 할 좋은 기회를 놓치게 됩니다. 잠시 마음을 가다듬고 "궁금했구나."라고 아이의 감정을 읽어주며 이야기를 시작하면 됩니다. 반복적인 경험을 통해 자연스럽고 편안하게 말할 수 있을 것입니다.

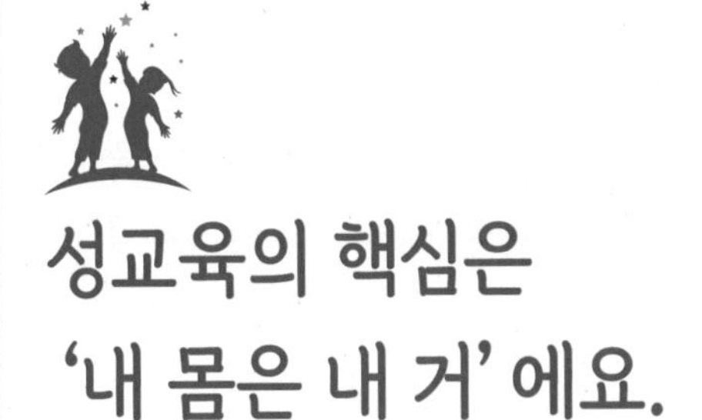

성교육의 핵심은 '내 몸은 내 거'에요.

생활 속에서 아이가 자기 몸이 진짜로 자기의 것임을 알 수 있도록 해야 합니다.

흔히 성교육을 할 때 여자아이에게는 "내 잠지는 소중해. 아무도 만질 수 없어."라고 가르치고, 남자아이에게는 "내 고추는 소중해. 아무도 만질 수 없어."라고 가르칩니다. 맞는 말이긴 한데 조금 부족한 느낌입니다. 첫 번째 부족함은 '잠지, 고추'라는 표현에 있고, 두 번째 부족함은 '소중해'라는 단어에 있습니다. 그 부족함이 어떤 것인지, 어떻게 말하고 가르쳐야 하는지에 대해 알아보겠습니다.

첫 번째, '잠지, 고추'입니다. 이 말은 음순, 음경이라고 불리는 성기를 유아어로 대체해 표현한 것입니다. 원래 성교육을 할 때에는 원칙적으로 정확한 명칭을 사용하는 것이 좋다고 합니다. 그러나 어린아이에게는 음순과 음경이라는 표현이 다소 어려운 표현이고, 조금 더 귀엽고 편하게 표현하기 위해 유아기에 한정해 정확한 명칭과 더불어 '잠지, 고추'라는 유아어를 사용해도 좋다고 합니다. 그런데 여기서 문제는 정확한 명칭이냐, 유아어냐가 아니라 다른 사람들로부터 침해당하지 않아야 하는 것이 '성기'로 제한되어 있다는 것입니다. 왜냐하면 어른들은 성교육을 할 때 성기 중심의 사고를 하고, 성기 중심의 내용을 가르치려 하기 때문입니다. 그래서 오히려 성교육이 더 어려워지고 있습니다. 성교육에서 중요한 건 내 성기를 포함한 내 몸 전체입니다. 따라서 '내 잠지', '내 고추'가 아니라 '내 몸'이라는 표현이 맞습니다.

두 번째, '소중해'입니다. 소중하다의 사전적 의미는 '지니고 있는 가치나 의미가 중요해 매우 귀하다.'입니다. 이런 깊은 뜻은 너무나 추상적이어서 아이가 이해하고 마음에 새기기에는 다소 어려움이 있습니다. 그리고 늘 야단을 맞거나 혼자 시간을 보내며 부모로부터 애정과 존중, 이해, 관심 등을 받아 본 적이 없는 아이라면 당연히 자신을 소중하다고 생각해 본 적이 없기 때문에 소중하다는 말은 허공의 메아리 같아 명확히 전달되기 어렵습니다. 그래서 조금 더 명확한 표현으로 가르쳐 주는 것이 필요합니다. 아이는 두 돌만 지나도 '내 거야. 내가 할 거야.'를 입에 달고 살지요? 이건 내 것이 어떤 것인지, 내 것에 대한 애착이 얼마나 큰지를 보여주는 것입니다. 이런 아이의 발달적 특징을 교육에 접목시키면 그 효과가 극대화되겠지요. 그래서 소중하다는 말보다는 '내 것'이라는 표현이 조금 더 명확히 메시지를 전달할 수 있습니다.

따라서 성교육에서 아이에게 정확히 전달해야 하는 메시지는 "내 몸은 내 거야. 아무도 날 만질 수 없어."입니다. 그리고 이 말이 효과가 있으려면 일상생활 속에서 아이가 진짜로 자신의 몸이 자신의 것임을 알 수 있도록 양육해야 합니다. 아이가 말을 안 듣는다고 해서 함부로 때리거나, 입기 싫은 옷을 억지로 입히는 등의 행동은 좋은 양육이 아니기 때문에 당연히 하면 안 되겠지만, 내 몸은 내 것이고 존중받아야 한다는 성교육적 측면에서도 모순되므로 해서는 안 된답니다.

성교육은 단순히 정자와 난자의 이야기가 아니라, 남녀가 서로 사랑하고 아기를 낳고 키우는 모든 과정에 대한 교육입니다. 따라서 성교육은 성교육 시간에만 이루어지는 것이 아니라 일상생활 전반에서 이루어져야 합니다. 성교육 시간에 배워 "내 몸은 내 거야."를 앵무새처럼 말하는 것이 아니라 생활 속에서 아이가 자기 몸이 진짜로 자기의 것임을 알 수 있도록 해야 합니다. 그리고 존중받는 양육을 통해 누군가가 "넌 소중해."라고 알려주고 가르쳐주기 전부터 아이 스스로 자신이 소중한 존재라는 것을 알고 있다면 더없이 좋겠습니다.

쌤에게 물어봐요!

아이가 엄마인 제 가슴을 자꾸 만지려고 하는데 그냥 둬야 하나요? 못 하게 해야 하나요?

엄마의 선택 사항입니다. 엄마의 몸은 엄마의 것이니까요.

싫다면 단호히 거절합니다.

엄마의 몸은 엄마의 것이므로 아무리 자식이라고 해도 엄마의 허락 없이 엄마의 가슴을 만지면 안 되는 것입니다. 엄마가 싫다면 정확히 거절의 의사를 밝히면 됩니다.

가슴 만지는 것을 허락할 때에는 한계설정을 합니다.

엄마의 가슴을 만져도 된다고 아이에게 허락할 수 있습니다. 단, "집에서 엄마 가슴만 만져야 해. 다른 사람은 절대 안 돼."라고 한계설정을 해 주어야 합니다. 아이가 집에서 하듯이 밖에서 다른 사람의 가슴을 만지면 안 되니까요.

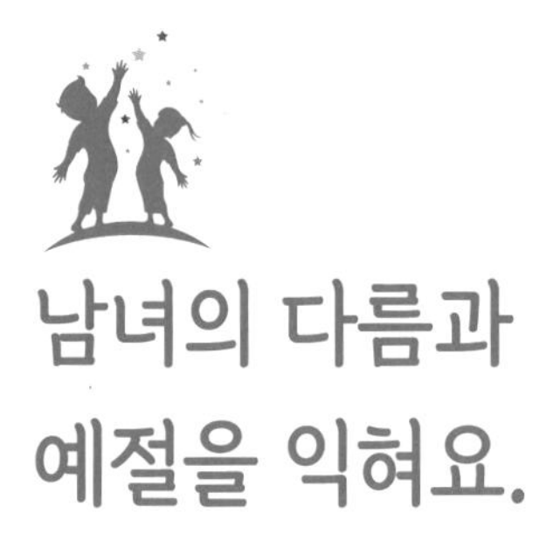

남녀의 다름과 예절을 익혀요.

부모가 좋은 남녀의 롤 모델이 되어 가정에서부터 스며들 듯 좋은 성교육을 하기 바랍니다.

어린아이를 대상으로 하는 성폭력이 늘고 있습니다. 아이가 자기 자신을 지키고, 부모에게 도움을 요청하기 위해서는 성에 대해 제대로 알고 있어야 합니다. 그래서 유아기 성교육이 중요해지고 있습니다. 유아기는 성교육을 처음 시작하는 단계로 기초부터 정확히 가르쳐주는 것이 중요합니다.

유아기 성교육 내용은 첫 번째, 남자와 여자는 서로 다르다는 것입니다. 대한민국에서 제일 열심히 하는 성교육 내용이라고 생각하면 됩니다. 남자 몸속에 아기씨 정자가, 여자 몸속에 아기씨 난자가 들어 있고, 정자와 난자가 만나 예쁜 아이가 태어난다는 건 4~5살 정도면 모르는 아이가 없을 정도니까요. 그리고 몸의 생김새 더 정확히 말하면 성기의 모양이 다르다는 것도 아이는 그림을 통해 배웁니다. 그래서 화장실의 변기 모양이 다르고, 소변을 보는 방법이 다르다는 것을 알게 되지요. 이때 남녀의 신체적 차이는 구조와 기능의 차이일 뿐 우열을 나타내는 것은 아니라는 '양성평등'에 대해서도 함께 알려주어야 합니다.

요즘이 어떤 시대인데라고 생각할 수 있지만, 아직도 양성평등에 어긋나는 책들이 많습니다. 부모가 성교육을 하는 방법 중 쉽게 할 수 있는 것이 책을 통한 것인데, 책이라고 해서 다 좋은 것이 아닙니다. 아이와 함께 성교육 책을 보기 전에 부모가 먼저 살펴봐 성에 대한 잘못된 지식이 담겨 있지는 않은지, 양성평등에 위배되는 차별적 내용은 없는지, 남녀의 성에 대해 편견을 심어줄 수 있는 내용은 없는지 반드시 확인을 하는 것이 필요합니다.

두 번째, 몸에 대한 예절을 지켜야 한다는 것입니다. 성교육의 가장 중요한 핵심은 '내 몸은 내 거'라고 했습니다. 이제는 인간관계의 범위가 친구로까지 확대될 시기이니 '내 몸은 내 거, 친구 몸은 친구 거'라는 것을 알아야 할 때입니다. 이를 통해 친구의 몸을 함부로 만지면 안 되고, 옷을 벗기고 봐서도 안 되고, 옷 속에 손을 넣어서 만지는 것도 안 된다는 예절을 배우게 됩니다. 더불어 함부로 때리는 것도 안 된다는 것을 자연스럽게 배우게 됩니다. 이 기본 중에 기본만 잘 기억해도 텔레비전 뉴스를 도배하는 성범죄는 없을텐데라는 안타까운 마음이 듭니다

남녀의 차이와 몸에 대한 예절은 성교육 시간에 배우지만, 더 자연스럽게 익히는 방법은 가정에서 부모가 서로를 배려하고 존중하는 태도를 보여주는 것입니다. 부모는 아이가 처음 만나는 어른 남자와 어른 여자입니다. 당연히 스킨십을 하고, 서로 대화를 통해 존중하고 배려를 하며, 문제를 해결해 나갑니다. 따라서 부모가 서로를 어떻게 대하는가가 가장 중요한 성교육입니다. 성교육 시간에 듣는 남자와 여자 이야기와 실제 가정에서 부모를 통해 보는 남자와 여자의 이야기가 다르다면 아이가 무척 혼란스럽겠지요. 부모가 좋은 남녀의 롤 모델이 되어 가정에서부터 스며들 듯 좋은 성교육을 하기 바랍니다.

쌤에게 물어봐요!

6살 딸이 아기가 어디로 태어나는지 묻는데, 어느 정도까지 알려주어야 할까요?

6살 수준에 맞추어 최대한 성실히 알려주겠습니다.

✓ 여자의 몸에 대해 알려줍니다.

사람의 다리 사이에는 소변이 나오는 구멍과 대변이 나오는 구멍이 있는데, 여자의 경우에는 그 두 구멍 사이에 아기가 나오는 구멍이 있다고 알려주면 됩니다. 가운데 구멍으로 아기가 머리부터 미끄럼 타고 태어난다고 알려주면 됩니다.

✓ 아이가 아기의 탄생을 보여 달라고 하면 유아용 그림으로 보여줍니다.

설명을 듣고 호기심이 멈추기보다는 더 궁금해서 보여 달라고 할 때가 있습니다. 성교육을 할 때 실제 몸을 보여주거나 몸을 촬영한 영상물을 보여주는 것은 그 자체로 성폭력입니다. 반드시 연령에 맞는 그림 자료를 통해 보여주어야 합니다. 아이 연령에 맞는 성교육 책을 찾아 함께 그림을 봐주세요.

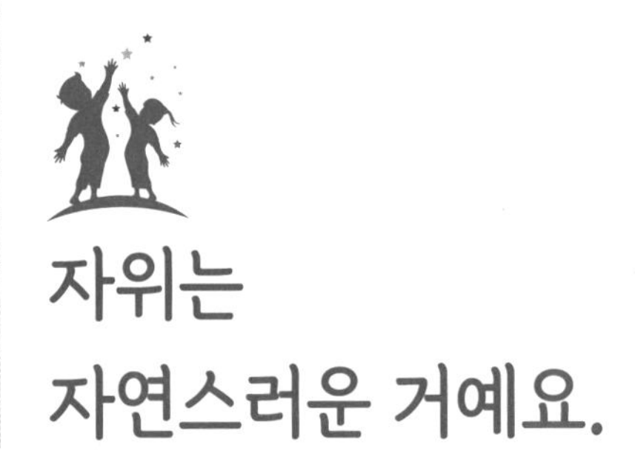

자위는 자연스러운 거예요.

어른의 자위와 동일하게 생각해 심각하게 대처할 필요는 없습니다.

내 몸을 내가 만져서 문제 될 것은 없습니다. 그리고 아이는 자라면서 자연스럽게 자기 몸에 관심을 가지게 되니 성기에 관심을 가지고 자위를 하는 건 자연스러운 것입니다. 그러나 어른들이 아이의 자위에 놀라는 건 아이의 자위와 어른의 자위를 구분하지 못했기 때문입니다. 어른의 자위란 성적인 욕구를 충족하기 위해 자신의 몸을 스스로 자극하는 것입니다. 그러나 아이의 자위는 성적인 욕구 충족이 목적이 아니라 어느 날 우연히 성기를 만졌는데 기분이 좋음을 경험하고, 이를 반복하는 것일 뿐입니다. 따라서 어른의 자위와 동일하게 생각해 심각하게 대처할 필요는 없습니다.

아이의 자위는 '몸놀이'라고 표현하기도 합니다. 손가락을 빠는 것이나, 성기를 만지는 것이나, 별반 다르지 않다는 것입니다. 그러나 계속 자위가 심해져 다른 놀이를 전혀 하지 않는다거나, 친구에게 같이 자위를 하자고 하거나, 자위가 너무 심해 성기가 아프기라도 하면 안 되니 아이의 자위에 대해 부모가 잘 대처하고 제대로 가르쳐주어야 합니다.

첫 번째, 다른 놀이로 관심을 돌립니다. 자위를 많이 하는 아이일수록 혼자 노는 시간이 길고, 심심한 경우가 많습니다. 그래서 혼자서 즐거운 자극을 찾던 중 자위에 집중하게 되지요. 따라서 다른 즐거운 놀이로 관심을 돌리고 부모가 함께 놀이를 한다면 자위는 금세 사라집니다.

두 번째, 자위 예절을 가르칩니다. 아이의 자위를 말리는 건 정말 쉽지 않습니다. 제일 좋은 방법은 아이 스스로 안전하게 하고, 스스로 멈추도록 하는 것입니다. 그래서 예절을 가르치는 것입니다. 자위 예절은 혼자 있을 때 하기와 깨끗한 손으로 하기입니다. 자위를 하는 건 잘못이 아니지만, 다른 사람에게 보여주어 불쾌감을 주거나 범죄에 노출되는 건 절대 안 되는 것이지요. 그래서 "몸을 만지는 건 방에 혼자 있을 때만 하는 거야."라고 가르쳐 줍니다. 그리고 "손에 묻은 세균이 몸에 들어가면 안 되니까 깨끗한 손으로 만져야 해."라고 알려주어야 합니다.

자위를 멈추게 하는 가장 효과적인 방법은 자위를 억지로 못 하게 하기보다는 즐거운 놀이를 통해 자위에서 느끼는 즐거움보다 놀이에서 느끼는 즐거움이 더 크고 만족스러울 수 있도록 하는 것입니다. 부모와 즐거운 놀이를 하며 건강한 재미를 느끼게 해 주세요.

쌤에게 물어봐요!

7살 아들입니다. 가끔씩 자위를 하는 것을 보긴 했는데 그냥 두었습니다. 그런데 최근에 엄마인 제 손을 자기의 음경 쪽으로 슬쩍 가지고 가는데 순간 너무 놀라서 화를 내었습니다. 어떻게 해야 할까요?

너무 당황스럽지요. 예절을 잘 가르쳐 보겠습니다.

때로는 코믹하게 대처하는 것도 좋습니다.

"엄마는 네 음경에 관심 없거든."이라고 말하며 손을 빼면 됩니다. 자칫 심각해질 수도 있는 상황이지만, 코믹하게 대처하며 상황을 잘 정리하는 것이 좋습니다.

몸을 만져 달라고 하면 안 됨을 알려줍니다.

내 몸은 나의 것이므로 다른 사람에게 몸을 만져 달라고 하면 안 되는 것임을 알려주어야 합니다.

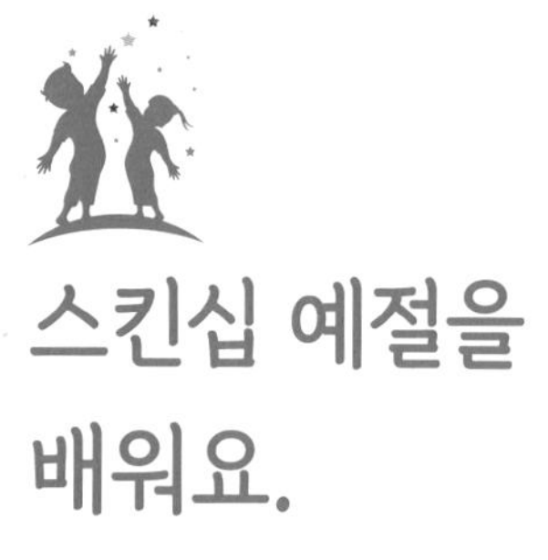

스킨십 예절을 배워요.

아이들이 서로 예절을 잘 익히고 지킬 때 성도덕이 발달합니다.

아이들이 서로 어울려 놀 때 가장 많이 하는 것이 역할놀이입니다. 역할놀이 중 가장 인기가 있는 건 병원놀이와 엄마아빠놀이입니다. 역할놀이를 하며 사회성이 길러지고, 일상의 스트레스를 풀기도 하고 좋은데, 문제는 너무 사실적으로 놀이를 한다는 것입니다. 아이는 본 것과 들은 것, 경험한 것을 놀이로 재현하니까요. 예를 들면 병원에서 주사를 맞을 때 바지를 내렸으니까 아이도 병원놀이 중에 바지를 벗는 경우가 생깁니다. 그리고 엄마 아빠는 꼭 안고 자고, 뽀뽀를 하니까 놀이 중에 불필요한 스킨십을 하기도 합니다. 그래서 친구들과 놀 때나 일상생활 속에서 지켜야 할 스킨십 예절 4가지를 꼭 알고 있어야 합니다.

첫 번째, 옷을 입고 놀아야 합니다. 병원에서 주사를 맞는 건 진짜니까 바지를 벗는 것이고, 병원놀이에서는 간호사인 척하고 환자인 척하는 거니까 주사는 맞는 척만 하는 것임을 알려주어야 합니다. 그래서 "놀 때는 옷을 입고 노는 거야."라고 정확히 알려주어야 합니다. 더 이해를 돕기 위해서 수영장에서 물놀이를 할 때에는 수영복을 입고, 눈썰매를 탈 때에는 두껍고 방수되는 옷을 입고 장갑을 낀다는 것을 알려주어 놀이마다 입는 옷이 있음을 알려주는 것이 좋습니다.

두 번째, 해도 되는 스킨십을 알아야 합니다. 친구와는 손을 잡거나 어깨동무를 하고 걸을 수 있고, 만나고 헤어질 때 반가우면 안아줄 수 있습니다. 그러나 엉덩이와 가슴 등을 만지면 안 되고, 옷 안에 손을 넣어서 만지는 것도 절대로 안 되는 것임을 알려주어야 합니다.

세 번째, 싫다고 하면 멈추어야 합니다. 일상 속 사소한 스킨십이라도 모두가 하고 싶을 때만 해야 한다는 것을 반드시 가르쳐주어야 합니다. 한 사람은 스킨십이 좋지만 다른 한 사람은 싫다면 그건 스킨십이 아니라 성폭력이 되기 때문입니다. 따라서 친구와 손을 잡고 가고 싶더라도 "손잡고 갈래?"라고 물어보고 친구가 동의하면 손을 잡을 수 있는 것이며, 친구가 싫다고 하면 절대로 손을 잡아서는 안 되는 것임을 알려주어야 합니다.

네 번째, 스킨십을 시키지 않아야 합니다. 어른들이 가장 많이 하는 실수가 생일과 같은 날 축하를 해 줄 때 생일을 맞은 아이의 뺨이나 입에 뽀뽀해 주라고 친구들에게 시키는 것입니다. 스킨십은 서로 좋을 때 하는 것이지 하라고 해서 하는 것이 절대로 아닙니다. 그러므로 스킨십을 시키지 않아야 합니다. 동일한 이유로 화해를 할 때에도 서로 포옹을 시키는 것은 좋지 않습니다.

아이들이 서로 예절을 잘 익히고 지킬 때 성도덕이 발달합니다. 만약 성도덕이 발달하지 않은 상태로 성행동을 하게 되면 성폭력이 될 확률이 높습니다. 어릴 때부터 시나브로 성도덕이 잘 발달할 수 있도록 지도해 주길 바랍니다.

성폭력의 개념

성희롱 – 성적 스킨십은 하지 않지만 눈빛이나 말로 성적 수치심을 느끼게 하는 것입니다.
성추행 – 성적 스킨십을 통해 성적 수치심을 느끼게 하는 것입니다.
성폭행 – 상대의 동의 없이 강제로 성관계를 하는 것입니다.
성폭력 – 성희롱, 성추행, 성폭행을 모두 포함한 상위 개념입니다.

쌤에게 물어봐요!

저희 부부는 아이에게 입술 뽀뽀를 자주 하자고 합니다. 아이도 좋아하긴 하는데 괜히 신경이 쓰입니다. 안 하는 게 좋을까요?

뽀뽀에 대해 잘 가르쳐 주면 됩니다.

뽀뽀를 해도 됩니다.

엄마 아빠랑 아이가 뽀뽀를 하는 게 잘못은 아니지요. 단, 아이가 싫다고 하면 멈추어야 합니다.

뽀뽀에 대한 한계설정을 합니다.

가정에서 부모와 입술 뽀뽀를 할 경우에는 "엄마 아빠랑 집에서만 하는 거야."라고 한계를 정해 줍니다. 그래야 외부에서 다른 사람에게 뽀뽀를 하는 실수를 하지 않게 됩니다. 또 하나 가정에서 입술 뽀뽀를 한 아이라면 만약 다른 사람이 자기의 의사와 상관없이 입술 뽀뽀를 했을 때 좋은 건지 나쁜 건지 구분이 어려워 성추행에 노출될 문제가 생기기도 하니 주의해야 합니다.

음란물로부터 보호해요.

부모의 스마트폰과 성관계 장면 노출을 조심해야 합니다.

유아기 아이가 스스로 음란물을 찾아서 보지는 않습니다. 그러나 스마트폰으로 영상을 보는 경우가 많아 의도치 않게 음란물을 보게 되는 경우가 있습니다. 바로 스마트폰이 부모의 것일 경우입니다. 부모가 스마트폰으로 본 영상을 아이가 우연히 보게 되는 경우가 있고, 아이가 영상을 보던 중 부모가 예전에 봤던 영상과 비슷한 영상이 자동으로 재생되어 보여지는 경우가 있습니다. 그래서 아이에게 부득이 스마트폰으로 영상을 보여주어야 한다면 아이가 직접 인터넷 사이트에 들어가 골라서 보도록 하기보다는 스마트폰에 미리 저장된 유아용 영상을 보여주는 것이 좋고, 더 좋은 방법은 부모의 스마트폰을 아이에게 주지 않는 것입니다. 이것이 음란물로부터 아이를 보호하는 첫 번째 방법입니다.

두 번째 방법으로는 부모의 성관계 장면을 아이에게 들키지 않는 것입니다. 유아기 아이의 대부분은 부모와 같은 방에서 잠을 잡니다. 아이가 어리고 자고 있으니 괜찮겠지라고 생각하고 아이 옆에서 성관계를 할 경우 자칫 아이가 자다 깨서 볼 수 있으므로 조심해야 합니다. 아이가 부모의 성관계 장면에 대해 무섭고 공격적인 행동으로 기억할 수 있고, 부모에 대해서 두려움을 느낄 수 있습니다.

쌤에게 물어봐요!

주말 밤에 드라마를 보는데, 키스하는 장면이 나왔습니다. 아이가 눈을 가리고 키득거렸는데, 제가 어떻게 반응을 해야 할지 몰라 당황했어요. 어떻게 반응하는 것이 좋은가요?

자연스러운 스킨십에 대해 알려주면 됩니다.

사랑하는 사람의 애정표현임을 알려줍니다.

유아기 아이를 앉혀 놓고 애정표현에 대해 설명하기는 어렵습니다. 지나가는 말로 "둘이 정말 사랑하는구나."라고만 말해 주면 됩니다. 아이는 안 듣고 있는 것 같아도 다 듣고 있답니다.

시청 지도가 필요합니다.

드라마를 포함한 모든 영상에는 시청 연령이 정해져 있습니다. 유아기 아이와 주말 밤 드라마를 같이 보는 것 자체가 이 최소한의 규칙을 지키지 않은 것이라 문제가 됩니다. 아이를 재우고 편안히 드라마를 보면 좋겠습니다.

또래 성폭력 예방도 필요해요.

행위유아든 피해유아든 모두 안정을 찾고 제대로 성장하는 것이 중요합니다.

5살 아이가 5살 아이를 성추행했다는 이야기 들어보았을까요? 실로 충격이 아닐 수 없습니다만, 심심치 않게 발생하는 것이 사실입니다. 나이와 상관없이 성에 대한 호기심을 잘못 표현한 것은 분명 잘못이고, 이는 또래 성추행, 좀 더 넓은 범위로 또래 성폭력이 맞습니다. 그러나 아이가 어른들처럼 성적 욕구를 채우기 위해서 우발적 혹은 계획적으로 범행 대상을 물색하고 범행을 저지르는 것은 아닐 것입니다. 그래서 유아기 아이들 간의 성폭력은 어른들의 성폭력과는 보는 관점이 조금 다릅니다. 일단 '가해자와 피해자'라는 말 대신에 '행위유아와 피해유아'라고 합니다. 가해유아를 행위유아라고 하는 것은 어른들과는 의도 자체가 다르다는 의미를 포함해 잘못된 행위를 했다는 것에 중점을 두기 때문입니다. 또한 어른들과 같이 잘잘못에 대해 따지고 벌을 주며 재사회화를 하는 것이 아니라, 앞으로의 보다 안정적인 성장 발달을 위한 성교육을 비롯한 전반적인 교육에 중점을 둡니다. 행위유아든 피해유아든 모두 안정을 찾고 제대로 성장하는 것이 중요하기 때문입니다.

이를 위해 필요한 것은 첫 번째, 성교육입니다. 아이가 성에 대한 궁금증을 부모나 교사를 통해 해결했다면, 그리고 친구의 몸은 친구의 것이라 함부로 만지거나 봐서는 안 된다는 사실을 잘 알고 실천할 수 있었다면 또래 성폭력은 일어날 수 없는 일이니까요.

두 번째, 공간의 분리와 양육자의 관심입니다. 또래 성폭력이 자주 일어나는 공간이 어린이집이나 유치원의 화장실, 낮잠 자는 곳 등입니다. 그래서 낮잠을 잘 때에는 남자아이와 여자

아이를 분리해 재워야 하고, 동성이라도 각자의 이불을 사용해야 합니다. 그리고 화장실은 같은 공간 안에서 남녀의 변기가 분리되어 있으므로 양육자인 교사가 잘 살펴보아야 합니다. 또한 가정에서 또래 성폭력이 많이 일어나는 때가 명절입니다. 오랜만에 만난 사촌들끼리 한방에서 자는 경우가 있는데, 이럴 때 성폭력이 많이 일어나므로 남녀 아이들의 자는 공간을 분리해 또래 성폭력을 예방하는 것이 좋습니다. 또한 평소 집에서도 아이들이 성에 대해 호기심을 보일 때에는 남매를 분리하여 재워야 합니다.

세 번째, 좋은 스킨십입니다. 성은 스킨십을 통해 공유되므로 아이가 평소 좋은 스킨십을 많이 해 좋은 스킨십에 대한 개념과 느낌을 기억하고 있어야 합니다. 좋은 스킨십에 대해 알고 있다면 나쁜 스킨십에 대해 거부 의사를 표현할 수 있고, 부모에게 말해 도움을 청할 수 있기 때문입니다.

아무리 좋은 대처라고 해도 예방보다 좋을 수는 없습니다. 아이의 성에 대해 어리다고 대수롭지 않게 생각하는 것이 아니라 어리니까, 처음이니까 더욱 잘 가르쳐 주어야 합니다.

지키지 않아야 하는 비밀

성폭력 가해자는 아이에게 자신이 가한 성적 행동에 대해 무섭게 협박을 해 말을 못 하게 하는 경우가 대부분이지만, 유아기의 아이에게는 둘만의 재밌는 놀이이고, 둘만의 비밀이라고 아무에게도 말을 하지 못하게 하는 경우도 많습니다. 그래서 아이는 무섭기도 하지만 비밀이므로 반드시 지켜야 한다고 생각해 부모에게 도움을 요청하지 않는 경우가 있습니다. 아이에게 자신을 아프게 하거나, 무섭게 하거나, 창피하게 하는 일에 대한 비밀은 지키지 않는 것이라고 가르쳐주어 반드시 부모에게 말하고 도움을 요청할 수 있도록 가르쳐야 합니다. 이를 위해서는 평소 가정에서 아이와 부모가 편안하게 대화하는 분위기가 매우 중요합니다.

쌤에게 물어봐요!

등하원 차량에서 성폭력이 일어나는 경우가 많아서 너무 걱정입니다. 그렇다고 차량을 이용하지 않을 수도 없고요. 어떻게 해야 할까요?

일부의 나쁜 사람들로 인해 많은 사람들이 불안해하는 상황이 안타깝습니다. 안전 대책을 세워보겠습니다.

인솔 교사가 반드시 동승해야 합니다.

차량 이용 시 운전기사 외에 교사가 동승해 아이와 어른 단둘이서 차량 안에 머무르지 않도록 해야 합니다. 이것만 지켜도 최소한의 안전을 보장받을 수 있습니다.

가정에서 대화를 많이 합니다.

혹시라도 문제가 생긴다면 아이가 바로 부모에게 도움을 요청해야 합니다. 평소에 대화를 많이 하는 가정 분위기를 만들어 아이가 보다 편하게 이야기를 할 수 있도록 해야 합니다.

여섯 **성**

가르치는 성

- 성교육에도 원칙이 있어요.
- 성에 대해 함께 이야기해요.

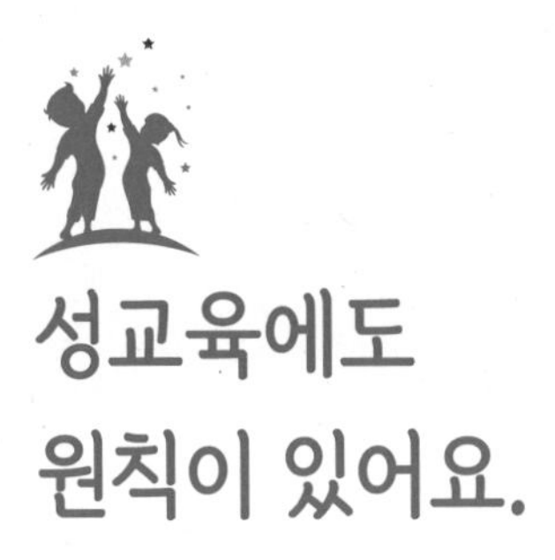

성교육에도 원칙이 있어요.

성교육을 할 때에는 아이의 연령에 맞는 설명과 편안한 분위기가 필요합니다.

성에 대해 가르칠 때에는 내용의 정확성이 중요합니다. 더불어 아이에게 어떤 분위기로 말을 해줄 것인지, 어떤 자료를 보여줄 것인지, 어떻게 말로 설명할 것인지, 어떤 순서로 가르칠 것인지도 매우 중요합니다. 왜냐하면 아이마다 궁금해하는 내용과 이해하는 정도가 다르기 때문입니다. 특히 잘못 전달된 성에 대한 이야기는 아이에게 무서움이나 놀라움으로 기억될 수 있으며 그 자체로 성학대가 되기 때문입니다. 그래서 성교육을 할 때에는 아이의 연령에 맞는 설명과 편안한 분위기가 필요합니다.

감정을 정리한 후 이야기하기

아이의 질문은 언제나 예고 없이 날아옵니다. 특히 성에 관한 질문을 길을 가다가, 밥을 먹다가, 사람들이 많은 곳에서 갑자기 받는다면 부모는 매우 당황하게 됩니다. 그리고 설명을 어떻게 해야 하나 잠시 망설이다 "쪼그만 녀석이 뭘 그런 걸 물어?"라고 화를 내거나, "나중에 말해 줄게."라고 회피하거나, "~에게 물어봐."라고 다른 사람에게 질문을 하라고 떠넘깁니다. 이럴 경우 아이는 '물어보면 안 돼.' 혹은 '엄마 아빠는 모르는구나.'라고 생각하게 되어 다시는 성에 관한 질문을 하지 않을지도 모릅니다.

모든 대화의 시작은 감정을 가라앉힌 후 하는 것입니다. 성교육을 할 때에도 감정을 먼저 추스르고 시작하면 됩니다. 아이의 질문에 대해 '힘들다. 어렵다.'라고 생각하기보다는 '궁금할 때가 되었구나. 많이 컸네.'라고 생각하며, 크게 호흡을 한 번 하고 이야기를 시작해야 합니다. 바로 답을 해 줄 수도 있고, 생각한 후 답을 해 주어도 괜찮으니 조금 여유를 가지기 바랍니다.

아이의 성지식 수준에 맞추어 설명하기

아이의 질문에 대해 답을 할 때 아이가 알고 있는 것보다 더 심오한 내용을 이야기한다면 아이가 이해할 수 없습니다. 반대로 너무 간단히 설명해 주면 아이는 궁금증이 해결이 안 되어 답답하고, 부모가 몰라서 설명을 못 하는 거로 생각할 수 있습니다. 그래서 아이가 성에 대해 어느 정도로 알고 있는지 파악을 하고, 그 수준에 맞추어 설명을 해야 합니다. 아이의 성지식 수준을 파악하는 방법으로는 아이가 질문을 했을 때 "너는 어떻게 생각해?"라고 다시 질문해 아이의 생각을 듣는 것입니다. 혹은 아이에게 "어디서 봤어?"라고 묻고 답을 들은 후 질문의 출처를 알게 되면 아이의 성지식 수준이 파악되기도 합니다. 당황하지 말고 질문을 되돌려 주면 됩니다.

그리고 성에 대해 설명해 줄 때 단어 사용도 중요합니다. 너무 어려운 단어를 사용하면 아이가 이해하기 어려우니까요. 단어를 사용할 때 진짜 단어와 이해를 돕기 위한 쉬운 표현의 단어를 혼용해서 쓰면 됩니다. 예를 들면, 아빠 몸에 있는 아기씨 '정자', 엄마 몸에 있는 아기씨 '난자', 아기집 '자궁'이라 말하면 됩니다.

동식물의 생식 과정을 먼저 가르치기

아이가 사자의 생활에 관한 다큐멘터리를 보고 있습니다. 자연스럽게 사자들의 짝짓기 과정을 보게 되었는데, 아이가 부모에게 이 장면이 무슨 장면인지 물었습니다. 부모는 "엄마 사자랑 아빠 사자가 짝짓기를 하고 있어. 아빠 사자가 엄마 사자에게 아기씨 정자를 넣어 주면 엄마 사자 몸속에서 엄마 사자 아기씨 난자랑 아빠 사자 아기씨 정자가 만나서 예쁜 아기 사자가 태어나."라고 말해 줍니다. 분명 그다음 장면에는 귀여운 아기 사자들이 뛰어노는 모습이 연출됩니다. 아이는 이 과정을 통해 짝짓기와 귀여운 아기 사자에 대한 개념을 가지게 되었습니다. 시간이 지나 아이가 자신이 어떻게 태어났는지에 대해 부모에게 물었습니다. 부모가 "아빠가 엄마에게 넣어준 아기씨 정자와 엄마 아기씨 난자가 만나 예쁜 네가 태어났지."라고 이야기해 주었습니다. 이때 아이는 미리 다큐멘터리를 통해 개념을 알고 있으므로 쉽게 이해를 할 수 있습니다. 만약 사자의 짝짓기를 통한 개념 형성이 없다면 이해가 어려워 부모에게 더 구체적으로 설명을 해 달라고 하거나, 직접 보여달라고 할 경우 정말 난감해지겠지요. 단계적으로 설명을 해 주면 아이가 보다 쉽게 이해할 수 있습니다.

연령에 맞는 그림자료 활용하기

남녀의 신체적 다름과 임신과 출산의 과정, 서로 간의 지켜야 할 예절 등에 대해 말로만 설명하기에는 아이가 어려 이해가 어렵습니다. 그래서 보충 자료를 활용해 아이의 이해를 도와야 합니다. 이때 활용할 수 있는 보충 자료는 반드시 '그림' 혹은 '그림으로 구성된 동영상'이어야 합니다. 만약 사진을 통해 교육을 한다면 아이에게 충격적인 장면으로 남을 수 있어 성교육이 아니라 성학대가 됩니다. 그리고 그림도 의사들이 사용하는 전문적인 서적에 삽입된 그림과 같이 정교한 것은 아이가 이해하기 어렵고 무섭게 느껴질 수 있어 반드시 아이의 연령에 맞게 단순화된 그림이어야 합니다.

성교육은 부모 중 준비가 된 사람이 하기

아이의 성교육을 누가 하는지도 중요합니다. 아들은 아빠가, 딸은 엄마가 성교육을 하는 게 좋다고 합니다. 동성이기 때문에 성교육을 받는 아이가 덜 부끄럽고, 성교육을 하는 부모도 자세히 알고 있어 설명이 더 쉽기 때문입니다. 그러나 유아기 아이는 직접적으로 자신의 몸에 대한 변화에 대한 질문을 하는 것이 아니니 부끄러울 일이 별로 없습니다. 그리고 모든 가정에 부모가 모두 있는 것이 아니고, 부모가 모두 있다고 해도 부모가 모두 성교육을 할 준비가 되어 있지는 않을 것입니다. 그래서 부모 중 누구라도 성에 대해 말해 줄 준비가 된 사람이 하면 됩니다. 아이가 질문을 했을 때 쉽고 자연스럽게 대답해 줄 수 있도록 미리 성교육 책을 읽고 이해하는 것과 더불어 말로 전달하는 연습까지 해야 합니다.

가장 좋은 성교육은 행복한 부모를 보여주는 것

성교육을 통해 남자와 여자에 대해 배운다 해도 아이가 다 이해하기는 어렵습니다. 배우기보다는 보고 느끼게 해주는 것이 더 효과적이겠지요. 아이가 보고 느낄 수 있는 남자와 여자는 바로 가장 가까이 있는 엄마와 아빠입니다. 평소에 엄마와 아빠가 어떻게 대화를 하는지, 어떻게 바라보는지, 어떻게 사랑을 말과 행동으로 표현하는지 등을 보여주는 것입니다. 아이는 엄마와 아빠의 상호작용을 통해 서로에 대한 존중과 배려의 행동과 함께 행복한 스킨십을 자연스럽게 보고 익히게 됩니다. 말로 구체적으로 설명하기는 어렵지만, 직관적으로 좋은 남녀의 관계에 대한 기준을 가지게 됩니다. 이 기준은 아이가 자랐을 때 올바르고 성숙한 성가치관으로 나타나게 됩니다.

쌤에게 물어봐요!

집에 성교육 책이 있습니다. 물론 유아용입니다. 아이가 유독 엄마 아빠의 벗은 몸을 열심히 보는데 괜찮은 건가요?

괜찮습니다.

아이의 마음을 인정해 줍니다.

유아기는 사람의 몸에 대한 궁금증이 많고, 성에 대한 호기심이 많습니다. 이상한 것이 아니니 걱정하지 말고 아이의 이런 마음을 인정해 주면 됩니다.

아이의 숨겨진 질문을 찾아봅니다.

아이가 계속 같은 그림을 보고 있다면 뭔가 궁금한 것이 있는데, 아직 질문을 못 한 것일 수 있습니다. 아이가 하고 싶은 질문이 무엇인지 찾아보면 좋겠습니다.

성에 대해 함께 이야기해요.

부모와 아이의 성토크가 중요합니다.

'성교육'은 부모나 교사가 아이에게 성에 대해 가르치는 것을 의미합니다. 그런데 성에 대해 가르치기만 하는 것은 뭔가 부족한 느낌입니다. 성은 나 혼자만의 것이 아니라 다른 사람과 공유하게 되는 것으로 내가 어떻게 생각하고 어떻게 행동하는지 즉, 성에 대한 가치관이 중요하기 때문입니다. 그리고 가치관은 배움의 과정과 스스로 생각하고 판단하는 과정이 합쳐져서 만들어집니다. 따라서 부모는 아이와 성에 대한 상호적인 대화를 통해 성지식 뿐만 아니라 서로 간의 생각을 주고받으며 올바른 성가치관을 정립할 수 있도록 도와주어야 합니다. 성을 주제로 하는 대화를 '성토크'라고 합니다. 성토크를 많이 할수록 부모와 아이가 성에 대해 자연스럽게 터놓고 이야기하는 분위기가 형성되어 가정 내에서 더욱 편하게 성에 관한 이야기를 할 수 있습니다. 그래서 부모와 아이의 '성토크'가 중요합니다

성토크 방법

성토크라고 해서 부담스러워하거나 어렵게 생각할 필요가 없습니다. 아이가 "2 더하기 3은 뭐야?"라고 질문을 했습니다. 부모는 아이에게 "궁금했구나."라고 감정을 읽어주며 속으로는 '이제 덧셈을 궁금해하고, 많이 컸네.'라고 흐뭇해집니다. 그리고 아이가 '2'를 아는지, '3'을

아는지 파악을 하고, 손가락을 사용해 덧셈에 대해 알려줍니다. 이 과정을 성교육을 할 때 그대로 적용하면 성토크가 됩니다.

아이가 부모에게 "아기는 어디로 태어나?"라고 질문을 했습니다. 1단계에서는 "궁금했구나."라고 감정을 읽어주며 대화를 시작합니다. 2단계에서는 "너는 어떻게 생각해?"라고 질문을 아이에게 돌려주고 답을 들으며 아이가 어느 정도로 알고 있는지 파악을 합니다. 3단계에서는 "엄마 다리 사이에 아기가 나오는 길이 있어. 그 길 따라 아기가 머리부터 미끄럼 타고 쑹~ 나오지."라고 가르쳐 줍니다. 성지식을 제대로 알려주는 단계입니다. 그리고 마지막 4단계에서는 "엄마 아빠가 아주 많이 사랑해서 너를 낳았어."라고 누가 언제 성행동을 하는 것인지 성도덕에 대해 알려줍니다. 상황마다 하나씩 배운 성도덕은 모이고 모여 아이의 성가치관으로 자리 잡게 됩니다.

학습 지도를 하는 것과 성토크를 하는 것은 3단계까지의 과정은 동일합니다. 단, 성토크는 4단계에서 성도덕을 가르치는 것만 추가될 뿐입니다. 절대로 어려워할 필요가 없습니다.

성토크 시나리오

아이에게 성에 대해 가르쳐 주려고 책도 보고 강의도 들었는데 도무지 어떻게 말을 해야 할지 감이 잡히지 않을 때가 있습니다. 이는 말로 해야 하는 성에 대한 이야기를 책으로 읽고 강의로 듣기만 했기 때문입니다. 그래서 열심히 배우 성에 대한 지식을 잘 전달하기 위해서는 아이와 이야기를 나누기 전에 미리 예상 질문을 뽑고 어떻게 말을 할 것인지 시나리오를 작성해 본 후 말로 전달하는 연습을 해야 합니다. 연습만이 성토크를 잘하는 방법입니다.

대화 1 **상황 : 4살 동민이가 엄마에게 입술 뽀뽀를 하자고 한다.**

(감정읽기) 엄마 : 입술 뽀뽀하고 싶구나.
동민 : 응.

(성지식 수준 파악하기) 엄마 : 갑자기 왜 하고 싶어졌을까?
동민 : 텔레비전에서 봤어. 우리도 똑같이 해 보자.
엄마 : 아~ 텔레비전에서 뽀뽀하는 거 봐서 하고 싶어졌구나.
동민 : 응.

(성지식 알려주기) 엄마 : 입술 뽀뽀는 엄마 아빠처럼 서로 사랑하는 어른이 하는 거야. 동민이와 엄마는 사랑하지만 우린 아이와 어른이니까 뺨에 하는 거야.
동민 : 응.

(성도덕 가르치기) 엄마 : 나중에 동민이 크면 사랑하는 사람과 하자.
동민 : 응.

대화 2 **상황 : 7살 나연이가 아빠에게 짝짓기를 해봤냐고 물었다.**

(감정읽기) 아빠 : 궁금하구나.
나연 : 응.

(성지식 수준 파악하기) 아빠 : 짝짓기가 뭔지 알아?
나연 : 아기 만드는 거잖아. 오늘 유치원에서 사자이야기 봤어.
아빠 : 아~ 유치원에서 사자이야기 봐서 궁금하구나.
나연 : 응.

(성지식 알려주기) 아빠 : 맞아. 아빠도 엄마랑 짝짓기해서 나연이 낳았어. 그런데 사람한테는 짝짓기가 아니라 성관계라고 말해.
나연 : 아~.

(성도덕 가르치기) 나연 : 그럼 나도 해?
아빠 : 그럼. 나연이도 엄마 아빠처럼 자라서 사랑하면 하지.
나연 : 응.

쌤에게 물어봐요!

아이가 사람들이 많은 상황에서 성에 대한 질문을 했습니다. 제가 너무 당황해서 아이에게 그런 질문은 하면 안 된다고 말해 버렸습니다. 어떡하죠?

당황하면 그럴 수 있습니다. 다시 기회를 마련해 이야기해 주면 됩니다.

집에서 아이에게 설명해 줍니다.

아이에게 지난번에 했던 질문을 상기시켜 주고 아직도 궁금한지 물어봅니다. 궁금하다면 다시 설명해 주면 됩니다.

질문을 할 수 있는 공간을 알려줍니다.

사람들이 많은 공간에서 성에 대해 설명하기가 참 어렵지요. 그래서 "궁금한 건 집에서 물어봐 줘. 사람들이 너무 많은 밖은 시끄러워서 이야기하기 어려워."라고 질문을 해도 되는 공간을 알려주면 됩니다.

일곱 초등학교 입학준비

초등학교 입학 전 준비

- 혼자서도 잘할 수 있어요.
- 입학을 준비해요

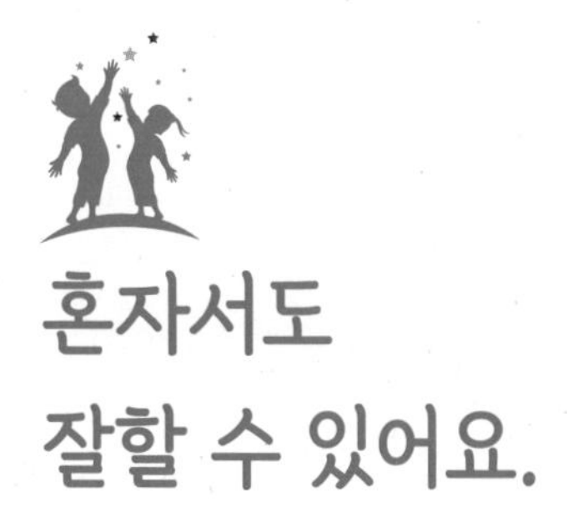

혼자서도 잘할 수 있어요.

부모가 걱정하면 아이는 더 불안하게 되므로 담담한 마음으로 차근히 입학 준비를 해 보겠습니다.

초등학교 입학을 앞두면 마음이 설레지만, 걱정이 되기도 합니다. 아이가 잘 적응할 수 있을까 하는 생각으로요. 미리 준비하면 초등학교 적응 절대로 문제 없습니다. 사실 미리 준비하는 것도 평소에 늘 하던 것이라 특별히 어렵지 않습니다. 부모가 걱정하면 아이는 더 불안하게 되므로 담담한 마음으로 차근히 입학 준비를 해 보겠습니다.

젓가락 사용하기

학교에 가면 급식을 먹는데 어른이 사용하는 큰 숟가락과 젓가락을 사용합니다. 1학년 아이 중 반은 젓가락 사용이 가능하고, 반은 서툰 상태입니다. 그래서 급식을 먹을 때 숟가락 하나로 모든 음식을 먹는 아이도 있습니다. 젓가락 사용이 익숙할 수 있도록 도와주어 편하게 급식을 먹을 수 있도록 해 주세요.

소변 시 옷 잘 입기

여자아이의 경우에는 화장실이 칸으로 나뉘어 있고, 문이 있어 사용이 조금 더 편합니다. 그런데 남자아이의 경우에는 소변기에 문이 없지요. 그래서 소변을 볼 때 바지가 많이 내려가 엉덩이가 보이기라도 하면 또래들이 놀리기 일쑤입니다. 소변을 볼 때 적당히 옷을 내리고 다시 잘 입도록 가르쳐주어야 합니다. 특히 아이들이 혼자 옷을 입고 벗을 수 있어야 하므로 몸에 꽉 끼거나 불편한 옷은 가급적 입히지 않는 것이 좋습니다.

대변 뒤처리하기

대변의 경우는 모든 아이들이 불편해합니다. 학교는 어린이집이나 유치원과는 다르게 화장실 뒤처리를 도와줄 교사가 없습니다. 그리고 아이도 많이 자랐기 때문에 다른 사람이 뒤처리를 도와주는 것에 대해 불편해합니다. 그래서 대변을 보고 싶어도 하루 종일 꾹 참고 집에 와서 하는 아이가 정말 많습니다. 하루 종일 대변을 참고 있으니 수업 시간에도, 급식 시간에도, 운동장에서 놀 때도 정말 불편하겠지요. 7살부터는 가정에서 대변 뒤처리를 가르쳐주어 학교에서 스스로 잘할 수 있도록 도와주어야 합니다.

대변 지도는 첫 번째, 옷을 적당히 내리고 대변을 보도록 지도합니다. 가정에서는 매번 옷을 다 벗고 대변을 보는 경우가 있는데, 이럴 경우 학교에서는 옷을 다 벗을 수 없기 때문에 불편합니다.

두 번째, 사용할 휴지의 적당량을 가르쳐 줍니다. 칸이 나뉘어 있는 휴지는 칸수로 적당량을 가르쳐주면 되는데, 학교에서 사용하는 휴지 중에는 칸이 나뉘어 있지 않는 것도 있습니다. 이럴 경우에는 어깨너비를 한 칸으로 정하고, 몇 칸을 쓰면 적당한지 알려주면 됩니다.

세 번째, 대변을 본 후 매번 엉덩이 샤워는 하지 않습니다. 학교에서는 가정에서 했던 것과 똑같이 할 수 없으니 매번 엉덩이 샤워를 했던 아이라면 대변을 본 후 샤워를 하지 못해 무척 불편하게 됩니다. 휴지로 닦는 것이 청결하지 못할 것 같다면 물티슈 사용을 가르치면 됩니다. 더불어 사용한 물티슈를 제대로 버리는 것도 꼭 같이 가르쳐 주어야 합니다.

네 번째, 변기 뚜껑을 닫고 물을 내리도록 지도합니다. 변기 물이 내려갈 때 화장실 주변뿐만 아니라 아이의 몸과 옷에 세균이 묻을 수 있으므로 반드시 변기 뚜껑을 닫고 물을 내리도록 해야 합니다.

다섯 번째, 손 씻기를 가르칩니다. 학교의 쉬는 시간은 10분으로 짧습니다. 급한 마음에 혹은 귀찮은 마음에 손을 씻지 않는 아이가 많으니 반드시 화장실 사용 후 손을 씻도록 지도해야 합니다.

자기 물건 챙기기

초등학생이 자기의 물건을 잘 챙기는 건 기본입니다. 그러나 참 많은 아이들이 물건을 챙기지 못하는 실수를 합니다. 그래서 학교 입학 전부터 자기 물건을 챙기는 연습이 필요합니다. 등원을 할 때 원아수첩이나 물병 챙기기, 외출 시 자기 가방에 필요한 물건 챙기기 등의 활동을 통해 충분히 연습할 수 있습니다. 물건을 스스로 챙겨 등교해야 자기 가방에 무엇이 있는지 알고, 필요할 때 잘 쓸 수 있으며, 하교를 할 때에도 물건을 잘 챙겨 올 수 있습니다. 조금 서툴러도 아이가 직접 하도록 기회를 주세요.

쌤에게 물어봐요!

아이가 해 보지도 않고 혼자 못한다고 도와달라고 합니다. 이럴 때 어떻게 해야 하나요?

용기를 주다가도 화가 나지요. 스스로 할 수 있도록 유도해 보겠습니다.

감정을 읽어줍니다.

무조건 할 수 있다고 말하면 아이가 믿지 않습니다. 이보다는 걱정하는 아이의 마음을 읽어주겠습니다. 아이에게 "혼자 못할까 봐 걱정되는구나."라고 감정을 읽고 대화를 할 준비를 시킵니다.

부분적인 도움만 줍니다.

처음부터 끝까지 도움을 주는 건 절대 금지입니다. 아이에게 일단 혼자 해 보게 하고, 옆에서 지켜봅니다. 아이가 잘 안 되는 부분만 부탁하도록 가르치고, 아이가 부탁을 하면 도와주면 됩니다. 행동의 마지막 완성을 아이가 스스로 하도록 하고 칭찬을 해 줍니다. 마치 혼자서 다 한 것처럼이요. 반복되는 경험을 통해 아이는 자신이 할 수 있는 것과 못 하는 것을 구분하게 되니 절대로 무조건 못한다고 말하지 않게 됩니다.

입학을 준비해요.

기쁨과 감동으로 맞이한 초등학교 입학을 아이가 무사히 치르고 학교에 잘 적응할 수 있도록 준비해야 합니다.

초등학교 입학은 아이 인생에서 정말 큰 사건입니다. 아이는 자신을 학교에 다니는 형이라고 언니라고 말하며, 미리 사 놓은 책가방을 하루에도 몇 번씩 메어보며 어깨가 절로 으쓱해집니다. 그리고 부모는 어느새 훌쩍 자라 입학을 하는 아이를 보며 감동의 눈물을 흘리기도 합니다. 기쁨과 감동으로 맞이한 초등학교 입학을 아이가 무사히 치르고 학교에 잘 적응할 수 있도록 준비해야 합니다.

취학통지서 발급받기

아이가 초등학교에 입학할 연령이 되면 '초등학교 취학통지서'를 받게 됩니다. 취학통지서는 입학 전년도 12월에 행정서비스 포털 '정부 24'에서 온라인으로 발급받을 수 있고, 기한 내 발급을 못 받았을 경우에는 주민센터를 통해 발급받을 수 있습니다. 취학통지서에는 입학할 아이의 이름과 입학할 학교, 예비소집일, 입학일, 제출 서류 등이 적혀 있으니 반드시 확인해야 합니다.

취학통지서를 받으면 아이에게 입학을 하게 된 것에 대해 축하해 주고, 함께 예비소집일과 입학하는 날을 확인합니다. 물론 부모가 동행하기 때문에 굳이 아이가 몰라도 되지만 입학은 아이가 하는 것이고, 학교를 다니는 것도 아이이므로 아이에게 자세히 설명을 해 주고 마음의 준비를 하도록 도와줍니다.

예비소집일 참석하기

입학을 하기 전 부모와 아이는 '예비소집일'에 참석합니다. 예비소집일은 입학할 아이의 소재와 안전, 입학 여부를 확인하는 절차입니다. 취학통지서를 가지고 참석하고, 학교에서 요청한 기본 서류를 제출하면 됩니다.

초등학교는 집 근처에 있어 오며 가며 본 적은 있으나, 실제로 학교 안으로 들어가 보는 일은 많지 않지요. 그래서 예비소집일에 아이와 함께 학교 구경을 하고 오는 것이 좋습니다. 입학 전에 미리 부모와 함께 학교를 둘러보게 되면 아이가 조금이라도 학교를 친숙하게 느낄 수 있어 적응에 도움이 됩니다.

입학식 참석하기

입학식 날 아침에 정식으로 아이가 첫 등교를 합니다. 부모도 아이도 설레고 긴장되는 것은 매한가지입니다. 입학식을 할 때에는 부모는 뒤쪽에서 보고, 아이는 교사와 또래들과 모여 참석합니다. 이때 부모와 떨어지는 것을 무서워하고, 우는 아이도 있습니다. 그래서 입학식에 참석하기에 앞서 부모와 잠시 떨어져 있게 되는 것에 대해 미리 설명해 주어 아이가 마음의 준비를 할 수 있도록 해 주어야 합니다. 첫날 아이가 울게 되면 서먹한 또래들 앞에서 자존심이 상할 수 있고, 학교 적응에 어려움을 느낄 수 있기 때문에 배려가 필요합니다.

입학식 날 교실에서 책이나 학용품을 받게 되므로 책가방을 메고 가는 것이 좋습니다. 그리고 학교 건물에는 입구가 여러 개가 있어 자칫 아이가 학교 건물 안에서 길을 잃고 헤매는 경우가 있습니다. 입학식이 끝나고 돌아올 때 교실에서 가장 가까운 출입문을 알려주고, 출입문에서 교실까지 이동하는 것을 연습해 보는 것이 좋습니다.

학용품 및 기타 준비물 준비하기

입학에 앞서 들뜬 마음으로 가방부터 학용품까지 미리 준비하게 됩니다. 초등학교 입학을 가장 많이 실감하게 되는 순간이 가방과 실내화 주머니를 살 때일 것입니다. 가방과 실내화 주머니는 아이의 마음에 들고, 가볍고, 생활 방수가 가능하며, 색이나 그림이 너무 화려하지 않은 것으로 준비합니다. 입학할 때 산 가방과 실내화 주머니는 최소한 3~4학년까지는 사용해야 하는데, 너무 알록달록하면 아이들이 유치하다고 생각해 1~2년 정도 사용 후 다시 사달라고 하는 경우가 많습니다.

그 외 학용품 및 기타 준비물은 학교 또는 교사의 안내를 받은 후 준비하는 것이 좋습니다. 학교에서 입학식 날 공책, 연필, 색연필, 사인펜 등 기본적인 학용품을 선물로 받는 경우가 있고, 교사마다 준비해 달라고 요청하는 준비물이 달라 미리 구입하면 중복되거나 다시 사야 하는 경우가 생길 수 있기 때문입니다.

모든 물품에 이름 적기

학교에 가지고 가는 모든 물품에는 이름을 적어 아이가 자신의 것을 정리하고 챙길 수 있어야 합니다. 책과 공책은 앞 또는 뒤에 있는 이름 쓰는 칸에 아이가 직접 이름을 쓰도록 해 주세요. 연필이나 지우개, 자와 같은 작은 물품에는 직접 쓰기가 어려우니 부모가 작은 글씨로 써 주거나 이름을 프린트해서 붙여주면 됩니다.

그런데 이름을 써야 하지만, 잘 보이는 곳에 쓰면 안 되는 것이 있습니다. 가방이나 실내화 주머니, 우산 같이 아이가 들고 외부로 이동하는 물품입니다. 아이는 자신의 이름을 불러주는 사람에 대해 자신을 아는 사람이라고 생각해 경계를 풀게 됩니다. 만약 범죄자가 아이의 가방에 적혀 있는 이름을 보고 친근하게 부르며 다가올 경우 아이가 범죄에 노출될 수 있기 때문에 잘 보이는 외부에 이름을 적으면 안 됩니다. 가방은 열었을 때 보이는 안쪽 면에 이름을 적는 것이 좋고, 우산은 안쪽 면이나 손잡이에 달려 있는 라벨 등에 작게 이름을 써 자신의 물건임을 알아볼 수 있도록 하는 것이 안전합니다.

쌤에게 물어봐요!

아이가 스스로 준비하도록 가르치고 있는데 지켜보기가 너무 힘듭니다. 아이는 어딘가 어설프고 느려 답답합니다. 어쩌죠?

답답하지요. 하지만 아이에게 조금만 시간을 주겠습니다.

아이를 기다려 줍니다.

아이도 분명 잘하고 싶을 것입니다. 그냥 지금은 연습할 시간이 필요할 뿐입니다. 기회를 주고, 기다려 주세요.

아이를 믿습니다.

아이는 분명 자라고 있습니다. 오늘은 서툴지만, 내일이 되면 조금 더 잘하게 됩니다. 해 봤으니까요. 아이의 성장을 믿어 주세요.

일곱 초등학교 입학준비

초등학교 생활 맛보기

- 등하교에 대해 미리 알아봐요.
- 학교생활에 대해 미리 알아봐요.

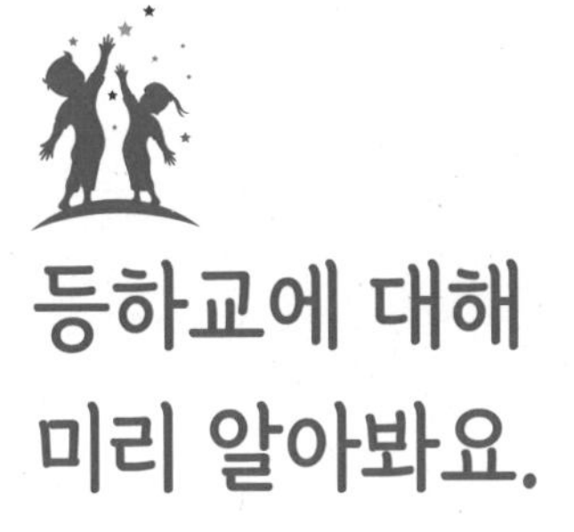

등하교에 대해 미리 알아봐요.

이제는 의젓한 초등학생으로 멋지게 등하교를 하고, 하루 생활을 잘하며, 적응해야 합니다.

설레는 입학을 했습니다. 이제는 의젓한 초등학생으로 멋지게 등하교를 하고, 하루 생활을 잘하며, 적응해야 합니다. 학교는 어린이집이나 유치원과 달리 지켜야 할 것들이 조금 많고, 무엇이든 스스로 해야 하는 곳입니다. 아는 만큼 아이가 잘 적응할 수 있으니 미리 학교생활을 안내해 주어야 합니다.

첫 등교 하기

아이가 입학을 하면 며칠 동안은 부모가 등굣길을 동행하게 됩니다. 아이가 혼자 가기를 무서워할 수 있고, 혹은 아이가 길을 잃을까, 길에서 놀다가 지각을 하지는 않을까 하는 걱정으로 부모가 아이보다 더 불안하기 때문입니다.

첫 등교를 할 때 아이에게 등굣길을 잘 알려주고, 건널목 앞에서 아이가 어떻게 행동하는지 잘 살펴본 후 안전하게 건널목을 건너도록 한 번 더 설명해 주어야 합니다. 그리고 언제까지 부모와 함께 등굣길 동행을 할지 날짜를 정해야 합니다. 너무 오랜 기간 부모가 함께 동행하면 아이가 부모와 분리되어 혼자 등교하는 것이 어려워질 수 있습니다. 학교는 아이가 가는 곳이므로 특별히 준비물이 많아 무거울 때를 제외하고는 아이의 가방은 아이가 직접 메고 가도록 지도합니다. 초등학생에 맞는 책임 있는 행동을 가르칠 때이니까요.

안전한 길 알려주기

처음에 아이는 부모가 알려준 큰길로 등하교를 하겠지만, 시간이 지나고 익숙해지면 재미가 있거나 빠른 샛길로 다니는 경우가 많습니다. 샛길은 큰길에 비해 인적이 드물기 때문에 안전에 대한 우려가 있습니다. 그리고 아이 하교 시간에 맞추어 부모가 마중을 나갈 경우 서로 길이 엇갈릴 수 있으므로 가급적 큰길로 등하교를 하도록 지도하는 것이 좋습니다.

또한 등하교길에 있는 가게들의 위치를 파악하고, 혹시 위험한 상황이 생기면 가게로 빨리 이동해 도움을 요청하는 것도 알려주어야 합니다.

스마트폰 사용 지도하기

혼자서 등하교를 할 때 무섭고 불안해 부모와 전화 통화를 하며 가능 경우가 있습니다. 아이는 어른과 다르게 주변을 잘 살피지 못하기 때문에 전화 통화에 집중할 경우 옆을 지나가는 차나 오토바이, 사람들을 인지하지 못해 안전사고에 노출될 수 있습니다. 그리고 통화를 하며 가는 것이 익숙할 경우 나중에 부모와 통화를 하지 않고 갈 때 허전해하며, 길을 가는 동안에 스마트폰으로 게임을 하는 경우도 많습니다. 가급적 안전을 위해 전화 통화는 길을 걸으며 하지 않도록 지도해 주는 것이 좋습니다. 만약 등교를 하다가 급하게 전화를 해야 하는 경우가 발생한다면 길 가운데에 그대로 멈춰 서서 전화하는 것이 아니고, 주변 사람들에게 부딪히지 않는 곳으로 이동해 전화를 하도록 지도해야 합니다.

하교 후 이동 방법 알려주기

모든 아이들이 일정한 시간에 등교를 하기 때문에 등굣길은 상대적으로 안전하다고 할 수 있습니다. 그런데 하교는 학년별로 다르고, 돌봄에 가는지 안 가는지, 방과 후를 하는지 안 하는지, 학원으로 가는지, 집으로 가는지에 따라 모두 다른 방법과 시간에 합니다. 그래서 아이가 자신이 하교를 한 후 어디를 어떻게 가야 하는지 알 수 있도록 꼭 정확히 알려주어야 합니다.

부모, 교사, 아이가 서로의 전화번호 공유하기

아이에게 전달 사항이 있거나 문제가 발생할 경우 연락을 빠르게 취할 수 있도록 부모, 아이, 교사는 서로의 전화번호를 반드시 공유하고 있어야 합니다. 특히 학원차를 타야 하는 시간인데 아이가 탑승 장소에 없을 때 보통 교사가 부모에게 전화를 하는데, 이보다 더 빠른 방법은 교사가 아이와 직접 전화를 하는 방법입니다. 그리고 아이도 교사로부터 직접 전화를 받는 경험을 통해 시간 약속을 더 잘 지키는 등 자신의 행동에 대한 책임감이 생깁니다.

쌤에게 물어봐요!

아이가 초등학교에 입학을 하더라도 하교 후 학원 차량으로 이동을 할 예정이라 특별히 아이와 연락을 해야 하는 상황은 없을 것 같아요. 그래도 스마트폰을 꼭 사줘야 할까요?

아니요. 안 사줘도 됩니다.

스마트폰은 전화기입니다.

아이와 특별히 연락할 일이 없다면 굳이 스마트폰을 사 줄 필요는 없습니다.

아이와 스마트폰을 사는 시기에 대해 이야기를 나눕니다.

아이는 필요하지는 않지만, 또래들이 가지고 있는 걸 보면 사고 싶을 것입니다. 아이와 스마트폰을 사는 목적과 시기에 대해 이야기를 나눠주세요. 아이가 힘들게 떼쓰지 않도록이요.

학교생활에 대해 미리 알아봐요.

아이가 학교생활에 잘 적응할 수 있도록 미리 알려주고, 가정에서부터 연습해 주세요.

학교생활은 아이가 도움 없이 스스로 해야 하는 것이 많습니다. 아이가 학교생활에 잘 적응할 수 있도록 미리 알려주고, 가정에서부터 연습해 주세요.

정해진 시간에 등교하기

학교마다 등교 시간이 정해져 있습니다. 늦게 일어나면 밥을 먹는 둥 마는 둥, 세수도 제대로 못 하고 정신없이 뛰어가는 날이 있습니다. 이렇게 급하게 등교를 하면 등교 후에도 마음을 가다듬고 수업에 집중하기가 어렵습니다.

등교 시간을 기준으로 최소 40~60분 전에는 일어나야 잠을 깨고, 배가 고프지 않도록 아침을 먹고, 씻고 여유롭게 등교를 할 수 있습니다. 입학 전 겨울부터 등교 시간에 맞추어 아침에 일어나는 연습을 하는 것이 좋습니다.

벨 소리 이해하기

학교는 수업과 쉬는 시간을 알리는 벨이 있습니다. 벨 소리에 맞추어 교실에 들어가고, 화장실을 다녀오고, 급식을 먹고, 운동장에서 놀다가 다시 교실에 들어가야 하는 것을 꼭 알려주어야 합니다. 가끔 벨이 울려도 수업이 시작된 줄 모르고 계속 운동장에서 놀고 있는 아이들이 있답니다.

사물함 정리하기

요즘은 대부분 교과서를 비롯한 물건들을 학교 개인 사물함에 넣어 놓고 필요할 때마다 꺼내 씁니다. 그런데 사물함 정리가 안 되어 있어 필요한 것을 찾지 못하거나, 물건을 잃어버릴 경우 수업 준비에 문제가 생깁니다. 가정에서부터 정리하는 습관을 들여 사물함 사용을 잘하도록 지도해 주세요.

숙제는 반드시 하기

숙제는 많지는 않지만, 가끔 있습니다. 숙제는 반드시 해서 가는 것임을 처음부터 잘 알려주어야 합니다. 보통 숙제는 수업 시간에 다 풀지 못한 문제를 풀거나 혹은 틀린 문제를 다시 풀며 학습하는 것이 목적이므로 숙제만 잘해도 1학년 교과서 내용은 어렵지 않게 학습할 수 있습니다. 가끔 아이가 숙제하기 싫어서 교과서를 학교에 두고 오는 경우가 있습니다. 보통 4시 30분까지는 교사가 교실 또는 학교에 있어 안전하므로 다시 가서 교과서를 가지고 와서 숙제를 반드시 하도록 지도해야 합니다. 이를 위해서는 하교 후 바로 숙제를 확인할 수 있어야 합니다.

알리미앱 다운받기

알리미앱을 통해 숙제나 학교 행사 등에 대한 사항을 전달받습니다. 보통 부모의 스마트폰에 알리미앱을 다운받고, 부모가 확인을 하며 아이의 등교를 준비해 줍니다. 이럴 경우 아이는 고학년이 되어도 스스로 학교갈 준비를 하지 못하고, 혹 준비물을 빠뜨리게 되면 부모 탓을 하게 되어 스스로 하지 못하는 아이가 됩니다.

알리미앱을 아이의 스마트폰이나 집에 있는 컴퓨터 등에 다운받아 아이가 직접 자신의 숙제와 준비해야 할 것들을 챙길 수 있도록 지도해야 합니다. 그리고 부모의 스마트폰에도 알리미앱을 다운받아 놓아야 하는데, 그 이유는 아이를 대신해 준비물을 챙겨주는 것이 아니라 아이가 빠뜨리는 것이 없는지 확인을 하고, 아이의 학교생활에 대해 알기 위한 것입니다.

쌤에게 물어봐요!

예비 초등학생을 모집하는 학원이 있던데, 꼭 가야 하나요?

필수 아니고 선택입니다.

아이의 학습능력에 따라 결정합니다.

아이가 기본적인 수에 대한 개념이나 읽고 쓰기가 준비되어 있다면 보내지 않아도 됩니다.

아이와 의논합니다.

학원은 아이가 다니는 것이므로 아이의 선택이 중요합니다. 아이와 의논해 주세요.

좋은 책을 만드는 길, 독자님과 함께 하겠습니다.

나도 부모는 처음이야 24개월~7세

초 판 발 행	2023년 05월 10일 (인쇄 2023년 03월 21일)
발 행 인	박영일
책 임 편 집	이해욱
저 자	양경아
편 집 진 행	박종옥 · 노윤재
표지디자인	박수영
편집디자인	임아람 · 채현주
발 행 처	(주)시대고시기획
출 판 등 록	제 10-1521호
주 소	서울시 마포구 큰우물로 75 [도화동 538 성지 B/D] 9F
전 화	1600-3600
팩 스	02-701-8823
홈 페 이 지	www.sdedu.co.kr
I S B N	979-11-383-4903-1 (13590)
정 가	17,000원

현직 1학년 담임교사가 알려주는

위풍당당 초등 1학년 입학 준비

지은이 전화숙　　가격 17,000원

집중력과 창의력이 쑥쑥 자라는 놀이 교육

아이와 함께 사각사각 종이접기

지은이 심은정　　가격 14,000원

❖ 상기도서의 이미지와 구성은 변경될 수 있습니다.

똑똑한 자기주도 학습법

초등학교부터 쭉 잘하는 아이는 어떻게 공부할까?

지은이 이영균, 김현미 　 가격 16,000원

내 아이를 위한 엄마의 뇌 공부

우리 아이 공부 잘하는 뇌 만들기

지은이 이에스더 　 가격 15,000원

생각이 자라는 아이

스스로 생각하는 초등 아이를 위한 엄마표 교육법

– 대화, 토론, 인터뷰

지은이 박진영 　 가격 16,000원